생활 속
식품과 영양

머리말

생활 수준의 향상과 평균 수명의 증가로 현대인들의 건강과 식생활에 대한 관심이 크게 높아지고 있다. 생활 환경이 풍요로워지면서 영양 공급은 풍족해졌지만 현대인들의 영양 불균형 및 만성질환 유병율은 높아지고 있다. 또한 불규칙한 생활 패턴, 1인 가족의 증가, 편의 식품의 소비 증가, 글로벌한 사회 교류로 식생활에도 많은 변화가 일어나고 있다. 따라서 건강한 삶을 영위하기 위해서는 무엇보다도 올바른 식생활에 대한 중요성을 인식하고 식생활을 올바르게 평가하여 식생활에서 나타난 문제점을 합리적으로 잘 해결함으로써 바람직한 식생활을 실천하는 것이 중요하다.

이 책은 생활 속에서 건강하고 안전한 식생활을 영위하기 위해 필요한 지식과 정보를 제공하고 있다. 이 책은 총 다섯 part로 구성되어 있다. Part 1에서는 식생활의 중요성에 대해 알아보고 식생활을 올바로 평가하기 위해 필요한 기본 지식인 한국인 영양소 섭취기준 및 활용과 식사구성안의 활용에 대해 살펴보았다. Part 2에서는 균형 잡힌 식생활을 위해 탄수화물, 지질, 단백질, 비타민, 무기질 등의 영양소의 기능과 영양관리에 대해 설명하였다. Part 3에서는 건강한 식생활을 유지하기 위한 건강 체중 관리, 음주, 카페인 섭취, 건강기능식품에 대한 내용을 다루었으며, Part 4에서는 안전한 식생활을 위해 생활 속에서 알아야 할 식품품질인증제, 식품표시제, 식중독, 식품알레르기에 대해 설명하였다. Part 5는 지속가능한 식생활을 주제로 지속가능한 식생활의 개념과 최근 이슈, 식생활 문화 및 트렌드, 식생활의 미래에 대해 다루었다. 이 책의 내용을 통해 올바른 식생활의 중요성을 인식하고 스스로 식생활을 계획하여 실천할 수 있는 능력을 증진하는 데 도움이 되기를 바란다.

끝으로 이 책이 출간되기까지 많은 격려와 도움을 주신 분들께 감사드리며 출간을 위해 애써 주신 파워북에 감사드린다.

저자 일동

목차 CONTENTS

PART 5 지속가능한 식생활

PART 1

식생활의 중요성

CHAPTER 01

식생활과 건강

우리가 살아가는 데 있어서 식생활은 여러 가지 중요한 의미를 포함하는 필수불가결한 요소이다. '잘 먹는다'는 것은 건강한 삶을 유지하기 위해 매우 중요하고 먹는 즐거움과 생리적 욕구 및 심리적 안정을 제공한다. 따라서 바람직한 식생활을 통해 우리 몸에 필요한 영양소를 공급하고 체내 방어 체계를 튼튼하게 하여 질병의 예방과 치료에 도움을 줄 수 있는 최상의 식사가 되도록 하는 것이 필요하다. 식생활과 건강의 관련성을 좀 더 구체적으로 이해하고 바람직한 식습관을 형성하여 건강을 증진시키는 것은 매우 중요하다. 최근에는 1인 가구의 증가, 식품 산업 발달 등으로 기호성에 치우쳐 식품을 선택하며 편의 식품의 소비가 증가하는 식행동 패턴을 보이고 있다. 이러한 식행동은 만성질환의 위험을 높일 수 있으므로 건강과 관련된 식생활의 중요성을 인지하여 이를 실천할 필요가 있다.

1. 건강의 개념

건강이란 행복하고 활기찬 삶을 위한 가장 중요한 요소이므로, 건강을 지킬 수 있는 노력이 필요하다. 세계보건기구World Health Organization, WHO에 의하면 '건강이란 단지 질병이 없거나 허약하지 않을 뿐만 아니라 신체적, 정신적, 사회적 안녕well-being이 완전한 상태'를 말한다.

2. 식생활과 건강과의 관련성

1) 영양소 섭취 변화

우리나라 식생활 변화와 영양소 섭취 상태의 변화는 국민건강영양조사 결과를 통해 알 수 있다. 그림 1-1에서 남자의 에너지 섭취량 및 급원별 섭취분율 추이를 보면 탄수화물은 감소하고 지방은 증가하고, 단백질은 섭취량이 거의 변화가 없다. 그림 1-2에서 여자의 에너지 섭취량 및 급원별 섭취분율 추이를 보면 남자의 경우와 같다. 그림 1-3은 2018년 영양소 섭취기준에 대한 섭취비율이다. 비타민 A는 남자가 59%, 여자가 58%로 영양소 섭취기준에 대한 섭취비율이 가장 낮은 영양소였고, 그다음 칼슘이 남자가 74%, 여자가 63%로 낮았다. 반면, 나트륨은 목표 섭취량의 202%와 140%로 가장 높았다. 무기질과 비타민은 신체의 정상적인 기능을 돕는 영양소로 중요하나, 대부분의 연령대에서 칼슘과 비타민 A의 섭취량은 낮은 결과를 보였다.

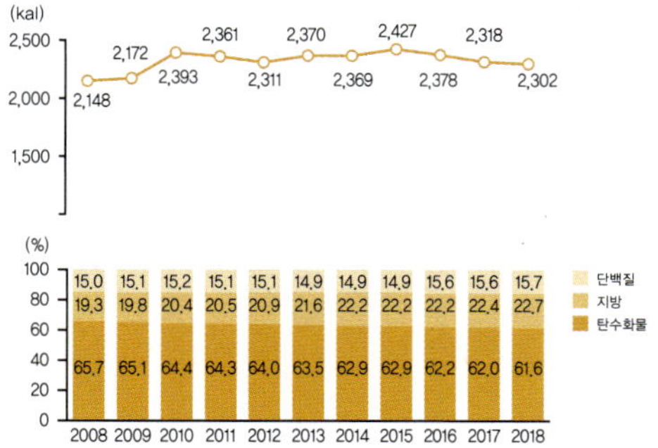

그림 1-1 에너지 섭취량 및 급원별 섭취분율 추이 (남자)

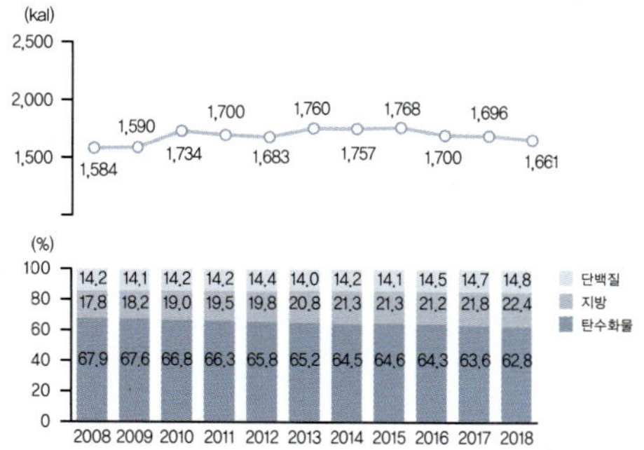

그림 1-2 에너지 섭취량 및 급원별 섭취분율 추이 (여자)

※ 급원별 에너지 섭취분율 : [(단백질 섭취량)×4 + (지방 섭취량)×9 + (탄수화물 섭취량)×4]에 대한 [(단백질 섭취량)×4] 또는 [(지방 섭취량)×9], [(탄수화물 섭취량)×4]의 분율, 만 1세 이상

※ 2005년 추계 인구로 연령 표준화

출처 : 국민건강영양조사 제7기 3차 연도(2018)

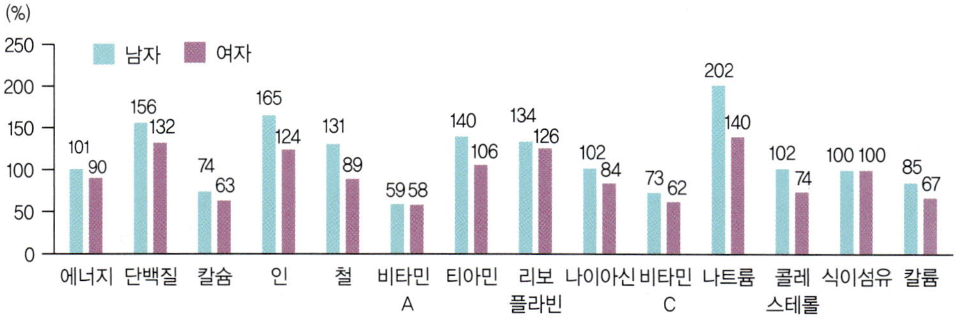

그림 1-3 2018년 영양소 섭취기준에 대한 섭취비율

※ 영양소 섭취기준에 대한 섭취비율 : 영양소 섭취기준에 대한 개인별 영양소 섭취량 백분율의 평균값, 만 1세 이상(나트륨 9세 이상, 콜레스테롤 19세 이상)

※ 영양소 섭취기준 : 2015 한국인 영양소 섭취기준(보건복지부, 2015); 에너지–필요 추정량; 단백질 등–권장 섭취량; 나트륨, 콜레스테롤–목표 섭취량; 식이섬유, 칼륨–충분 섭취량

※ 2005년 추계 인구로 연령 표준화

출처 : 국민건강영양조사 제7기 3차 연도(2018)

그림 1-4는 2008년부터 2018년까지 하루 과일 · 채소 500g 이상 섭취자분율 추이를 나타내었다. 하루 과일 · 채소 500g 이상 섭취자분율은 남자는 2008년 36.9%에서 29.7%로 감소하였고, 여자는 2008년 33.1%에서 22.7%로 감소하였다. **그림 1-5**는 아침식사 결식률 추이를 나타내었다. 이것은 남녀 모두 비슷하게 각각 22.7%와 22.4%에서 28.0%와 29.8%로 증가하였다.

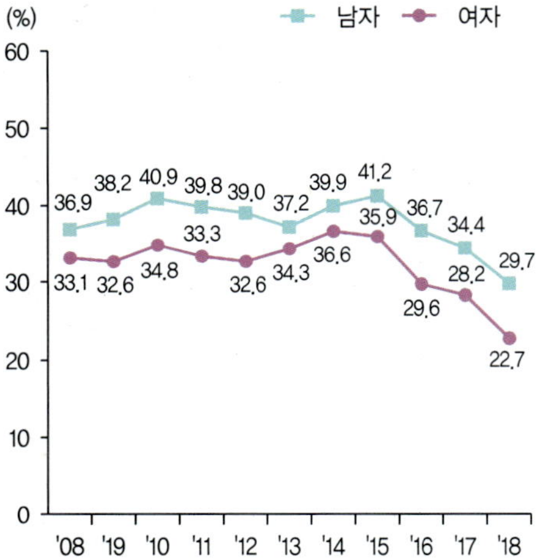

그림 1-4 하루 과일 · 채소 500g 이상 섭취자분율 추이

※ 하루 과일 · 채소 500g 이상 섭취자분율 : 1일 과일 및 채소 섭취량이 500g 이상인 분율, 만 6세 이상
※ 2005년 추계 인구로 연령 표준화
출처 : 국민건강영양조사 제7기 3차 연도(2018)

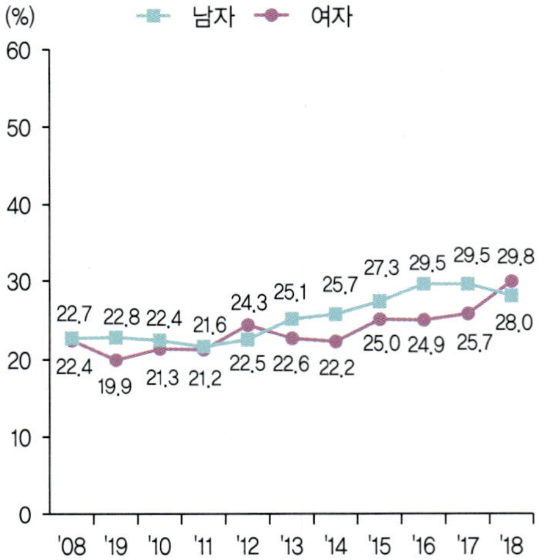

그림 1-5 아침식사 결식률 추이

※ 아침식사 결식률 : 조사 1일 전 아침식사를 결식한 분율, 만 1세 이상
※ 2005년 추계 인구로 연령 표준화
출처 : 국민건강영양조사 제7기 3차 연도(2018)

2) 식생활과 질병

표 1-1에서 2018년 우리나라 성인 남자의 비만율은 42.8%, 여자 25.5%이고, 고혈압 유병율은 남자 33.2%, 여자 23.1%로 보고되었다. 또한 고콜레스테롤혈증은 남자 20.9%, 여자 21.4%로 나타났고, 당뇨병은 남자 12.9%, 여자 7.9%로 나타났다.

표 1-1 만성질환 유병률(2018년도)

2018년	비만 유병률[1]			고혈압 유병률[2]			고콜레스테롤혈증 유병률[3]			당뇨병 유병률[4]		
	n	분율	(표준오차)	n	분율	(표준오차)	n	분율	(표준오차)	n	분율	(표준오차)
전체, 19세 이상[5]	6,170	34.6	(0.8)	5,443	28.3	(0.8)	5,161	21.4	(0.8)	5,147	10.4	(0.5)
남자, 19세 이상	2,719	42.8	(1.2)	2,361	33.2	(1.1)	2,239	20.9	(1.2)	2,239	12.9	(0.9)
여자, 19세 이상	3,451	25.5	(0.9)	3,082	23.1	(0.8)	2,922	21.4	(0.8)	2,908	7.9	(0.5)

1) 비만 유병률 : 체질량 지수 25kg/m^2 이상인 분율
2) 고혈압 유병률 : 수축기 혈압이 140mmHg 이상이거나 이완기 혈압이 90mmHg 이상 또는 고혈압 약물을 복용하는 분율
3) 고콜레스테롤혈증 유병률 : 8시간 이상 공복자 중 혈중 총 콜레스테롤이 240mg/dL 이상이거나 콜레스테롤 강하제를 복용하는 분율
4) 당뇨병 유병률 : 공복 혈당이 126mg/dL 이상이거나 의사 진단을 받았거나 혈당강하제 복용 또는 인슐린 주사를 사용하는 분율
5) 2005년 추계 인구로 연령 표준화
출처 : 국민건강영양조사 제7기 3차 연도(2018)

그림 1-6과 1-7은 성인 남자와 여자의 만성질환 유병률을 나타낸 것이다. 남자의 경우 비만율과 고혈압이 여자에 비해 꾸준히 증가하고 있는 것으로 나타났다.

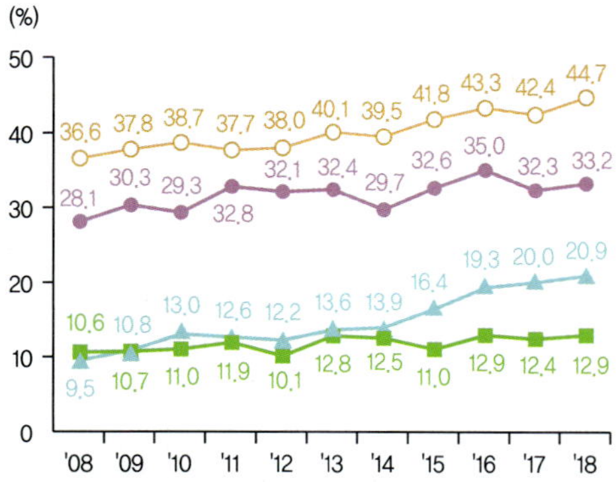

그림 1-6 만성질환 유병률 추이(남자)

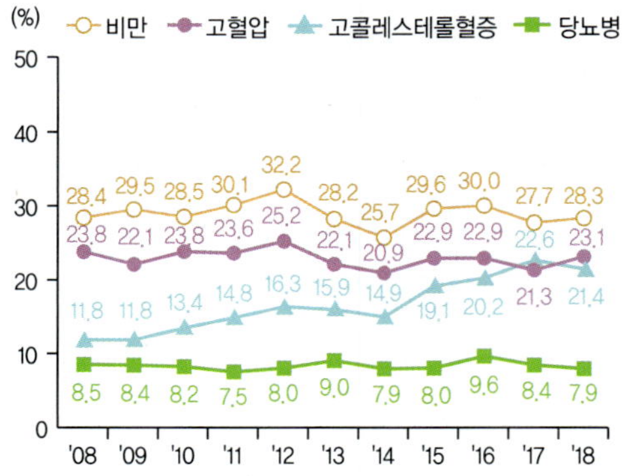

그림 1-7 만성질환 유병률 추이(여자)

※ 비만 : 체질량 지수(kg/m²)가 25 이상인 분율, 만 30세 이상
※ 고혈압 : 수축기 혈압이 140mmHg 이상이거나 이완기 혈압이 90mmHg 이상 또는 고혈압 약물을 복용하는 분율, 만 30세 이상
※ 당뇨병 : 공복 혈당이 126mg/dL 이상이거나 의사 진단을 받았거나 혈당강하제 복용 또는 인슐린 주사를 사용하는 분율, 만 30세 이상
※ 고콜레스테롤혈증 : 혈중 총 콜레스테롤이 240mg/dL 이상이거나 콜레스테롤 강하제를 복용하는 분율, 만 30세 이상
※ 2005년 추계 인구로 연령 표준화
출처 : 국민건강영양조사 제7기 3차 연도(2018)

3) 한국인의 주요 사망 원인

2019년 통계청에 의하면 한국인의 주요 사망 원인은 암, 심장질환, 폐렴, 뇌혈관질환 순으로, 암이 우리나라 국민의 사망 원인 1위인 것으로 나타났다**그림 1-8**. 따라서 암의 정의를 알고 암을 발생시킬 수 있는 위험 요인을 정확히 인지하여 암 예방을 위한 식습관을 형성하고 실천하는 것은 매우 중요하다.

(단위 : 인구 10만 명당)

순위	사망 원인	사망률	18년 순위 대비
1	악성 신생물(암)	158.2	–
2	심장질환	60.4	–
3	폐렴	45.1	–
4	뇌혈관질환	42.0	–
5	고의적 자해(자살)	26.9	–
6	당뇨병	15.8	–
7	알츠하이머병	13.1	(+2)
8	간질환	12.7	↓(–1)
9	만성하기도질환	12.0	↓(–1)
10	고혈압성 질환	11.0	–

그림 1–8 한국인의 주요 사망 원인

출처 : 통계청(2019)

(1) 암

암cancer의 정식 명칭은 악성 종양(惡性腫瘍)이며, 경우에 따라 '악성 신생물'이라고도 부른다. 우리나라 국민의 사망 원인 1위인 암은 신체와 장기를 망가뜨리는 무서운 병이다. cancer라는 단어 자체의 원래 의미는 '게' 혹은 '게자리'라는 뜻을 지니고 있다. 종양의 모습이 마치 게의 등딱지 같고, 종양의 고통이 게의 집게가 꼬집는 것처럼 아프고 아무리 떼어도 집요하게 달라붙어 있어 붙은 이름이라고 한다. 체내에 해롭고 비정상적인 세포가 억제되지 않고 증식하는 암은 환경적인 인자와 함께 불균형한 식생활 습관에 의해 발생하는 경우가 많은데, 식사로부터 섭취한 영양소 및 체내에 저장된 영양소를 사용하여 증식하므로 신체의 기관과 조직의 기능을 방해한다.

(2) 암 발생 위험 요인

암은 유전적인 요인, 면역, 호르몬 대사와 음식, 흡연, 음주, 대기 오염, 바이러스 감염 등의 환경적인 요인에 의하여 발생할 수 있다. 그리고 스트레스 및 생활 수준과 교육 등의 사회심리적 요인도 암 발생에 영향을 끼친다. 정상 세포가 발암 물질에 노출되는 것도 암 발생의 원인이 되므로 방사선에 노출되는 직업에 종사하는 경우 매우 주의가 필요하다.

자외선의 노출이 심할 경우 피부암에 걸릴 확률이 높고, 흡연자는 비흡연자에 비해 암에 걸릴 확률이 10배 이상인 것으로 나타났다. 알코올이 원인으로 작용하는 식도암, 후두암, 폐암, 간암, 구강암, 위암, 대장암 등이 있으며, 음주와 흡연을 동시에 하는 경우 암의 발생률이 훨씬 높아질 수 있다. 유방암과 자궁암 등의 발병은 에스트로겐과 관련이 있고, 지나친 약물의 사용으로 간과 조직에 부담을 주어 간암의 원인이 되기도 한다. 특히 암은 생활 환경의 잘못된 식습관이나 생활 습관에서 발생하는 경우가 매우 많다.

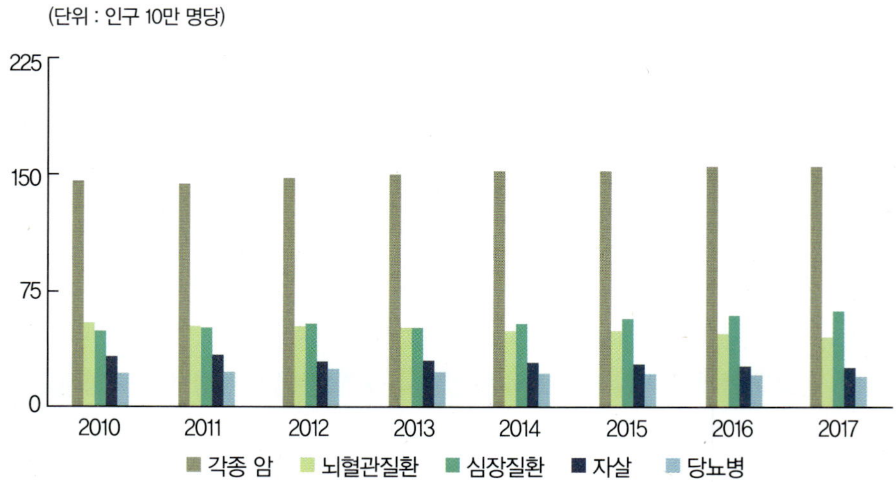

그림 1–9 주요 사망 원인별 사망률 변화

출처 : 통계청(2019)

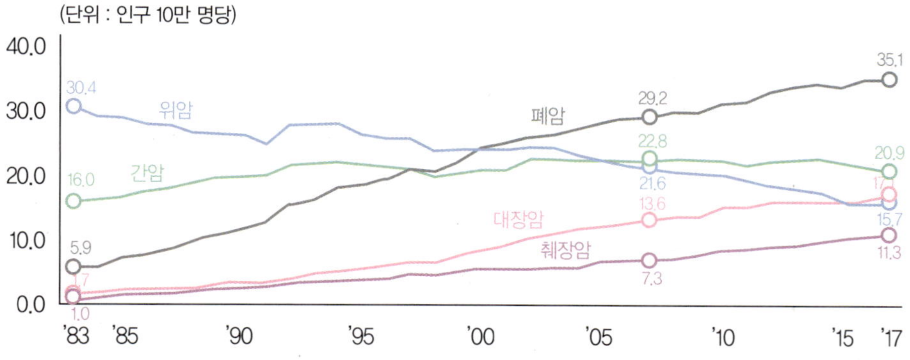

그림 1-10 암 사망률 추이

출처 : 통계청(2019)

(3) 암 예방을 위한 식습관

암 환자의 영양 대사를 살펴보면 정상 세포보다 암세포의 기초 대사율이 높고 비정상적인 대사를 함으로써 체중이 급격히 감소한다. 또한 면역 체계의 손상으로 저알부민혈증이 나타나며 근육의 손실도 크다. 체중의 감소가 심한 경우 암 환자는 치료를 견디지 못해 사망하는 비율이 높아지므로 환자의 체중이 감소하지 않도록 관리하고 유지하여야 한다.

암 환자는 식욕 부진, 미각의 변화와 조기 만복감, 구토 및 메스꺼움 등의 증상이 있다. 다양한 식품을 통해 영양소를 골고루 섭취하며, 맵고 자극적인 음식은 피하고 과식, 과음, 흡연은 하지 않는다. 항산화 비타민이 함유된 식품들을 섭취하고 과일 및 채소, 전곡류 등의 섬유소 섭취를 충분히 한다. 스트레스를 피하고 과격한 운동보다 적당량의 운동을 꾸준히 한다. 항암 식품은 암에 맞서 싸워 이겨 낼 수 있는 식품을 말한다. 다시 말해 암을 완치할 수 있는 식품은 없다. 불에 그을린 탄 고기, 술, 식품 첨가물이 든 음식 등의 발암식품을 멀리하여 암의 발생률을 높이지 않도록 하는 올바른 식습관이 필요하다.

그림 1-11 국민 암 예방 수칙

출처 : 세계암연구기금 · 미국암연구협회

4) 식생활과 건강

영양소nutrient는 체내에서 영양 작용을 하는 물질로서, 성장 발달을 돕고, 신체를 유지시키며, 생명 과정을 조절하고, 에너지를 공급하는 등 다양한 역할을 한다. 영양소 중 일부는 체내에서 합성되지만, 일부 영양소는 충분히 합성되지 않거나 전혀 합성되지 못하기 때문에 반드시 식품을 섭취해야 한다. 음식이나 식품을 섭취하는 식생활은 인체가 합성하지 못하는 영양소를 공급하기도 하고, 체내에서 합성된 다른 영양소를 이용하여 인체에 필요한 화학적 성분을 공급하도록 한다.

식생활과 위생적인 환경 개선과 의료 서비스로 우리나라의 기대 수명도 많이 연장되었다. 우리나라의 2021년 기대 수명은 83.4세로 남자 80.5세, 여자 86.3세로 보고되었다표 1-2.

표 1-2 기대 수명과 인구 구성비(통계청)

전국	2017년	2018년	2019년	2020년	2021년
기대 수명(전체)	82.7	82.7	83.0	83.2	83.4
기대 수명(남자)	79.7	79.7	80.0	80.3	80.5
기대 수명(여자)	85.7	85.7	85.9	86.1	86.3

이처럼 식생활은 결국 건강에 영향을 미치고 기대 수명에도 영향을 미친다. 21세기는 경제적인 성장에 따라 식생활이 개선되고 식품 공급이 증가하여 결핍의 문제는 많이 개선하였으나 생활 방식의 변화로 가공식품, 인스턴트식품의 소비가 증가되었고 간편식이나 외식 등 불균형한 식생활로 인해 영양 과잉과 영양 부족 문제가 공존하고 있다. 이러한 영양 불균형은 비만, 당뇨병, 심혈관계질환, 암 등 생활 습관병을 유발하는 위험성에 노출되어 있다. 최근 가정 간편식의 소비가 증가되고 있는 트렌드에 맞추어 식품의약품안전처가 가정 간편식 건강한 선택 방법을 제시하였다(2020.12.8. 식품의약품안전처 보도 자료).

식약처가 제시하는 가정 간편식 건강한 선택 방법(2020.12.8)

첫째로, 제품 구매 시 유사 제품이더라도 원재료 및 영양성분 함량이 다르니 성분을 확인하고 구매하는 것이 중요합니다.

- 예를 들어, 최근 한 끼 식사 대용으로 섭취가 늘어나는 샐러드는 채소를 기본으로 함께 곁들여 먹는 원재료나 드레싱에 따라 열량 등이 다르므로 섭취 목적(다이어트, 영양 섭취 등)에 맞는 다양한 선택을 할 수 있습니다.

둘째로, 구매한 제품의 영양성분 함량에 따라 적절하게 조절하여 먹는 습관이 필요합니다.

- 나트륨 함량이 높을 때 물 · 채소를 더 넣어 조리해서 국물은 적게 먹고, 단백질이 부족할 때 두부 · 달걀프라이 등으로 보충해 주고, 라면 스프는 입맛에 따라 넣는 양을 조절하면 좋습니다.

셋째로, 우리 중 · 고등학생들은 편의점 등에서 음료를 구매한다면 물이나 보리차 등 당류가 없거나, 우유 등 함량이 비교적 적은 제품을 선택하는 것이 좋습니다.

연습문제

1 우리나라 국민의 3대 주요 사망 원인은 무엇인가요?

2 WHO에 따른 건강의 정의를 설명하시오.

3 암 예방을 위한 식습관은 무엇인가요?

CHAPTER 02

식생활 평가

식생활 평가는 영양 상태와 건강 상태에 영향을 주는 여러 식생활 관련 요인들을 수집한 뒤 그 자료들을 각 평가 지표를 이용하여 평가하는 것이다. 식생활과 영양 상태를 평가할 때는 과학적인 근거 자료에 기초하여 평가해야 하고, 이 평가는 효율적이고 알맞은 영양 교육을 실시할 수 있도록 도와준다. 식생활 평가 도구로는 한국인 영양소 섭취기준, 식품 구성자전거, 식사구성안 등이 있으며, 그 도구들을 이용해서 평가할 수 있다. 또한 이들 도구를 이용하여 영양 교육을 실시할 수 있다. 또한 영양표시제도도 영양 교육에 좋은 도구로 이용된다. 따라서 식생활 평가를 통해서 영양 문제를 발견할 수 있고 그에 따른 영양 교육이나 영양 상담이 현장에서 이루어질 수 있다.

인체는 일상생활 속에서 세 끼 식사와 간식을 통해서 영양소를 섭취한다. 얼마나 어떻게 섭취해야 하는지는 개개인에 따라 다르지만, 일반적으로 쉽고 간단하게 식생활을 평가할 수 있는 지침이나 도구들이 있다.

식생활을 평가하기 위한 도구 중 하나로서 한국인을 위한 영양소 섭취기준Dietary Reference Intakes, DRIs이 제시되어 있다. 이 기준은 평균필요량과 권장섭취량을 제시하고 있으므로 이를 참고하여 개인의 섭취량을 평가할 수 있다. 또한 한국인을 위한 국민공통식생활지침에 잘 따르고 있는지 영양표시제를 이용하면 스스로 얼마만큼 섭취하였는지 대충 가늠할 수 있다. 영양표시는 실제 소비자가 가공식품을 구매할 때 1일 영양성분 기준치에 대한 비율을 제시하여 어떤 영양소를 하루 권장량에 대비하였을 때 얼마나 섭취하는지 알 수 있도록 한다.

그리고 식품구성자전거와 식사구성안 등을 활용하여 평가할 수 있다. 농림축산식품부에서 제시하는 간단한 식생활 평가표는 표 2-1과 같다.

표 2-1 나의 식생활 평가표

	평상시 나의 식생활은	예 (5점)	가끔 (3점)	아니오 (1점)
1	하루 3번 식사를 하는 날이 일주일에 5일 이상이다.			
2	식사 속도는 평균 10분 이상이다.			
3	식사 시 국과 김치를 제외한 3가지 이상의 반찬을 먹는다.			
4	과식하지 않는다.			
5	영양소를 고려한 균형 잡힌 식사를 한다.			
6	잡곡밥을 거의 매일 먹는다.			
7	육류나 달걀을 일주일에 5번 이상 먹는다.			
8	어패류(생선, 오징어, 조개 등)를 일주일에 3번 이상 먹는다.			
9	김치를 제외한 채소, 해조류, 버섯 등을 매 끼니 먹는다.			

continued

	평상시 나의 식생활은	예 (5점)	가끔 (3점)	아니오 (1점)
10	과일을 매일 먹는다.			
11	우유나 유제품(요구르트, 치즈) 등을 매일 먹는다.			
12	외식할 때 음식이 짜다고 느낀다.			
13	심하게 탄 부분은 먹지 않는다.			
14	곰팡이가 핀 음식은 먹지 않는다.			
15	밑반찬, 젓갈류, 자반 등의 짠 음식을 매일 섭취한다.			
16	뜨거운 음식을 즐겨 먹는다.			
17	지방이 많은 육류(삼겹살, 갈비 등)는 3일에 1회 이상 먹는다.			
18	외식 시 숯불 구이나 고깃집을 일주일에 1회 이상 간다.			
19	육가공식품(햄, 베이컨, 소시지 등)이나 라면, 인스턴트식품을 일주일에 3회 이상 먹는다.			
20	단 음식(아이스크림, 케이크, 스낵, 탄산음료, 꿀, 엿, 설탕 등)을 매일 섭취한다.			

[나의 식생활 평가표 평가 기준]

- 80~100점
  지금까지의 식생활이 양호하다고 할 수 있습니다. 즉, 건강을 유지하고 암을 예방할 수 있는 식생활을 하고 있다고 생각하시면 됩니다. 앞으로도 현재의 식생활을 유지하면서 암 예방을 위한 식생활지침을 실천해 가시기 바랍니다.
- 60~79점
  지금까지의 식생활에 큰 문제는 없으나 좋지 않은 식습관도 존재합니다. 암 예방 및 건강한 삶을 위해 식생활 개선의 노력이 필요하며, 암 예방을 위한 식생활지침을 염두에 두고 생활하시기 바랍니다.
- 0~59점
  지금까지의 식생활에 문제가 있으며, 이러한 식생활을 계속할 경우 암에 걸릴 위험이 높습니다. 또한 나쁜 식습관은 다른 만성질병을 일으킬 수도 있습니다. 지금까지의 식생활에 대해 반성을 하면서 암 예방을 위한 식생활지침에 따라 현재의 식생활을 변화시키기 바라며, 식생활 전문가와 상담하시길 권장합니다.

출처 : 농림축산식품부 농식품 정보누리 홈페이지

표 2-2 식생활지침에 따른 식생활 평가표

	평상시 나의 식생활은	전혀 그렇지 않다 (5점)	그렇지 않다 (6점)	보통이다 (7점)	가끔 그렇다 (9점)	항상 그렇다 (10점)
1	매일 신선한 채소, 과일과 함께 곡류, 고기 · 생선 · 달걀 · 콩류, 우유 · 유제품을 균형 있게 먹는다.					
2	덜 짜게, 덜 달게, 덜 기름지게 먹는다.					
3	물을 충분히 마신다.					
4	과식을 피하고, 활동량을 늘려서 건강 체중을 유지한다.					
5	아침식사를 꼭 한다.					
6	음식은 위생적으로, 필요한 만큼만 마련한다.					
7	음식을 먹을 땐 각자 덜어 먹기를 실천한다.					
8	술은 절제한다.					
9	우리 지역 식재료와 환경을 생각하는 식생활을 즐긴다.					

[나의 식생활 평가표 평가 기준]
80점 이상 식생활이 양호한 편임
70~79점 식생활을 일부 개선할 필요가 있음
60~69점 식생활을 다소 개선할 필요가 있음
0~59점 식생활을 개선하기 위해 영양 상담을 추천함

1. 한국인 영양소 섭취기준(KDRIs)

한국인 영양소 섭취기준Dietary Reference Intakes for Koreans, KDRIs이란 건강한 개인 및 집단을 대상으로 하여 국민의 건강을 유지 · 증진하고 식사와 관련된 만성질환의 위험을 감소시켜 궁극적으로 국민의 건강 수명을 증진하기 위한 목적으로 설정된 에너지 및 영양소 섭취량 기준이다(한국영양학회).

1941년 미국에서 영양권장량이 처음 제정되었고, 우리나라는 1962년 FAO 한국 지부에서 영양학자들과 함께 영양권장량Recommended Dietary Allowance, RDA을 제정하였다. 영양권장량은 영양 결핍증을 예방하고, 대다수의 건강한 국민의 영양요구량을 충족시키기 위해 각 영양소에 설정되었다. 영양권장량은 국민이 건강을 유지하기 위해 섭취해야 할 영양소들의 양을 단일 값으로 제시하였다.

그 후 한국인의 영양 문제가 다양해지고 영양소의 결핍증보다 과잉 섭취와 불균형으로 인한 만성질환이 증가함으로써 2005년에는 미국과 캐나다에서 사용하고 있는 영양소 섭취기준 체계를 도입하여 한국인 영양소 섭취기준을 제정하였다. 영양소별로 평균필요량Estimated Average Requirements, EAR, 권장섭취량Recommended Nutrient Intake, RNI, 충분섭취량Adequate Intake, AI, 상한섭취량Tolerable Upper Intake Level, UL을 설정하였으며, 한국인 영양소 섭취기준은 5년마다 개정하고 있다. '2020 한국인 영양소 섭취기준'은 국민의 건강증진 및 만성질환 예방을 위한 에너지 및 각 영양소의 적정 섭취 수준을 제시한 것으로, 〈국민영양관리법〉에 근거하여 2015년 국가 차원에서 처음 제정한 이후 개정 작업을 통해 마련되었다. 보건복지부는 국민의 건강 증진에 필요한 영양소 40종에 대해 '한국인 영양소 섭취기준'을 제·개정하여 배포하였다표 2-3.

표 2-3 국민의 건강증진에 필요한 영양소 40종

구분	영양소(40종)
에너지 및 다량 영양소(12종)	에너지, 탄수화물, 총 당류, 단백질, 아미노산, 지질, 알파리놀렌산, 리놀레산, EPA+DHA, 콜레스테롤, 식이섬유, 수분
비타민(13종)	비타민 A, 비타민 D, 비타민 E, 비타민 K, 비타민 C, 티아민, 리보플라빈, 니아신, 비타민 B_6, 엽산, 비타민 B_{12}, 판토텐산, 비오틴
무기질(15종)	칼슘, 인, 나트륨, 염소, 칼륨, 마그네슘, 철, 아연, 구리, 불소, 망간, 요오드, 셀레늄, 몰리브덴, 크롬

출처 : 보건복지부·한국영양학회 홈페이지

2. 한국인 영양소 섭취기준의 지표

1) 평균필요량과 권장섭취량

평균필요량과 권장섭취량은 인체에 필요량을 책정하기 위한 과학적 근거가 충분한 경우 제정한다. 평균필요량은 건강한 인구 집단의 1일 영양소 필요량의 중앙값으로, 인구 집단의 50%에 해당하는 사람들의 필요량을 충족시켜 주는 값이다. 권장섭취량은 인구 집단 중 약 97~98%의 영양필요량을 충족시켜 주는 값으로, 평균필요량에 2배의 표준 편차를 더한 값이다.

2) 충분섭취량

충분섭취량은 기준을 산정할 과학적 근거와 자료가 충분하지 않은 경우, 충분섭취량과 권장섭취량을 설정할 수 없는 경우에 제정하며, 인구 집단의 건강을 유지하는 데 필요한 섭취량을 추정하여 설정한 값이다. 충분섭취량으로 섭취한다면 섭취 상태가 충분하다고 판단할 수 있다.

3) 상한섭취량

과잉 섭취로 인한 유해 영향에 대한 과학적 근거가 있는 경우에는 상한섭취량을 제정하며, 인구 집단에게 위해가 되지 않는 영양소 섭취량의 상한선 값을 설정한 값이다. 상한섭취량은 영양소의 과다 섭취를 예방하기 위한 값이며, 건강기능식품으로 섭취하는 양까지 고려해서 상한섭취량을 초과하지 않도록 섭취해야 한다.

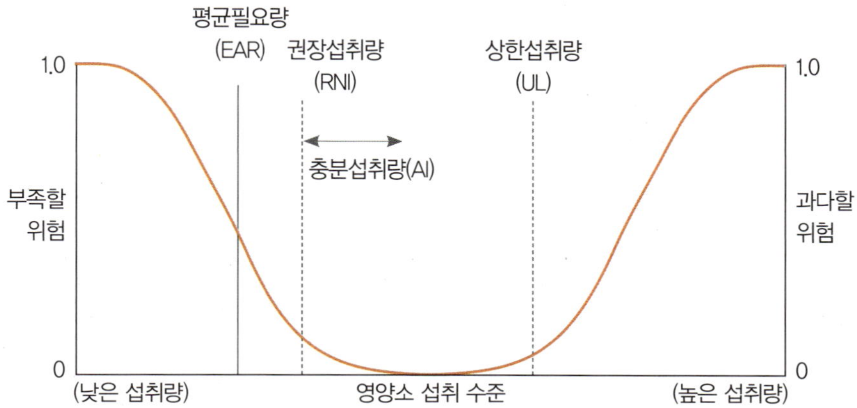

그림 2-1 영양소 섭취기준(DRIs)의 종류

출처 : Institute of Medicine(2008)

3. 영양소 섭취기준의 활용

식사 섭취가 적절한지를 평가하는 식사평가 시 한국인 영양소 섭취기준을 활용할 수 있다. 개인 또는 집단의 영양소 섭취량을 파악하기 위해서 식사 조사(식사 기록법, 식품 섭취 빈도법, 24시간 회상법 등)를 실시한 후 영양소 섭취량을 산출하게 된다.

영양소 섭취량의 평가는 한국인 영양소 섭취기준과 비교하여 적절 또는 부적절한 수준을 평가하게 된다. 개인의 영양소 섭취량은 권장섭취량 또는 충분섭취량에 가까워야 하고, 상한섭취량 미만이어야 한다. 집단의 영양소 섭취량은 평균필요량 미만과 상한섭취량 이상을 최소화해야 한다. 영양소 섭취기준은 개인 또는 인구 집단의 식사 계획 외에도 식생활지침 개발, 영양정책 수립 등에 활용할 수 있다. 특히 식이성 만성질환 위험을 감소시키기 위하여 나트륨, 콜레스테롤, 당류에 대하여 만성질환 위험 감소를 위한 섭취량Chronic Disease Risk Reduction intake, CDRR을 제시하고 있다.

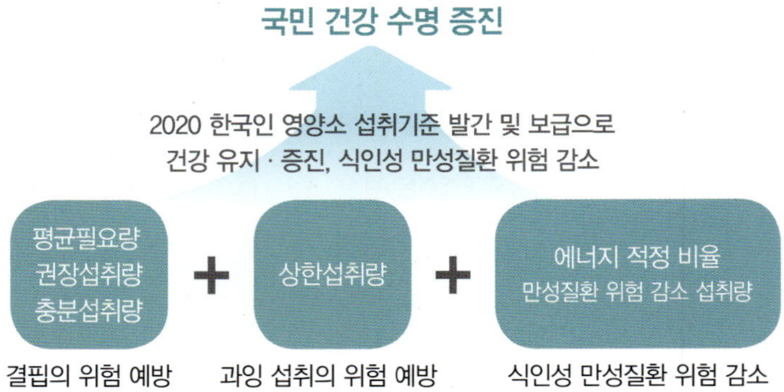

그림 2-2 국민 건강 수명 증진

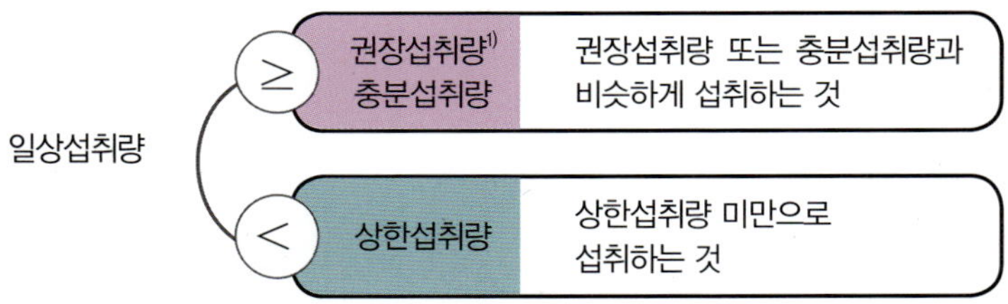

1) 에너지 필요추정량 포함

그림 2-3 개인의 식사 계획 시 영양소 섭취기준의 활용

출처 : 2020 한국인 영양소 섭취기준

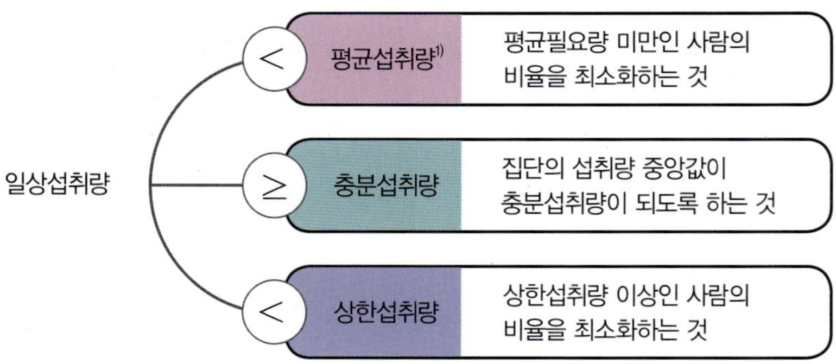

1) 에너지 필요추정량 포함

그림 2-4 집단의 식사 계획 시 영양소 섭취기준의 활용

출처 : 2020 한국인 영양소 섭취기준

한국인을 위한 식생활지침(2021)

1. 매일 신선한 채소, 과일과 함께 곡류, 고기 · 생선 · 달걀 · 콩류, 우유 · 유제품을 균형 있게 먹자.
2. 덜 짜게, 덜 달게, 덜 기름지게 먹자.
3. 물을 충분히 마시자.
4. 과식을 피하고, 활동량을 늘려서 건강 체중을 유지하자.
5. 아침식사를 꼭 하자.
6. 음식은 위생적으로, 필요한 만큼만 마련하자.
7. 음식을 먹을 땐 각자 덜어 먹기를 실천하자.
8. 술은 절제하자.
9. 우리 지역 식재료와 환경을 생각하는 식생활을 즐기자.

출처 : 보건복지부 · 농림축산식품부 · 식품의약품안전처

4. 식품구성자전거 활용

식품구성자전거는 6개의 식품군에 권장 식사 패턴의 섭취 횟수와 분량에 맞추어 바퀴 면적을 배분한 형태로, 기존의 식품 구성탑보다 다양한 식품 섭취를 통한 균형 잡힌 식사와 수분 섭취의 중요성, 그리고 적절한 운동을 통한 비만 예방이라는 기본 개념을 제시한 것이다. 식품군별 대표 식품의 1인 1회 분량을 기준으로 섭취 횟수를 활용하여 개인별 권장 식사 패턴을 계획하거나 평가할 수 있다.

그림 2-5 식품구성자전거

출처 : 보건복지부 · 한국영양학회 홈페이지

미국에서는 2011년 미국 소비자를 위한 식사 가이드인 MyPlate(USDA, 2011)를 발표하였다. MyPlate에서는 과일과 채소를 접시의 반을 차지하도록 배치함으로써 과일과 채소 섭취의 중요성을 강조하고 있다.

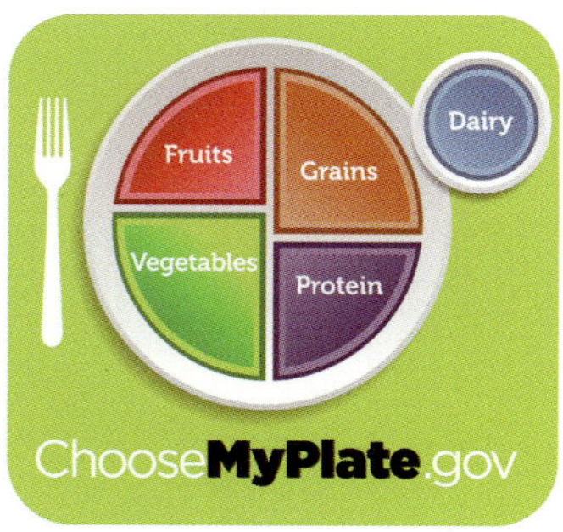

그림 2-6 MyPlate

5. 식사구성안 활용

식사구성안이란 일반인에게 영양 섭취기준에 만족할 만한 식사를 제공할 수 있도록 식품군별 대표 식품과 섭취 횟수를 이용하여 식사의 기본 구성 개념을 설명한 것이다. 식사구성안에서 에너지는 100% 에너지 필요추정량, 단백질은 총 에너지의 약 7~20%, 비타민 및 무기질은 100% 권장섭취량 또는 충분섭취량으로, 그리고 상한섭취량 미만, 식이섬유는 100% 충분섭취량으로 섭취 범위를 허용하고 있다. 또한 지방의 경우 1~2세는 총 에너지의 20~35%, 3세 이상은 총 에너지의 15~30%, 당류의 경우 설탕, 물엿 등의 첨가당은 최소한으로 섭취하도록 제시하고 있다.

6. 영양표시제

현대인들은 건강과 영양에 대한 관심이 높다. 그러므로 소비자들에게 영양적이고 가치 있는 가공식품을 선택할 수 있도록 식품표시를 의무화하고 있다. 식품표시를 통해서 소비자들은 영양적 특성을 지닌 가공식품의 선택과 함께 스스로의 건강에 도움이 되는 여러 가지 식사 지침과 영양에 관한 정보를 제공받는다.

식품의 공급 에너지에 대하여 영양소의 함량을 권장섭취량 비율로 나타낸 것을 영양소 밀도라고 한다. 영양소 밀도는 식품의 영양적 가치를 비교할 때 매우 유용하게 사용된다. 칼로리가 같은 식품이라도 영양소가 같지 않으며, 식품 선택의 폭이 좁을 경우 상대적으로 영양소 밀도가 높은 식품을 선택한다면 효과적으로 영양소의 필요량을 충족할 수 있다. 비타민, 미네랄, 단백질 등이 골고루 들어가 있으면 저열량 고영양소 식품이라고 하며 영양소 밀도가 좋다고 말한다.

표 2-4 영양소 밀도 점수

Nutrition density score(NDS)[1)]

High(>15)		Moderate(6.0~14.9)		Low(<5.9)	
Strawberry	29.1	Kumquat	13.6	Banana	5.5
Raspberry	27.7	Persimmon	12.7	Cherry	4.8
Mulberry	27.1	Oriental melon	12.2	Pear	4.2
Lemon	26.6	Melons	11.6	Apple	1.9
Apricot	18.7	Mango	10.7		
Grapefruit	17.6	Green kiwi	9.8		
Tangerine	15.9	Watermelon	8.9		
Orange	15.9	Plum	8.4		
Pineapple	15.5	Grape	8.3		
		Peach	8.0		
		Jujube	8.0		
		Fig	7.7		
		Pomegranates	6.7		

1) NDS = (Nutrient adequacy score/100kcal) × 100
Nutrients : Protein, fiber, vitamin A, C, D, E, B_1, B_2, B_6, B_{12}, niacin, folic, panthotenic acid, Ca, Fe, Mg
The higher value represents the higher nutrient density
출처 : Journal of The Korean Society of Food Culture

정부는 영양표시 대상 식품을 확대하고 기준을 선진화하면서 동시에 소비자가 영양표시를 이해하고 현명하게 활용할 수 있도록 다양한 교육 프로그램을 개발, 제공하고 있다. 영양표시제는 일정한 양식에 영양성분의 함량을 표시하는 영양성분 정보와 특정 용어를 이용하여 제품의 영양적 특성을 강조 표시하는 영양 강조 표시가 있으며 우리나라에서 가공식품의 영양표시제는 1995년에 도입되었다.

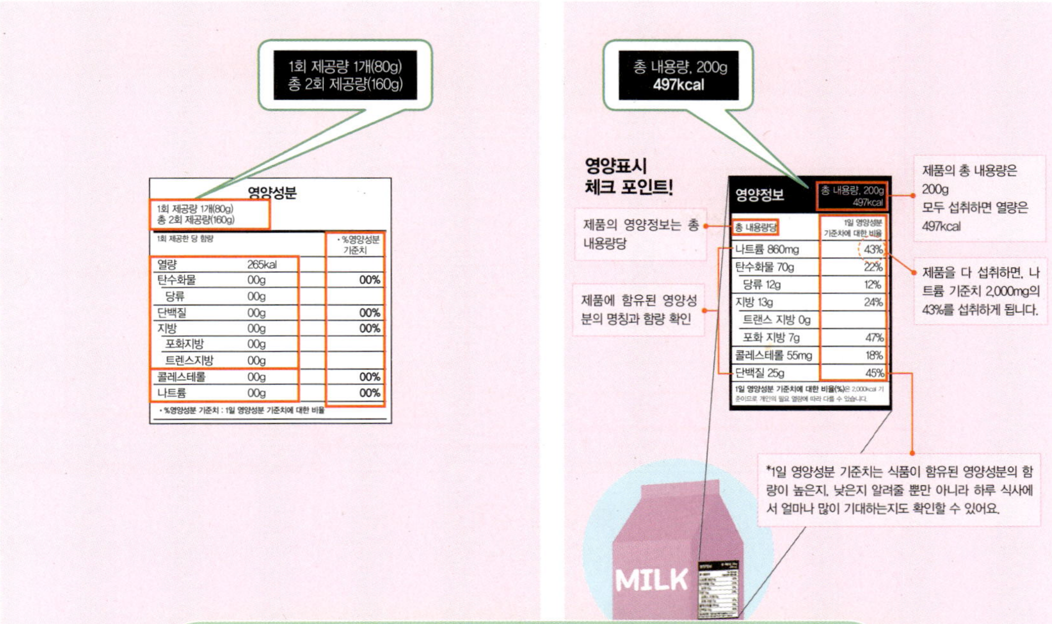

기존에는 1회 제공량 기준으로 함유된 값으로 업체마다 다르게 표시하던 것을 총 내용량(1포장) 기준으로 통일

영양성분

1회 제공량 00(00g) ⓐ
총 00회 제공량 00(00g) ⓑ

1회 제공한 당 함량 ⓒ		• %영양성분 기준치 ⓓ
열량	000kal	
탄수화물	00g	00%
당류	00g	
단백질	00g	00%
지방	00g	00%
포화지방	00g	
트렌스지방	00g	
콜레스테롤	00g	00%
나트륨	00g	00%

• %영양성분 기준치 : 1일 영양성분 기준치에 대한 비율

영양정보 총 내용량 100g 000kcal

총 내용량당	1일 영양성분 기준치에 대한 비율
나트륨 00mg	00%
탄수화물 00g	00%
당류 00g	00%
지방 00g	00%
트랜스 지방 00g	
포화 지방 00g	00%
콜레스테롤 00mg	00%
단백질 00g	00%

1일 영양성분 기준치에 대한 비율(%)은 2,000kcal 기준이므로 개인의 필요 열량에 따라 다를 수 있습니다.

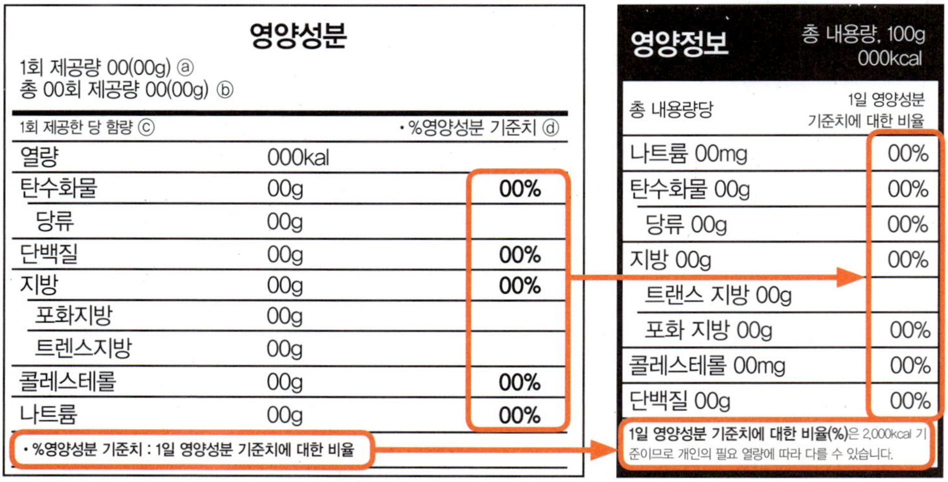
영양성분
1회 제공량 00(00g) ⓐ
총 00회 제공량 00(00g) ⓑ
1회 제공한 당 함량 ⓒ
• %영양성분 기준치 ⓓ
열량 000kal
탄수화물 00g 00%
당류 00g
단백질 00g 00%
지방 00g 00%
포화지방 00g
트렌스지방 00g
콜레스테롤 00g 00%
나트륨 00g 00%
• %영양성분 기준치 : 1일 영양성분 기준치에 대한 비율
영양정보
총 내용량, 100g
000kcal
총 내용량당
1일 영양성분 기준치에 대한 비율
나트륨 00mg 00%
탄수화물 00g 00%
당류 00g 00%
지방 00g 00%
트랜스 지방 00g
포화 지방 00g 00%
콜레스테롤 00mg 00%
단백질 00g 00%
1일 영양성분 기준치에 대한 비율(%)은 2,000kcal 기준이므로 개인의 필요 열량에 따라 다를 수 있습니다.

그림 2-7 영양표시

연습문제

1 권장섭취량과 평균필요량을 구분하여 설명하시오.

2 식품구성자전거에서 식품군은 어떻게 구분되어 있나요?

3 영양표시제란 무엇인가요?

PART 2

균형 잡힌 식생활

CHAPTER 03

에너지 영양소

인간의 성장과 발달에 중요한 영양소는 식품을 통해 얻을 수 있는데, 건강한 삶을 영위하기 위해서는 균형 잡힌 식생활을 확립하여 실천할 필요가 있다. 영양소란 생명을 유지하기 위해 필요한 모든 물질이며, 신체를 구성하거나 에너지원으로 쓰인다. 에너지를 내는 영양소에는 탄수화물, 단백질, 지질이 있다. 영양소 섭취기준에서는 탄수화물 55~65%, 단백질 7~20%, 지질(3세 이상) 15~30%의 비율로 전체 에너지를 섭취하도록 권장하고 있다.

1. 탄수화물

탄수화물은 체내에서 에너지를 내는 영양소로, '당질'이라고도 한다. 식물은 물과 이산화탄소를 가지고 광합성 작용을 하여 포도당을 합성하고, 탄수화물을 만들어 내며 식물의 뿌리, 열매, 줄기, 잎 등에 전분이나 섬유소로 저장된다.

1) 탄수화물의 종류

(1) 단순당

단순당simple sugars은 6개의 탄소로 이루어진 단당류가 1개 또는 2개로 구성된 단당류와 이당류를 말하며, 단맛을 가지고 있다. 단당류는 가장 기본적인 탄수화물로 자연계에서 흔히 볼 수 있는 당류이다.

① 단당류

단당류monosaccharide의 종류는 포도당glucose, 과당fructose, 갈락토스galactose가 있다. 포도당은 가장 기본적인 당이고, 대부분 식물에 존재한다. 탄수화물이 체내에서 소화될 때 최종 분해 산물이며, 인체의 혈액 중에 혈당으로 존재한다. 과당은 과일과 꿀에 함유되어 있고, 천연 당류 중 당도가 가장 높다. 갈락토스는 우유나 유제품에 함유되어 있는 유당의 구성 성분으로 뇌와 신경의 구성 성분이며 단당류 중 당도가 가장 낮다.

② 이당류

이당류disaccharide는 2개의 단당류가 결합한 당류로, 자연계에서 맥아당maltose, 자당sucrose, 유당lactose이 존재한다. 맥아당은 2개의 포도당으로 구성되어 있고, 녹말의 가수 분해 산물로 생성된다. 자연식품에는 엿기름 속 효소로 밥의 전분을 발효시켜 만드는 식혜에 존재한다. 자당은 설탕이라고도 불리며 포도당과 과당으로 구성되어 있다. 자당은 사탕수수, 사탕무에 많이 함유되어 있다. 유당은 젖당이라고도 불리며, 포도당과 갈락토스로 구성되어 있고, 동물의 유즙에 주로 함유되어 있다.

(2) 올리고당

올리고당oligosaccharides은 단당류가 3~10개 결합되어 만들어지는 당으로 세포막의 당지질이나 당단백의 구성 성분이며, 자연식품 중 대두, 양파, 바나나 등에 함유되어 있다. 기능성 올리고당으로 프락토올리고당fructo-oligosaccharide, 이소말토올리고당isomalto-oligosaccharide, 갈락토올리고당galacto-oligosaccharide 등이 있다. 이들은 인체의 소화 효소에 의해 분해되지 않으나 장 건강에 도움을 주고, 혈청 콜레스테롤 저하, 혈당 수준 개선 등의 기능을 가진다.

식혜

그림 3-1 식혜

보리에 물을 가해 싹을 틔워 엿기름을 만드는데, 이때 효소에 의해 맥아당이 생성되며, 엿기름을 우려낸 물을 이용해 식혜, 조청, 엿 등의 원료로 쓸 수 있다. 보리의 전분은 엿기름에 함유된 아밀로스에 의해 포도당이나 2개의 포도당으로 이루어진 맥아당으로 분해된다.

(3) 다당류

다당류polysaccharide는 수십~수천 개의 단당류로 구성되어 있고, 동물과 식물의 에너지 저장 형태로 존재한다. 다당류의 종류는 전분, 글리코겐, 식이섬유소 등이 있다. 전분starch은 수백~수천 개의 포도당으로 구성되어 있고, 곡류와 감자류 등에 함유되어 있으며, 전분 입자는 물과 함께 가열하면 호화가 일어나 소화 효소의 작용을 쉽게 받을 수 있게 된다. 글리코겐glycogen은 동물의 간과 근육에 저장되는 동물성 전분이며, 간에 저장된 글리코겐은 혈당이 감소되면 분해되어 혈당을 상승시킨다. 식이섬유소dietary fiber는 식물의 잎, 줄기 등에 존재하는 복합 당질이며, 인체에는 식이섬유소를 분해시킬 수 있는 소화 효소가 존재하지 않는다. 식이섬유소는 물에 잘 용해되지 않는 불용성 식이섬유소인 셀룰로스, 헤미셀룰로스, 리그닌과 물에 잘 용해되는 가용성 식이섬유소인 펙틴, 검류로 분류된다. 불용성 식이섬유소는 곡류, 채소에 함유되어 있으며, 미생물에 의해 분해되지 않고 배설되므로 변비를 예방하고, 가용성 식이섬유소는 과일, 두류, 해조류 등에 함유되어 있으며 수분 보유력이 높아 포만감을 높여 주고, 포도당과 지질의 흡수를 지연시켜 준다.

불용성, 가용성 식이섬유소

불용성 식이섬유소	가용성 식이섬유소
• 셀룰로스, 헤미셀룰로스, 리그닌 등이 있다. • 밀, 보리, 현미, 브로콜리 등에 함유되어 있다. • 물에 녹지 않으며 장내의 대변 용적을 증가시켜 장내 체류 시간을 단축시켜 주고, 변비와 게실증을 예방한다.	• 펙틴, 검, 해조 다당류 등이 있다. • 과일, 채소, 두류, 쌀겨, 잼 등에 함유되어 있다. • 물에 녹거나 팽윤되어 점성이 있는 겔을 형성하여 만복감을 주고, 다른 물질의 장내 흡수를 저하시키며, 콜레스테롤을 체외로 배출시켜 준다.

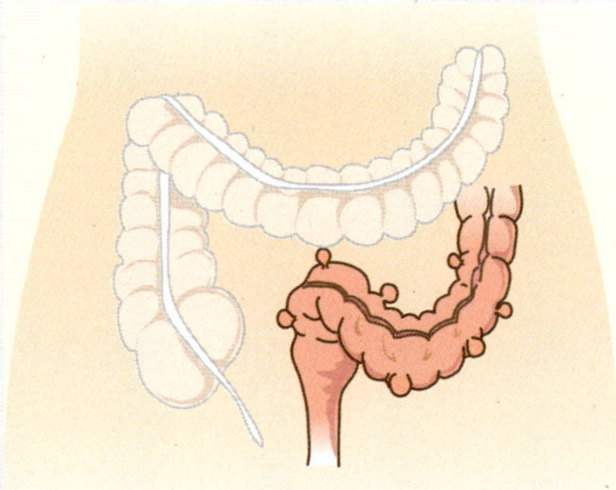

그림 3-2 게실증

2) 당류 섭취와 건강

전 세계적으로 당류 소비량이 꾸준히 증가하고 있으며, 이는 음료, 커피, 빵 등 가공식품 소비의 지속적인 증가와 연관이 있다고 볼 수 있다. 그러나 당류의 과잉 섭취는 비만, 고혈압 등 만성질환 유병률을 증가시킬 수가 있는데, 특히 가공식품을 통한 당류를 1일 총 칼로리 섭취량의 10% 이상 지속적으로 섭취할 때는 그렇지 않은 사람보다 고혈압 위험은 66%, 당뇨병 위험은 41%, 비만 위험은 39% 증가하는 것으로 밝혀졌다.

당류는 식품 내에 존재하는 모든 단당류와 이당류를 합해서 지칭하는 용어로 물에 녹아서 단맛이 나는 물질을 말한다. 탄수화물 중에서 복합당과 올리고당은 당류에 포함되지 않는다.

이러한 당류는 총 당류total sugar, 첨가당added sugar, 유리당free sugar 등으로 구분할 수 있다. 총 당류는 과일, 우유, 채소, 곡류 등 천연식품에 있는 천연당natural sugar과 식품의 가공, 조리 시에 첨가된 첨가당을 모두 합한 것을 의미하며, 식품의 영양표시에 사용되고 있는 총 당류와 같은 의미이다. 첨가당은 식품의 제조 과정이나 조리 시에 첨가되는 꿀, 시럽, 덱스트로오즈, 설탕, 물엿, 당밀 등을 말한다. 유리당은 세계보건기구에서 첨가당 외에 꿀, 시럽, 과일 주스에 함유된 천연당도 포함한 개념으로 정의하고 있다.

- 총 당류 : 과일, 흰 우유, 가공식품 등 모든 식품에 존재하는 당
- 첨가당 : 가공 · 조리 시 첨가되는 단당류 · 이당류와 시럽
- 유리당 : 가공 · 조리 시 첨가되는 단당류 · 이당류와 꿀 · 시럽 · 과일주스에 존재하는 당

출처 : 세계보건기구

(1) 당류 섭취기준

한국인 영양소 섭취기준(보건복지부 · 한국영양학회, 2020)에서는 총 당류(당류) 섭취기준을 1일 총 에너지 섭취량의 10~20%로 제한하고, 특히 첨가당은 1일 총 에너지 섭취량의 10% 이내로 섭취하도록 권고하고 있다. 하루에 2,000kcal의 열량을 섭취한다고 가정하면 이 중 당류를 통해 얻는 열량이 200~400kcal 수준 이내여야 한다는 의미이다. 당류는 1g당 4kcal의 열량을 내므로 양으로 환산하면 하루에 섭취하는 당류는 50~100g 이내가 되도록 제한한다. 세계보건기구World Health Organization, WHO에서는 성인의 1일 섭취기준으로 가공식품을 통한 당류(유리당) 섭취량만 따져서 1일 총 칼로리 섭취의 10%(표준 열량 2,000kcal 기준 50g, 무게가 3g인 각설탕 16~17개 수준) 이내로 권고하고 있다. 2015년에는 회원국의 상황에 따라 유리당 섭취를 1일 총 칼로리 섭취의 5% 이내로 줄일 것을 추가로 제안했다.

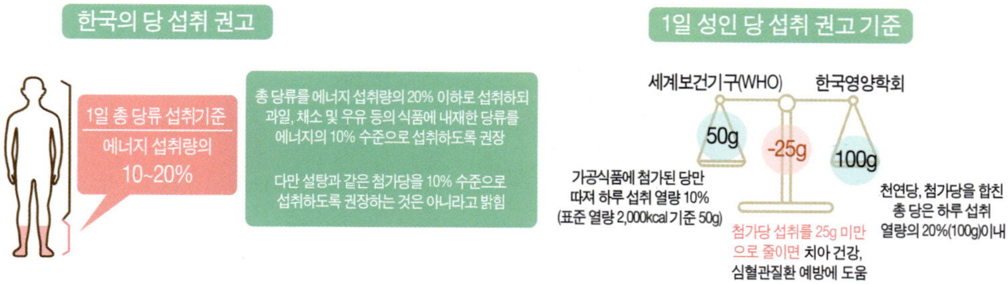

그림 3-3 당류 섭취 권고 기준

(2) 한국인의 당류 섭취실태

우리나라 국민(만 1세 이상)의 1일 평균 당류 섭취량은 58.9g이고, 이 중 가공식품이 36.4g(총 당류의 61.8%, 1일 총 열량의 7.4%)으로, 가공식품을 통해 당류를 가장 많이 섭취하는 것으로 나타났다(식품의약품안전처, 2021). 이는 세계보건기구의 하루 권고 기준(총 열량의 10%)보다 낮은 수준이기는 하지만 3~5세 유아와 12~18세 청소년의 경우에는 가공식품을 통한 당류 섭취가 각각 하루 총 열량의 10.1%와 10.3%로 세계보건기구 권고 기준을 초과하는 것으로 조사되었다. 가공식품을 통한 당류 섭취의 주 공급원은 음료류였고, 그 다음으로는 과자 · 빵 · 떡류, 시럽 순이었다. 연령별로는 1~2세 유가공품, 3~5세 과자 · 빵 · 떡류, 6세 이상에서 음료류 섭취가 가장 많았고, 음료류 중 6~49세는 탄산음료, 50세 이상은 커피를 통해 당류를 많이 섭취하는 것으로 나타났다. 커피의 경우 19~29세는 블랙커피, 30~49세는 블랙커피와 믹스커피 섭취자가 비슷했으며, 50세 이상은 믹스커피 섭취자가 월등히 많았다. 가공식품을 통한 당류 섭취는 주로 간식을 통해 섭취하고 있으므로 건강한 식생활을 위해 과일과 채소의 섭취를 늘리고 당류 함량이 낮은 간식을 선택하도록 해야 한다.

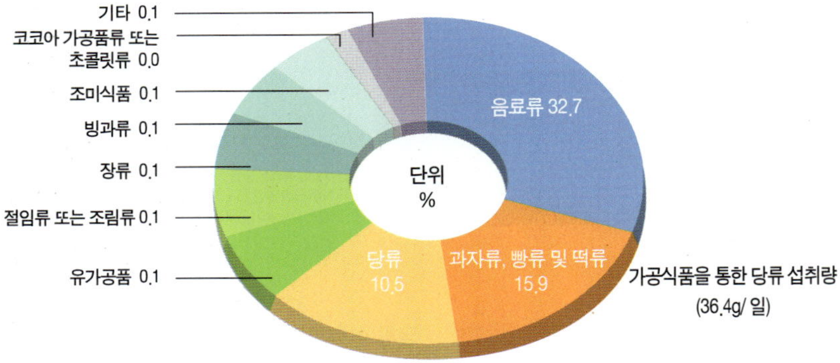

종류별 가공식품(22종)에서 차지하는 당류 섭취비율

그림 3-4 식품 속 당류 함량

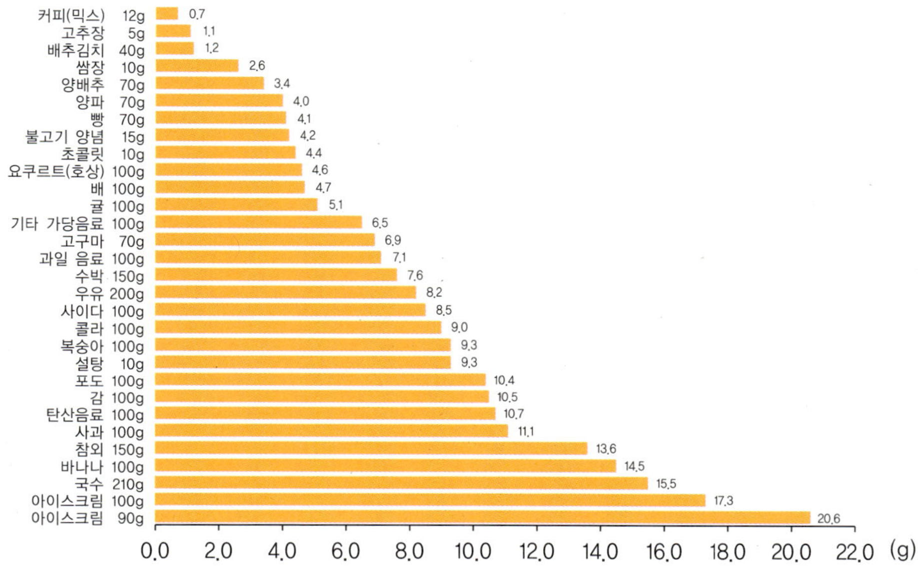

그림 3-5 당류 주요 급원식품(1회 분량당 함량)[1]

1) 2017년 국민건강영양조사의 식품별 섭취량과 식품별 당류 함량(국가 표준식품 성분표 DB 9.1) 자료를 활용하여 당류 주요 급원식품 상위 30위 산출 후 1회 분량(2015년 한국인 영양소 섭취기준)을 적용하여 1회 분량당 함량 산출

(3) 당류 섭취와 건강

첨가당이 많이 든 식품은 열량 외엔 영양적 가치가 거의 없다고 해서 흔히 '빈열량 식품Empty calorie food'으로 불린다. 첨가당은 1g당 4kcal의 열량을 내고 맛이 달아 한 번에 많이 먹게 되어 비만의 위험을 높이고, 체내에서 소화·흡수되는 속도가 빨라서 혈당이 순간적으로 급히 올라 당뇨병 등 대사질환 위험을 높인다. 또한 첨가당이 많이 든 식품을 즐겨 먹다 보면 영양소가 골고루 함유된 건강식품 섭취에 소홀해지기 쉽다. 그 외 충치 발생의 위험을 증가시키고, 심혈관계 질환, 어린이 과잉행동증, 사망 위험 증가 등과의 연관성도 보고되고 있다. 한편, 우유의 유당, 과일의 과당 등 천연당은 건강에 이로울 수 있는데, 유당을 많이 섭취하면 대사증후군 발생 위험을 남자는 23%까지, 여자는 44%까지 낮출 수 있다는 연구 결과가 보고된 바 있다.

올바른 당류 섭취 방법

1. 가공식품보다 되도록 신선한 채소, 생선, 곡류 등 골고루 섭취
2. 가공식품 구입 시 당류 함량 표시 확인해 당류가 적은 제품 선택
3. 단순당 함량 높은 설탕, 꿀, 사탕, 초콜릿 등 섭취 자제
4. 식이섬유가 풍부한 복합 탄수화물 위주로 섭취
5. 목이 마를 때 단맛 음료 대신 생수 섭취
6. 커피, 음료 주문할 때 시럽, 설탕 빼달라고 주문
7. 당류가 적게 함유된 음료 선택
8. 케이크, 머핀 등 디저트류는 덜 달고 작은 것을 선택
9. 음료도 음식이란 사실 기억하기
10. 늘 긍정적인 생각을 하고 스트레스 덜 받기

당류 관련 궁금증 풀이

Q 한국인의 당류 섭취는 얼마나 심각한가?

A 국민건강영양조사 2007~2013년 자료 분석 결과, 국민 3명 중 1명, 3~29세는 2명 중 1명꼴로 가공식품을 통해 기준보다 많은 당류를 섭취했다.

Q 당류 섭취기준은 어떻게 되나?

A 우리나라는 세계보건기구의 당류 섭취기준을 따르고 있다. 한국인은 하루 2,000kcal 정도(성인 여성 기준)의 칼로리를 섭취한다. 이 중 가공식품을 통해 섭취하는 당류의 비율이 10%인 200kcal 이하여야 한다는 의미이다. 4kcal는 1g이므로, 양으로 환산하면 50g 이하이다. 10g은 밥숟가락으로 한 숟가락 정도의 양이다.

Q 최근 설탕세 도입 국가가 늘고 있는데 우리 정부도 검토 중인가?

A 설탕세 도입은 검토하지 않고 있다. 우리 국민의 평균 당류 섭취량은 아직 세계보건기구 섭취기준을 초과하지 않았다. 가공식품을 통한 당류 섭취가 지속적으로 증가하는 추세인 것은 맞다.

Q 무가당 · 무당식품엔 당류가 일체 들어 있지 않나?

A 인위적으로 설탕, 과당 등 당을 넣은 경우가 아니라면 무가당식품이라고 표시할 수 있다. 무가당식품엔 과당 등 천연당이 들어 있을 수 있다. 무가당(無加糖)식품은 과당이 일체 없는 무당(無糖)식품과는 의미가 다르다.

Q HFCS도 당류에 포함되나?

A 고과당 옥수수 시럽(High Fructose Corn Syrup, HFCS)은 옥수수의 포도당을 과당으로 전환시킨 설탕 대체제이다. 미국의학협회(American Medical Association, AMA)는 비만에 관한 한 설탕이나 HFCS나 해롭기는 마찬가지라고 발표했다. HFCS와 설탕은 같은 열량(1g당 4kcal, 1찻숟가락당 16kcal)을 낸다. 국내 식품업계에서도 HFCS를 미국 이상으로 광범위하게 사용 중이다. 탄산음료, 분유, 과자, 젤리, 물엿, 조미료 등 단맛이 나는 거의 모든 가공식품에 들어간다. 요리할 때 설탕 대신 넣는 요리당, 파우치로 포장한 레토르트식품, 반찬 가게에서 파는 콩자반, 멸치볶음 등에도 '숨어' 있다. 식품 라벨에 옥수수 시럽, 콘 시럽, 액상 과당 같은 표시가 되어 있으면 HFCS이다.

Q 우유, 과일 등에 함유된 유당, 과당 등 천연당은 줄이지 않아도 되나?

A 당류 섭취량을 올리는 주범은 음료, 과자 등 가공식품을 통해 먹는 당류이다. 가공식품을 통한 당 섭취량은 2007년 33.1g에서 2013년 44.7g으로 늘었다. 같은 기간 천연당 섭취량은 25~27g을 유지했다. 당류는 다른 영양소를 함께 섭취할 수 있는 과일, 우유 등 자연식품으로 섭취하는 것이 좋다. 천연당은 저감 대상이 아니다.

Q 어린이 · 청소년의 당류 섭취는 어떻게 줄일 수 있나?

A 어린이 · 청소년 당류 섭취는 주로 가공식품인 탄산음료, 빵, 과자 등을 통해 이루어진다. 정부는 탄산음료, 사탕류 등 당류 함량이 높은 식품은 단계적으로 '고열량 · 저영양' 제품임을 마크, 문구 등으로 표시하게 했다. 초 · 중 · 고교에서 커피 자판기 설치를 금지하고, 학교와 학원 주변 식품 판매점에서는 소용량 음료를 우선 판매하도록 유도할 방침이다.

Q 당류가 낮은 가공식품을 어떻게 고를 수 있나?

A 제품 라벨의 영양성분표에서 당류 함량을 확인할 수 있다. 앞으로 당이 적은 식품은 '저당', '당을 줄인' 등의 표시나 광고를 할 수 있게 된다.

3) 탄수화물의 체내 기능

(1) 에너지 저장과 혈당 유지

하루 섭취하는 총 에너지의 55~65%는 탄수화물로 섭취하는 것이 바람직하며, 이는 약 300~350g 정도이다. 섭취한 탄수화물은 포도당으로 전환되어 에너지원으로 사용되며 탄수화물 1g은 약 4kcal의 에너지를 발생한다. 에너지원으로 사용하고 남은 포도당은 간과 근육에 동물성 다당류인 글리코겐의 형태로 저장되고, 에너지가 부족할 경우 효과적인 에너지원으로 이용하게 된다. 그러나 저장된 글리코겐의 양도 충분할 경우에는 지방산으로 전환하여 지방 조직에 저장된다. 또한 적혈구, 뇌신경 세포 등은 혈액에 존재하는 포도당만을 에너지원으로 공급받을 수 있기 때문에 혈당은 일정하게 유지되어야 한다.

(2) 체단백질 보호 작용

탄수화물의 섭취가 부족한 경우 신체는 근육이 단백질을 분해하여 포도당을 합성하게 된다. 따라서 탄수화물을 충분히 섭취해야 에너지원으로 체단백질을 소모시키는 것을 막을 수 있어 단백질을 절약할 수 있다.

(3) 케톤증 예방

탄수화물 섭취가 부족한 경우 체지방이 분해되어 에너지원으로 이용되는데, 이때 지방의 불완전 분해로 인해 지질 대사의 중간 산물인 케톤체(아세톤, 아세토아세트산, β-히드록시부티르산)가 다량 생성된다. 혈액 중에 케톤체가 증가하면 케톤증ketosis이 발생하게 되고, 체내 산·염기 평형이 깨져서 산독증acidosis이 생길 수 있다. 케톤증의 증상은 호흡할 때 아세톤 냄새를 유발하고, 심하면 혼수상태에 이르게 한다. 따라서 케톤증을 예방하기 위해서는 하루에 탄수화물을 100g 이상 섭취해야 한다.

(4) 음식에 단맛 제공

탄수화물은 자당뿐만 아니라 포도당, 과당, 갈락토스, 맥아당, 유당 등 당도의 차이는 있으나 모두 단맛을 가지고 있으므로 음식의 맛과 풍미를 좋게 해준다.

(5) 변비 예방

탄수화물 중 체내에서 소화되지 않는 불용성 식이섬유소는 에너지를 발생할 수는 없지만 장내 대변의 양을 증가시키고, 장운동을 촉진시켜 배변을 원활하게 하므로 변비를 예방해 준다.

4) 탄수화물 섭취와 관련된 건강 문제

(1) 탄수화물의 과잉 섭취

탄수화물을 필요량 이상 섭취하게 되면 에너지로 사용하고 남은 포도당이 체지방으로 축적되며, 비만, 당뇨병, 심혈관계 질환과 같은 대사질환을 일으킬 수 있다. 특히 사탕, 음료수, 초콜릿 등 가공식품에 단맛을 제공하는 설탕은 영양소는 적고 에너지만 제공하는 빈열량식품empty calorie food으로 포만감은 적고, 쉽게 과잉 섭취하게 되어 건강에 문제가 될 수 있다. 또한 많은 당류를 함유한 충치 유발 식품인 음료수, 카라멜, 초콜릿, 사탕을 자주 섭취하게 되면 치아 표면의 법랑질이 손상되어 충치가 생기기 쉽다.

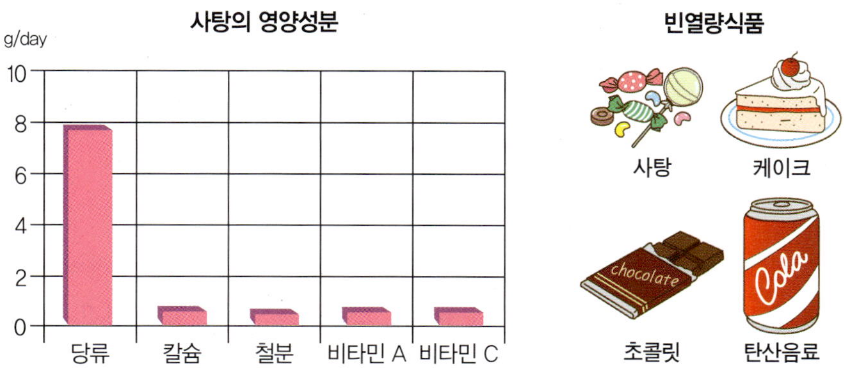

그림 3-6 빈열량식품의 영양성분과 대표 식품

혈당 지수

혈당 지수(Glycemic index, GI)란 탄수화물이 포함된 음식을 섭취하여 소화, 흡수되고 혈당이 상승하는 속도를 나타내는 지수를 말하며, 칼로리와 혈당 지수는 비례하지 않는다. 혈당 관리가 중요한 당뇨 환자의 경우 유용하게 이용할 수 있는 지수이다. 탄수화물의 종류에 따라 혈당 지수는 달라지는데, 섭취한 포도당의 혈당 지수는 100으로 기준이 된다. 곡류들의 혈당 지수는 백미 70~79, 현미 60~69, 찐 감자 87~101, 찐 고구마 50~60, 콩류 10~19이다. 당뇨 환자는 혈당 지수가 낮은 식품을 섭취하여 급격한 인슐린 분비를 막는 것이 바람직하다.

대사증후군

대사증후군는 1988년 미국의 내분비학자 제럴드 리븐(Gerald Reaven)이 처음으로 'X 증후군'이라고 이름지었다. 대사증후군은 아래의 관상동맥성 심질환 위험 요소 중 3가지 이상이 복합적으로 나타나는 경우 진단한다.

대사증후군의 진단 기준

- 복부 비만 : 허리 둘레 남자 90cm, 여자 85cm 이상
- 혈압 : 130/85mmHg 이상 또는 고혈압약 투약 중
- 공복 시 혈당 : 100mg/mL 이상 또는 혈당 조절약 투약 중
- 혈중 중성 지방 : 150mg/dL 이상
- HDL-콜레스테롤 : 남자 40mg/dL 미만, 여자 50mg/dL 미만

(2) 유당 불내증

유당 불내증lactose intolerance은 체내에 유당을 분해하는 효소인 락타아제lactase의 부족으로 인해 유당이 단당류인 포도당과 갈락토스로 분해되지 못하여 생긴다. 증상은 복부에 가스가 차고, 복통, 설사 등이 나타난다. 성인과 노인에서 유당 불내증이 자주 나타난다.

5) 탄수화물 급원식품

탄수화물의 급원식품은 곡류, 감자류, 과일류, 음료류 등이 있고, 유당은 우유 및 유제품에 함유되어 있으며 맥아당은 엿기름에 함유되어 있다. 식이섬유소는 곡류, 채소류, 과일류, 해조류 등에 많이 함유되어 있다.

그림 3-7 식품 중 함유된 설탕의 함량

출처 : http://www.sugarstacks.com 재구성
Sugar Stacks 홈페이지

설탕세를 아시나요?

설탕세(sugar tax)는 청량음료 등 가당식품에 들어 있는 당의 함량에 따라 세금을 차등적으로 부과하는 제도이다. 2016년 세계 비만의 날을 맞아 세계보건기구(WHO)는 "설탕의 과다 섭취가 비만, 당뇨병 등의 주요 원인이며 건강한 식품 및 음료의 소비를 목표로 세금과 보조금 등의 재정 정책을 고려할 필요가 있다"고 권고했다. 현재 설탕세를 부과하고 있는 국가는 노르웨이(1922), 헝가리(2011), 핀란드(2011), 프랑스(2012), 멕시코(2012), 칠레(2014), 태국(2014), 미국 필라델피아시(2017), 영국(2018), 아일랜드(2018), 필리핀(2018), 남아프리카공화국(2018), 말레이시아(2019), 이탈리아(2020) 등이다. 설탕세 도입 후 노르웨이, 멕시코, 미국 등에서 탄산음료와 가당음료의 소비가 줄어드는 긍정적인 효과가 나타났으며 무설탕 음료나 저당 음료, 혹은 인공 감미료 등이 들어간 대체 음료 개발에 노력을 기울이고 있다. 한국도 매년 비만 인구가 증가하고 있을 뿐만 아니라 성인의 3분의 1 이상이 비만으로 나타나 설탕세 도입에 대한 논의가 진행 중이다. 그러나 비만과 당뇨 환자 감소

에 도움을 줄 것이라는 측면에서 국민 건강 증진 및 사회 · 경제적 비용 감소의 긍정적 효과에 찬성 의견이 있는 반면, 설탕 소비 감소 효과는 일시적일 것이며, 설탕 대체제가 오히려 건강에 더 해로울 수도 있다는 우려, 그리고 무엇보다 가격 상승으로 인한 소비자 부담이 증가한다는 측면에서 반대하는 의견이 팽팽히 맞서고 있다.

2. 지질

지질lipid은 물에 녹지 않는 성질을 가진 화학 물질로, 중성 지방triglyceride, 인지질phospholipid, 콜레스테롤cholesterol 등이 포함되며, 우리가 섭취하는 지질은 대부분 중성 지방이므로 지방이라고 칭하기도 한다. 지질은 당질과 단백질이 1g당 4kcal의 에너지를 발생하는 것과 달리 1g당 9kcal를 발생시키며, 에너지로 사용하고 남은 에너지는 체내에 지질의 형태로 저장하게 된다.

지질은 우리 몸에 에너지를 제공할 뿐만 아니라 지용성 비타민의 흡수를 도와주고, 필수 지방산을 제공하기 때문에 적정량을 섭취하여야 한다. 그러나 필요한 양 이상으로 섭취할 경우 과도한 지질은 체내에 쌓여 비만을 유발할 수 있다. 또한 과량의 지질과 콜레스테롤은 혈관에 콜레스테롤을 축적함으로써 혈액의 원활한 운반을 막아 심근경색, 심부전, 뇌출혈 등 심혈관계 질환을 일으킬 위험이 증가한다. 특히, 지질 중에서 포화 지방산 및 트랜스 지방산의 섭취량이 증가할수록 혈액 중에 나쁜 콜레스테롤인 LDL-콜레스테롤이 증가하여 뇌 · 심혈관계 질환의 발병률을 더욱 높이는 것으로 밝혀졌다.

1) 지질의 종류

지질은 좋은 지질과 나쁜 지질로 나눌 수 있으며, 좋은 지질에는 단일 불포화 지방산과 다중 불포화 지방산이, 나쁜 지질에는 포화 지방산과 트랜스 지방산이 포함된다. 불포화 지방산은 단일 불포화 지방산과 다중 불포화 지방산으로 분류되며, 식물성 기름, 견과류나 씨앗과 같은 식물성 식품에 많이 들어 있고 실온에서 액체로 존재한다.

불포화 지방산은 LDL-콜레스테롤을 감소시켜 혈액의 콜레스테롤을 개선하고, 염증을 완화시켜 심장 건강에 도움을 준다. 포화 지방산은 우유, 치즈 등의 유제품과 육류 등 동물성 식품에 많이 들어 있고, 실온에서 고체로 존재하며 총 콜레스테롤과 LDL-콜레스테롤을 증가시킨다. 트랜스 지방산은 주로 튀김, 구운 제품, 가공식품과 마가린에 많이 들어 있으며 실온에서 고체로 존재한다. 트랜스 지방산은 LDL-콜레스테롤을 증가시키고, HDL-콜레스테롤은 감소시켜 포화 지방산보다 건강에 더 해로운 것으로 알려져 있다.

그림 3-8 섭취 주의 지질의 종류와 함유 식품

(1) 단순 지질

식품과 인체의 지질은 대부분 단순 지질이고, 단순 지질은 참기름과 대두유처럼 상온에서 기름oil 형태와 버터, 동물성 기름처럼 지방fat 형태로 구분하기도 한다. 단순 지질은 95%가 중성 지방이며, 나머지는 인지질, 당지질, 지단백질 같은 복합 지질, 콜레스테롤 등이 있다. 중성 지방은 글리세롤 1분자와 지방산 3분자가 결합하고 있으며, 맛과 냄새가 없으나 식용유지에 함유된 중성 지방은 분해 시 생성되는 분해 산물이나 지방산 등에 의해 독특한 향미를 갖게 된다.

(2) 지방산

중성 지방에 함유된 지방산은 수소가 결합되어 있는 탄소 사슬로 구성되어 있는데, 그 길이에 따라 짧은 사슬 지방산, 중간 사슬 지방산, 긴 사슬 지방산으로 분류할 수 있다. 또한 탄소 사슬 내 이중 결합의 수에 따라 포화 지방산, 단일 불포화 지방산, 다가 불포화 지방산으로 나눌 수 있으며, 이중 결합의 위치에 따라 오메가-3 지방산, 오메가-6 지방산으로 분류할 수 있다.

긴 사슬 지방산은 대부분의 지방 식품에 함유되어 있고, 중간 사슬 지방산은 긴 사슬 지방산에 비해 흡수가 잘된다. 포화 지방산은 지방산의 탄소 사슬이 단일 결합으로만 이루어져 수소 결합이 포화되어 있어 포화 지방산이라고 하고, 융점이 높아 상온에서 고체 상태로 존재한다. 불포화 지방산은 탄소 사슬 중 1개 이상의 이중 결합이 존재하여 불포화 지방산이라고 하며, 단일 결합보다 불안정하다. 불포화 지방산의 이중 결합의 위치에 따라 오메가-3 지방산과 오메가-6 지방산이 있다. 오메가-3 지방산은 EPAeicosapentaenoic acid와 DHAdocosahexaenoic acid가 포함되어 있으며 등푸른 생선에 많이 포함되어 있고, 오메가-6 지방산은 콩기름 등의 식물성 기름으로 섭취할 수 있다.

(3) 인지질

인지질은 세포막의 주요 성분으로 뇌와 신경 조직에 많이 존재하며, 우리가 섭취하는 지질 중에서 중성 지방 다음으로 많은 비율을 차지한다. 인지질은 친수성과 소수성을 동시에 가진 양극성으로, 수용성 물질과 지용성 물질을 유화시킬 수 있다. 생물체에 존재하는 대표적인 인지질은 레시틴이며 달걀노른자, 간, 콩 등에 함유되어 있으며, 체내에서 유화제로 쓰이고 식품 산업에서도 유화제로 쓰인다.

(4) 콜레스테롤

콜레스테롤은 체내에서 합성되거나 식품을 통해 쉽게 섭취할 수 있는 동물성 지방에 존재하며, 세포막의 구성 성분, 담즙산의 성분, 비타민 D의 전구체, 성호르몬의 전구체, 뇌 조직의 구성 성분 등의 기능이 있다.

LDL-콜레스테롤, HDL-콜레스테롤

저밀도 지단백질(Low-Density Lipoprotein, LDL)은 콜레스테롤을 쉽게 산화시켜 동맥경화증의 원인이 될 수 있고, 고밀도 지단백질(High-Density Lipoprotein, HDL)은 단백질 함량이 높고, 말초조직의 콜레스테롤을 간으로 운반하는 작용을 한다. 혈액 중에 LDL-콜레스테롤 농도가 증가하면 동맥경화증 발생 위험이 높아지게 되어 LDL-콜레스테롤을 나쁜 콜레스테롤이라고 부르고, HDL-콜레스테롤은 담즙을 통해 콜레스테롤이 대변으로 배설되는 것을 도와주기 때문에 HDL-콜레스테롤을 좋은 콜레스테롤이라고 부른다. LDL-콜레스테롤의 급원식품은 대부분 동물성 식품으로 달걀노른자, 새우, 굴, 소고기, 돼지고기 등이 있고, HDL-콜레스테롤은 견과류, 참기름, 등푸른 생선, 콩류 등에 함유되어 있다. 혈액 중 좋은 콜레스테롤과 나쁜 콜레스테롤의 적절한 비율을 유지하는 것이 좋다.

트랜스 지방

고체 상태인 동물성 기름은 음식의 맛과 모양을 좋게 하고 유통이 쉬우며 유통기한이 길다는 장점이 있으나, 가격이 비싸기 때문에 액체 상태인 식물성 기름에 수소를 첨가하여 고체 상태로 경화시키는데, 이것이 마가린, 쇼트닝 등의 경화유, 즉 트랜스 지방(trans fat acids)이다. 식물성 기름을 수소 첨가 반응을 시켰을 때 생성되는 트랜스 지방산은 심혈관계 질환과 암세포의 성장을 촉진시킨다는 연구 결과들이 발표되었다. 1999년 미국 하버드대학교 의과 대학에서 트랜스 지방은 혈중 LDL-콜레스테롤은 높이고 HDL-콜레스테롤은 낮춰 건강에 악영향을 미친다고 발표하였다. 경화유를 사용한 가공식품을 섭취할 때는 영양표시의 트랜스 지방 함량을 확인하고 1일 에너지 섭취량의 1% 미만으로 섭취하는 것이 바람직하다.

2) 지질의 체내 기능

(1) 에너지 발생과 저장

음식으로 섭취한 지질은 1g당 9kcal의 에너지를 발생하여 동일 분량의 탄수화물과 단백질에 비해 효율성이 높은 에너지원이다. 또한 에너지 발생이 충분할 때는 체내 지방 세포에 중성 지방을 저장하고 나중에 사용할 수 있지만, 음식으로 섭취하는 에너지가 소비하는 에너지보다 높을 경우 비만으로 이어지기 쉽다.

(2) 지용성 비타민 운반

지용성 비타민(비타민 A, 비타민 D, 비타민 E, 비타민 K)은 장에서 흡수 시 지방과 함께 흡수되고, 지질의 섭취가 부족하거나 지질의 흡수가 저해되면 지용성 비타민의 흡수도 저하되어 결핍될 가능성이 높아진다.

(3) 체온 유지와 신체 보호

우리 몸의 피하 지방은 물에 비해 열전도율이 낮아 절연체 기능을 함으로써 일정한 체온을 유지시켜 주며, 복강 내 주요 장기들을 둘러싸고 있어 물리적 충격으로부터 보호해 준다.

(4) 향미

지질이 포함된 식품과 조리 · 가공 중에 첨가된 지질은 질감, 향미, 색을 변화시켜 준다.

3) 지질 섭취와 관련된 건강 문제

(1) 심혈관계 질환

심혈관계 질환은 우리나라 사망자의 주요 사망 원인 질환 중 암 다음으로 높은 비율을 차지하는 질환이며, 심혈관계 질환의 위험 요인은 비만, 고혈압, 혈중 지질 이상, 심혈관계 질환의 가족력 등이 있다.

혈액 중 지질 수준이 높으면 동맥벽에 쌓여서 플라그를 형성하게 되고, 그 플라그가 동맥의 내경을 점점 좁아지게 만들어 동맥경화증으로 발전하게 된다. 혈중 LDL-콜레스테롤 농도가 높을수록 동맥경화증의 발병률이 높아지고 심장에 혈액을 공급하는 관상 동맥이 경화되면 심장에 산소 운반이 어려워져 협심증, 심근경색증, 심장 마비 등이 발생할 수 있으며, 뇌혈관에 플라그가 쌓이면 압력이 증가하여 혈관이 파열되고 뇌출혈, 뇌졸중이 발생할 수 있다.

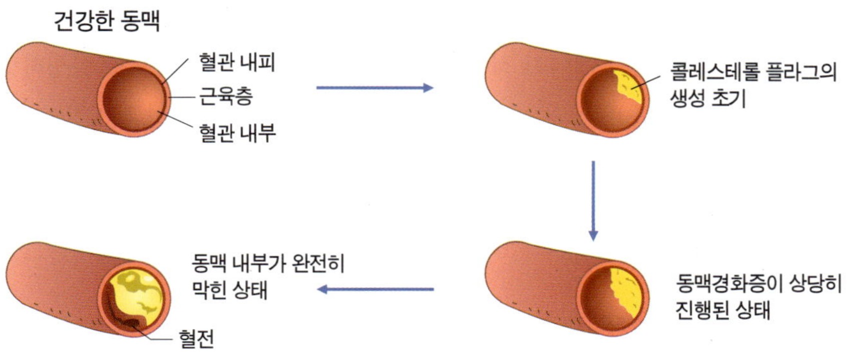

그림 3-9 동맥경화증과 심근경색증 발생

(2) 암

인체의 세포가 발암 물질에 노출되거나 어떤 요인에 의해 유전적 돌연변이를 일으켜 비정상적인 분열을 하게 된 것을 암이라고 하고, 우리나라 사망자의 주요 사망 원인 질환 중 1위를 차지는 암은 계속 증가하고 있다. 동물성 지방의 섭취량은 췌장암, 유방암, 결장암 등의 발생률과 상관관계가 높다.

4) 지질 섭취기준

지질은 동물성인 버터, 육류의 지질과 식물성인 콩기름, 올리브유, 들기름 등 유지류와 그 밖에 어패류, 견과류, 우유 및 유제품에 많이 함유되어 있다. 따라서 지질 함량이 높은 식품을 섭취할 때 주의가 필요하며, 적정량 섭취하는 방법에 대해 알아 둘 필요가 있다.

지질의 섭취량은 2020 한국인 영양소 섭취기준에서 영아의 경우에만 충분섭취량이 1일 25g으로 설정되어 있다. 총 지방의 에너지 적정 비율은 1~2세는 20~35%, 3세 이상 성인은 15~30%이다. 3~18세의 경우 유엔식량농업기구(FAO)와 세계보건기구(WHO)의 권고안을 토대로 포화 지방산은 총 에너지 섭취량의 8% 미만, 트랜스 지방산 1% 미만으로 섭취하며, 19세 이상 성인은 뇌·심혈관계 질환 예방을 위해 포화 지방산과 트랜스 지방산의 에너지 적정 비율을 각각 7%와 1% 미만으로 설정하였다. 필수 지방산(n-6 계열 지방산과 n-3 계열 지방산)은 섭취량 추정이 부정확하여 충분섭취량을 설정하지 않았으나, 에너지 적정 비율은 n-6 계열 지방산 4~10%, n-3 계열 지방산 1% 내외로 정해져 있다표 3-1.

표 3-1 지질의 에너지 적정 비율과 콜레스테롤 목표섭취량

연령(세)	지방	n-6 지방산	n-3 지방산	포화 지방산	트랜스 지방산	콜레스테롤
1~2	20~35%	4~10%	1% 내외	–	–	–
3~18	15~30%	4~10%	1% 내외	<8%	<1%	–
19 이상	15~30%	4~10%	1% 내외	<7%	<1%	<300mg/일

출처 : 보건복지부 · 한국영양학회(2020)

식사에서 섭취하는 지질의 종류는 혈액 중 콜레스테롤의 종류와 심혈관계 질환의 발병률과 상관관계가 있는 것으로 보고되었다. 즉, 나쁜 지방을 섭취할 경우 LDL-콜레스테롤이 증가하여 혈관 벽에 지질과 콜레스테롤이 축적되며, 반면 좋은 지방을 섭취할 경우 HDL-콜레스테롤이 증가하여 혈관벽에 있는 콜레스테롤이 제거된다. 나쁜 LDL-콜레스테롤은 수치가 낮을수록, 좋은 HDL-콜레스테롤은 수치가 높을수록 심장질환과 다른 만성질환의 위험도가 낮아진다. 따라서 이러한 질환을 예방하기 위해서는 나쁜 지방의 섭취는 줄이고 대신 좋은 지방의 섭취를 증가시키는 것이 매우 중요하다**그림 3-10**.

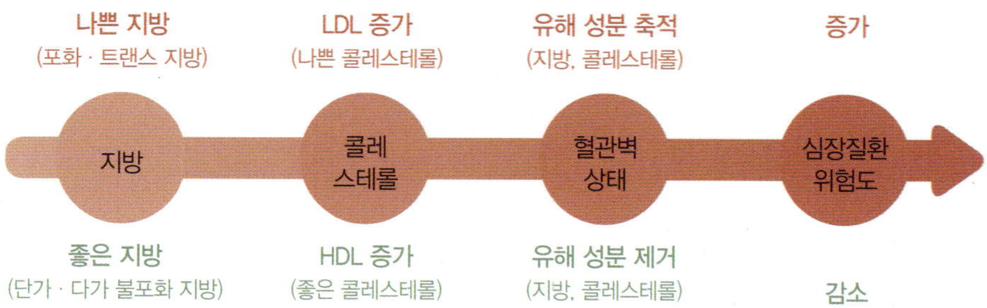

그림 3-10 지질의 종류와 심장질환 위험

출처 : 삼성서울병원

5) 지질 급원식품

지질은 하루에 섭취하는 총 에너지의 15~30%를 섭취하는 것이 바람직하고, 포화지방산은 7% 미만, 오메가-6 지방산은 4~10%, 오메가-3 지방산은 1% 내외, 트랜스지방산은 1% 미만, 콜레스테롤은 300mg 미만으로 섭취하는 것이 적절하다. 지질의 급원식품은 돼지고기, 콩기름, 소고기, 달걀, 우유, 마요네즈, 참기름 등이 있고, 눈에 보이지는 않지만 지방이 많이 함유된 식품으로는 패스트푸드나 가공식품 등이 있다.

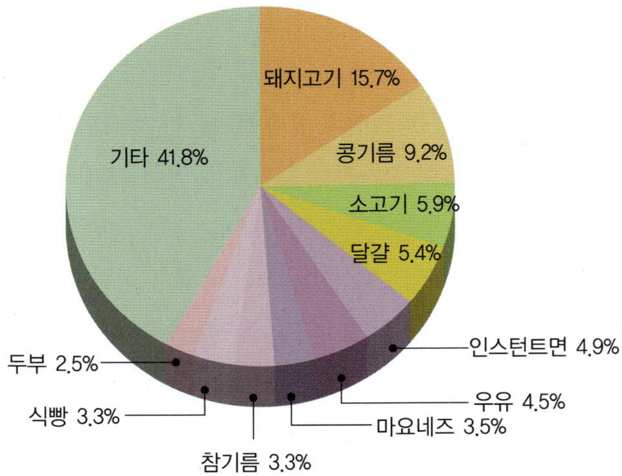

그림 3-11 한국인의 지방 급원식품 상위 10위(3세 이상)

출처 : Baek et al.(2015)

6) 지질 섭취현황

제7기 1, 2차 연도(2016~2017) 국민건강영양조사 자료에서 우리나라 성인의 총 지질 및 지방산 섭취량을 성별 및 연령 그룹별로 보면 그림 3-12와 같이 나타났다. 19세 이상 성인은 총 지질 46.1g, 포화 지방산 14.2g, 단일 불포화 지방산 14.8g, 다중 불포화 지방산 11.3g을 섭취하였다. 총 지질로부터 얻는 에너지 비율은 약 21%로 적정 비율을 보였으며, 포화 지방산 6.4%, 단일 불포화 지방산 6.7%, 다중 불포화 지방산으로부터 5.2%를 각각 얻었다. 총 지질과 지방산의 섭취는 남녀 모두 연령이 증가함에 따라 감소하는 경향을 보였다. 20대 성인은 총 지질로부터 섭취하는 에너지의 비율이 26.6%, 포화 지방산으로부터 얻는 에너지의 비율이 8.7%인 것에 비해 65세 이상 노인은 14.2%, 4.2%로 각각 나타났다.

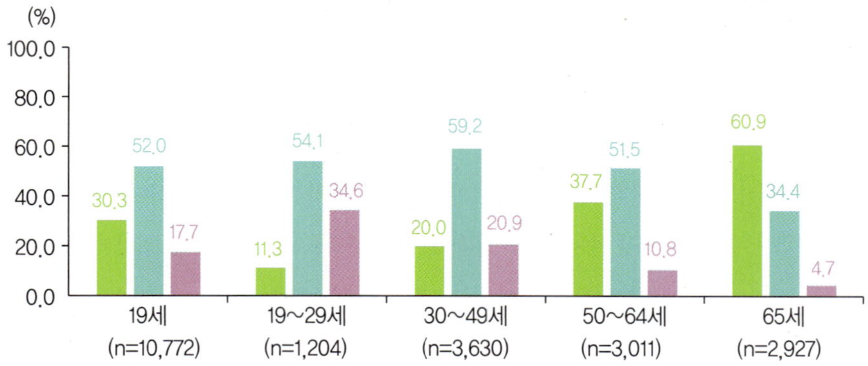

그림 3-12 우리나라 성인의 총 지질 및 지방산 섭취량

출처 : 송수진 · 심재은(2019)

총 지질로부터 얻는 에너지 비율의 분포를 성별 및 연령별로 분석했을 때, 19세 이상 성인의 30%는 총 지질을 에너지 적정 비율(15~30%) 미만으로 섭취하였으나 18%는 초과하여 섭취하였다. 남녀 모두에서 연령이 낮아질수록 적정 비율을 초과하여 섭취하는 비율이 높았고, 19~29세는 남자 34%, 여자 35%로 전체 약 35%가 적정 비율을 초과하는 것으로 나타났다. 그러나 65세 이상에서는 61%가 적정 비율 미만으로 총 지질을 섭취하고 있었으며, 총 지질로부터 섭취하는 에너지 비율이 30%를 초과하는 비율은 4.7%에 불과하였다.

이상에서 우리나라 성인 인구에서 전반적으로는 총 지질 및 포화 지방의 에너지 섭취 수준이 증가하고 있으나, 에너지 적정 비율에서는 연령에 따라 다른 문제를 나타내고 있음에 주목해야 한다. 지질의 에너지 적정 비율 범위에 따른 분포를 볼 때 19~64세의 경우 지질의 에너지 적정 비율을 충족하는 인구의 비율이 가장 높으나 연령이 높을수록 에너지 적정 비율을 초과하는 비율은 감소하고, 에너지 적정 비율에 미치지 못하는 비율은 증가하였다. 특히 65세 이상의 대다수가 에너지 적정 비율에 못 미치는 섭취량을 보여 젊은 연령층과 달리 충분한 양을 섭취하도록 권장할 필요가 있는 것으로 보고되었다.

7) 지질 섭취 방안

(1) 식사 내 좋은 지질 섭취하기

몸에 좋은 지방을 섭취하기 위해서는 식품의 선택이 매우 중요하다. 먼저 육류보다 불포화 지방산이 풍부한 생선을 자주 섭취하도록 한다. 돼지고기, 소고기 등 붉은색 육류는 포화 지방산 함량이 높으나 생선에는 나쁜 콜레스테롤(LDL-콜레스테롤)의 농도를 감소시키는 오메가-3 지방산이 풍부하다. 그러므로 육류의 섭취는 줄이고 연어, 고등어, 정어리 등 등푸른 생선을 주 4토막 이상 섭취하는 것이 바람직하다. 둘째, 마가린과 버터의 사용을 줄이고 식물성 기름을 적당량 사용한다. 마가린과 버터는 포화 지방산과 트랜스 지방산을 많이 함유하고 있는 반면 식물성 기름에는 불포화 지방산이 다량 함유되어 있다. 그러나 식물성 기름은 발연점이 있고, 그 이상 사용 시 연기가 나고 유독 물질이 생성될 수 있으므로 이를 방지하기 위해 조리 용도에 따라 적절한 것을 선택하여야 한다. 오븐 구이용으로는 고온에서 안정적인 카놀라유를, 볶음용으로는 퓨어 올리브오일이 좋다. 반면 샐러드 드레싱을 만들 때는 엑스트라 버진 올리브유를, 나물

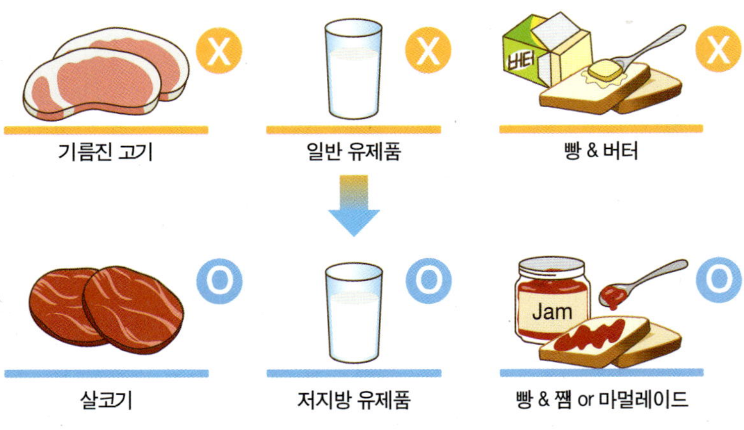

그림 3-13 지질을 현명하게 섭취하는 식품 선택

출처 : 삼성서울병원 홈페이지

을 무칠 때는 참기름이나 들기름을 사용하는 것이 좋다. 특히 고지혈증을 가진 환자들은 지질 섭취를 줄이기 위해 튀김이나 부침 대신 굽기, 찜, 삶기의 조리 방법을 주로 선택하거나 맛을 내기 위해 적당량의 식물성 기름(참기름, 들기름 등)을 사용할 수 있다. 셋째, 간식으로는 가공식품보다 견과류를 섭취하도록 한다. 견과류는 지질 함량은 높으나 대부분 불포화 지방산으로 구성되어 있으므로 1일 한 줌(30g, 땅콩 30개 또는 아몬드 25개 또는 호두 6개)을 섭취하는 것이 바람직하다.

(2) 트랜스 지방산 줄이기

트랜스 지방산은 액체 상태인 식물성 지질에 수소를 첨가하여 고체 상태로 만들 때 생기는 지질이며, 대표적인 것은 마가린과 쇼트닝 같은 경화유이다. 1960년대부터 생산되기 시작한 식물성 경화유는 동물성 기름의 포화 지방산이 심혈관계 질환 발생을 높이는 것으로 알려지면서 식품 내 포화 지방산의 함량을 낮추기 위해 동물성 기름 대신 사용되었다. 특히, 경화유는 가격이 저렴하고 식품의 질감을 바삭바삭하게 하고, 냉동식품을 오래 보관하게 해주며, 고소한 맛을 만들어 내기 때문에 과자류, 빵류, 튀김 등의 제조 과정에 많이 사용되었다.

1990년대 이후 여러 연구를 통하여 식물성 경화유에 함유된 트랜스 지방산이 포화 지방산보다 심혈관계 질환에 더 나쁜 영향을 미치는 것으로 알려졌다. 세계 각국에서는 모든 식품에 대하여 트랜스 지방산의 함량을 의무적으로 표시하도록 법적 규제를 실시하고 있다. 트랜스 지방산은 동맥 경화를 유발하는 위험 인자인 LDL-콜레스테롤의 혈중 농도를 높이는 반면 HDL-콜레스테롤의 농도를 감소시켜 관상동맥질환이나 동맥 경화 등의 질환을 더욱 악화시키는 것으로 보고되었다. 그 외 트랜스 지방산의 섭취량과 체내 축적량이 높을 경우 유방암과 대장암의 유발 가능성이 높아지며, 1일 열량 섭취에서 트랜스 지방산의 비율을 평균 3%에서 2%로 낮추면 제2형 당뇨병의 발병을 약 40% 감소시키는 것으로 보고되었다.

세계보건기구에서는 트랜스 지방산을 전체 에너지 섭취량의 1% 미만(1일 2,000kcal

그림 3–14 가공식품 내 트랜스 지방 함량

출처 : 식품의약품안전처(2005); 이데일리 2006.11.15.

를 섭취할 경우 트랜스 지방산은 약 2.2g 미만)으로 섭취하도록 권고하고 있다. 가공식품의 영양표시에는 트랜스 지방산의 함량을 나타내도록 되어 있으며, 트랜스 지방산이 '0'인 경우 안전한 것은 아니다. 현재 국내 표시 기준에서 트랜스 지방산이 기준량당 0.2g 미만인 경우 '0'으로 표시할 수 있으므로, 가공식품의 섭취량이 많아지면 누적된 트랜스 지방산의 섭취량은 '0'이 아닐 수도 있다. 즉, 과자 30g당 트랜스 지방산이 0.15g일 경우 표시는 '0'으로 되어 있으나, 과자 100g을 섭취 시 0.5g의 트랜스 지방산을 섭취하게 되므로 '0'인 제품을 과량 섭취하지 않도록 한다. 또한, 일부 제품의 경우 트랜스 지방산을 줄이는 대신 포화 지방산을 사용하여 음식의 맛과 향미를 증진시키는 경우도 있으므로 식품 선택 시 트랜스 지방산뿐만 아니라 포화 지방산의 함량도 확인하여야 한다.

그러므로 트랜스 지방산의 섭취를 줄이기 위해 가공식품보다 가능한 자연식품을 선택하며, 가공식품의 영양성분 표시에서 지질의 함량을 확인하여 트랜스 지방산이 없고, 가급적 포화 지방산 함량이 낮은 것을 선택하도록 한다. 조리 시 마가린은 사용하지 않는다. 기름에 튀긴 음식은 가능한 섭취를 줄이며, 식물성 기름은 자연적으로 트랜스 지방산 함량이 매우 낮으나 가열 시 온도와 시간이 증가함에 따라 트랜스 지방산 함량이 증가한다. 특히, 밖에서 파는 튀김의 경우 사용하던 기름을 계속 사용하면 함량이 증가하므로 가급적 선택하지 않도록 한다.

3. 단백질

단백질protein은 그리스어 'protos'에서 유래된 용어로, 그 뜻은 '가장 중요한 것'이다. 단백질은 체내 근육과 골격을 형성하는 중요한 역할을 하고, 효소, 호르몬, 항체의 구성 성분이 된다. 단백질의 최종 분해 산물은 아미노산으로, 아미노산amino acids의 종류와 배열에 따라 단백질의 특징이 달라진다.

1) 아미노산의 종류

단백질을 구성하는 아미노산의 종류는 약 20가지 정도이고, 체내에서 합성하지 못하거나 부족하게 합성되어 반드시 식품을 통해 섭취해야 하는 9가지의 아미노산을 필수 아미노산이라고 하고, 체내에서 합성이 가능한 아미노산을 비필수 아미노산이라고 한다. 필수 아미노산은 트레오닌, 이소루이신, 루이신, 라이신, 트립토판, 발린, 페닐알라닌, 메티오닌, 히스티딘의 9가지가 있다.

2) 단백질의 질

(1) 제한 아미노산과 아미노산 보충 효과

어떤 식품에 함유된 단백질의 아미노산 중 한 가지 이상의 필수 아미노산이 부족하거나 빠진 경우 그것을 제한 아미노산이라고 하고, 제한 아미노산 때문에 신체에 필요한 단백질 합성이 제한된다. 제한 아미노산이 존재하는 단백질 식품의 경우 다른 종류의 제한 아미노산을 가진 단백질 식품을 함께 섭취하면 서로 보완하여 단백질의 질을 향상시킬 수 있다. 그것을 단백질의 상호 보충 효과라고 한다. 예를 들면, 쌀과 콩의 제한 아미노산은 각각 리신과 메티오닌인데 두 식품을 함께 섭취하면 제한 아미노산을 서로 보충해 줄 수 있게 되므로 질이 높은 단백질을 섭취할 수 있다.

(2) 완전 단백질과 불완전 단백질

동물성 단백질은 제한 아미노산이 없고, 모든 필수 아미노산을 포함하고 있지만, 식물성 단백질은 대부분 한 가지 이상의 제한 아미노산이 있다. 제한 아미노산이 없고 아미노산의 종류와 양을 충분히 포함하고 있는 단백질은 완전 단백질이라고 하고 단백질의 질이 좋다고 할 수 있다. 제한 아미노산이 있는 경우 불완전 단백질이라고 하며, 대두를 제외한 식물성 단백질은 대부분 불완전 단백질이다.

그림 3-15 완전 단백질과 불완전 단백질

3) 단백질의 체내 기능

(1) 신체 조직의 구성

음식으로 섭취된 단백질은 아미노산으로 소화, 흡수되어 신체 조직의 구성 성분으로 근육, 뼈, 피부, 결합 조직 등을 형성한다. 하루 총 에너지의 7~20%는 단백질로 섭취하는 것이 바람직하고, 성장기, 임신기, 수유기에는 새로운 조직을 형성하는 시기로 단백질 필요량이 증가하게 된다. 또한 폐결핵 환자, 고열 환자, 화상 환자, 수술 환자 등은 단백질 필요량이 증가하게 된다.

(2) 효소, 호르몬, 항체의 합성

단백질은 효소, 호르몬, 항체의 합성을 위해 사용된다. 효소는 체내의 각종 생화학적 반응에 촉매 역할을 하고, 호르몬은 생체 반응을 조절하는 역할을 한다. 항체는 외부의 병원균에 대한 방어 작용을 하며, 단백질이 부족하게 되면 단백질 섭취가 부족하다면 면역 기능이 저하되어 질병에 노출될 수 있다.

(3) 체내 산 · 염기 평형 유지

체내 산 · 염기 평형은 체내 기능을 원활히 하기 위해 중요하다. 산과 염기의 성질을 모두 갖는 단백질은 혈액의 산 · 염기 평형을 조절하는 완충 작용을 하며, 체액을 pH 중성 내지 약염기성으로 유지시켜 준다.

(4) 에너지 발생

체내 주요 에너지 공급원은 탄수화물과 지방이지만 이들의 섭취가 부족하고 저장된 탄수화물이 고갈되면 혈당을 유지하기 위해 단백질을 포도당으로 전환하여 에너지 급원으로 이용할 수 있다. 섭취한 단백질은 탄수화물과 마찬가지로 1g당 4kcal의 에너지를 발생한다.

4) 단백질 섭취와 관련된 건강 문제

(1) 콰시오커와 마라스무스

콰시오커kwashiorkor는 이유기와 성장기에 장기간 단백질 섭취량이 극도로 부족한 경우 나타나는 단백질 결핍증이다. 증상은 혈액 내 혈청 단백질의 농도가 감소하여 복수가 생기는 영양실조성 부종이 나타나고, 성장 지연, 지방간, 머리카락의 변색, 피부염,

신경계 이상 등이 나타나며 감염에 대한 저항성이 떨어진다. 이때 탈지분유 등 식이를 보충해 주면 2~3주 내에 회복되어 정상적으로 성장을 지속할 수 있다.

마라스무스marasmus는 단백질뿐만 아니라 에너지 섭취가 부족하면 발생하며, 증상은 콰시오커와 다르게 부종이 일어나지 않고 체내 지방과 근육이 손실되어 체중이 감소한다. 적절한 영양 공급이 이루어지지 않으면 뇌 성장 지연, 감염에 의해 사망하게 된다.

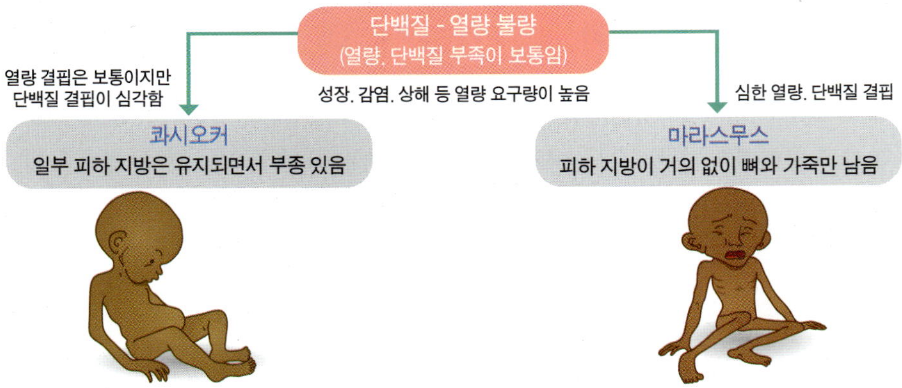

그림 3-16 콰시오커와 마라스무스

(2) 단백질의 과잉 섭취

근력 운동 시 단백질 보충제 섭취, 황제 다이어트 등 잘못된 다이어트 등으로 인해 장기간 단백질 식품을 과잉 섭취하는 경우 많은 양의 질소를 요소로 처리해야 하므로 신장에 부담을 준다. 또한 동물성 단백질을 많이 섭취하면 소변을 통한 칼슘 배설이 증가되어 골다공증을 초래할 수 있다. 동물성 단백질은 동물성 지방의 함량도 높아 과잉 섭취 시 만성질환을 발생 위험을 높이며, 과잉의 단백질은 체내에서 지방으로 전환되어 체중을 증가시킬 수 있다.

5) 단백질 급원식품

총 단백질 섭취량의 1/3 이상은 동물성 단백질로 섭취하는 것이 바람직하며, 식물성 단백질은 콩, 두부 등에 함유되어 있고 동물성 단백질은 소고기, 돼지고기, 달걀, 생선, 우유 등에 주로 함유되어 있다.

연습문제

1 당류 섭취를 제한하는 이유는 무엇인가요?

2 오메가 지방산의 종류와 각각의 기능은 무엇인가요?

3 필수 아미노산의 종류와 급원식품은 무엇인가요?

CHAPTER 04

비타민과 무기질

비타민과 무기질은 우리 몸에 에너지원으로 쓰이지는 않지만 체내 생리 기능을 조절하는 대사를 원활하게 하는 조절 영양소이다. 비타민은 체내에서 합성되지 않으므로 반드시 음식으로 섭취해야 하는 필수 영양소이며, 부족하면 결핍증이 나타난다. 비타민은 물에 잘 용해되는 수용성 비타민과 기름에 잘 용해되는 지용성 비타민이 있다. 무기질은 칼슘, 나트륨, 철, 칼륨 등이 있으며 조절 영양소이면서 동시에 우리 몸을 구성하는 구성 영양소이다. 조절 영양소에는 비타민, 무기질 외에 물을 포함하기도 한다.

1. 비타민

비타민은 여러 가지 체내의 기능들을 조절하는 영양소로, 필요량은 소량이지만 반드시 필요한 영양소이다. 비타민의 종류는 지방이나 유기 용매에 용해되는 지용성 비타민(비타민 A, 비타민 D, 비타민 E, 비타민 K)과 물에 용해되는 수용성 비타민(비타민 C, 비타민 B군 등)으로 구분된다. 지용성 비타민은 지방과 함께 흡수되며, 간이나 지방 조직에 저장되므로 과량 섭취 시 독성 효과나 과잉증이 나타날 수 있다. 수용성 비타민은 열, 알칼리 등의 조리 조건에서 손실이 크며, 과량 섭취 시 체내에 저장되지 않고 소변으로 배출되기 때문에 매일 섭취해야 한다.

비타민의 역사

1) 비타민 C : 고대 이집트 시대에도 야맹증, 괴혈병, 각기병, 펠라그라, 악성 빈혈 등 비타민 결핍증이 존재하였고, 과학자들은 비타민이 발견되기 전부터 이러한 질병들은 식품에 함유된 어떤 물질의 섭취 부족에서 온다는 것을 알게 되었다. 1260년 십자군 전쟁과 1498년 바스코 다 가마(Vasco da Gama)의 인도항 개척 중 많은 선원들이 괴혈병에 걸려 사망했다는 기록이 있다. 긴 항해 중에 과일과 채소의 섭취 부족이 괴혈병의 원인이 된 것이다. 당시 선장은 비교적 식사 섭취가 양호한 선원에게서 괴혈병이 적은 것을 알아냈고, 괴혈병 환자들에게 라임주스나 오렌지주스를 보충하여 괴혈병을 치료하였다.
2) 비타민 B : 1897년 독일인 의사인 크리스티안 아이크만(Christiaan Eijkman)은 현미를 먹은 사람들은 각기병에 걸리지 않는데 백미를 먹은 사람들은 각기병에 걸린다는 사실을 알게 되었고, 쌀의 배아에 필수 영양소가 있다는 것을 알고 비타민을 발견하여 노벨상을 수상하였다. 1911년 폴란드의 화학자 카지미르 풍크(Casimir Funk)가 쌀겨를 분석해 아민(amine)을 함유하는 유기 화합물이라는 뜻으로 'vitamine'(라틴어로 vita는 생명 + amine은 아민)이라 명명하였고, 비타민 결핍 이론을 제시하였다. 그 후 1919년 잭 드럼몬드(Jack Drummond)는 모든 비타민이 아민기를 가지는 것이 아니므로 'vitamine'의 'e'를 떼어내고 'vitamin'으로 쓰게 하였다.
3) 비타민 A : 1900년대 초에 사람들은 영양소가 탄수화물, 단백질, 무기질, 지방, 물뿐이라고 알고 있었다. 하지만 1906년 영국의 생화학자 프레드릭 홉킨스(Frederick Gowland Hopkins)는 쥐에게 탄수화물, 단백질, 지방, 무기질이 함유된 식이를 줄 때는 성장하지 못했지만 우유를 보충하자 건강해진 것을 통해 우유 속의 비타민 A를 발견하여 노벨상을 수상하였다.

이후 비타민이 발견된 순서에 따라 A, B, C, D, E 순으로 명명되었고 펠라그라, 구루병, 야맹증, 악성 빈혈 등 수많은 비타민 결핍으로 발생하는 병들을 비타민을 보충하여 쉽게 치료할 수 있었다.

1) 지용성 비타민

(1) 비타민 A

비타민 A는 가장 먼저 발견된 비타민으로 동물성 식품에 함유된 레티놀과 황색 채소에 함유된 카로티노이드가 있다.

① 비타민 A의 체내 기능

비타민 A는 정상적인 성장·발달과 정상적인 면역 반응에 중요한 역할을 하는 필수적인 지용성 비타민으로, 비타민 A는 어두운 곳에서 물체를 볼 수 있는 간상세포에서 필요한 색소인 로돕신을 합성하는 데 필수적인 성분이며, 상피 세포의 분화와 피부 점막을 유지하여 바이러스의 침입을 막아 준다. 또한 비타민 A의 전구체인 카로티노이드는 항암, 항산화 작용을 한다. 태아의 성장, 시각 등에 영향을 미친다.

② 비타민 A 섭취와 관련된 건강 문제

비타민 A 필요량을 충족하여 섭취하지 않을 때 나타나는 비타민 A 결핍증은 야맹증과 안구 건조증, 각막 장애가 있고, 성장기 어린이들에게는 성장 장애를 일으킬 수 있다. 비타민 A를 과잉 섭취하였을 때는 두통, 탈모, 피부 건조 등이 나타날 수 있고, 임신 시에는 기형아 발생의 위험이 높아진다.

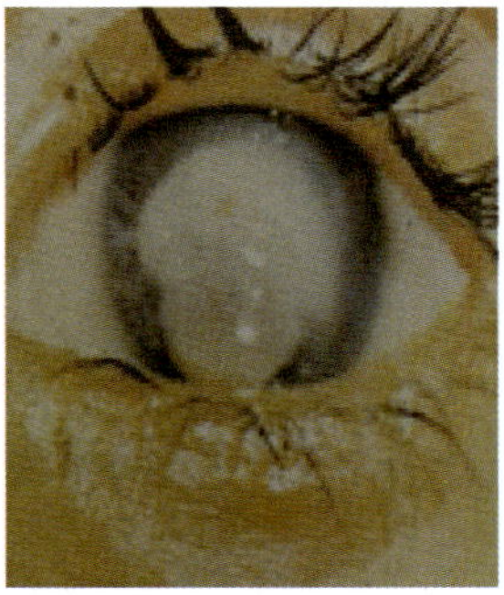

그림 4-1 비타민 A 결핍증

③ 비타민 A 급원식품

레티놀은 동물의 간, 생선, 버터, 달걀에 풍부하고, 카로티노이드는 당근, 시금치, 호박, 감자, 브로콜리, 귤 등 녹황색 채소와 과일에 많이 함유되어 있다.

(2) 비타민 D

비타민 D는 햇빛을 받으면 피부 세포의 콜레스테롤 유도체인 7-디히드로콜레스테롤7-dehydrocholesterol로부터 합성할 수 있고, 동물성 식품을 통해 섭취할 수 있다.

① 비타민 D의 체내 기능

비타민 D는 소장에서 칼슘과 인의 흡수를 촉진시켜 골격 형성을 돕고, 뼈와 혈액 중의 칼슘 공급을 조절하는 기능을 한다. 혈중 칼슘과 인의 농도를 조절하여 칼슘의 항상성을 유지시키고, 세포의 증식과 분화를 조절하는 기능을 한다.

② 비타민 D 섭취와 관련된 건강 문제

비타민 D의 섭취가 결핍되면 소아는 구루병, 성인은 골연화증과 골다공증의 위험이 높아지며, 과잉 섭취 시에는 고칼슘혈증, 고칼슘뇨증, 신장 결석 등이 일어날 수 있으며 독성이 나타날 수 있으므로 보충제 섭취 시 주의해야 한다.

③ 비타민 D 급원식품

비타민 D의 급원식품은 버섯, 효모, 생선 간유, 어류, 강화우유, 버터 등이 있다.

(3) 비타민 E

비타민 E는 천연에 α, β, γ, δ의 토코페롤과 α, β, γ, δ의 토코트리에놀의 형태로 존재하며 가장 활성이 높은 것은 β-토코페롤이다. 비타민 E는 쥐의 영양실조, 사산, 불임 등을 유발시키는 생식 관련 물질로 알려져 'related to childbirth'의 의미로 tocopherol이라는 화학명이 붙었다.

① 비타민 E의 체내 기능

비타민 E의 주요 기능은 항산화제로 세포막 인지질에 있는 다가 불포화 지방산이 세포 내의 유리 라디칼에 의해 산화되는 것을 방지하여 자신은 산화되면서 세포막을 보호한다. 비타민 E는 섭취한 불포화 지방산과 비타민 A의 산화를 방지하는 역할을 하고, 세포의 철 대사와 신경계, 면역계의 작용에도 관여한다.

② 비타민 E 섭취와 관련된 건강 문제

비타민 E의 결핍증은 성인에게는 거의 나타나지 않으며, 미숙아의 경우 출생 시 비타민 E 저장량이 적고 빨리 고갈되므로 비타민 E가 결핍되어 용혈성 빈혈이 발생하게 된다. 비타민 E 과잉 섭취 시에는 비타민 K의 흡수를 방해하여 혈액 응고 작용을 방해할 수 있다.

③ 비타민 E 급원식품

비타민 E의 급원식품은 곡류의 배아, 종실류, 콩류, 푸른 잎 채소, 식물성 기름 등이 있으며, 비타민 E는 산소, 금속, 빛에 노출되면 쉽게 파괴되므로 보관 및 조리 방법에 유의해야 한다.

(4) 비타민 K

비타민 K는 덴마크어로 응고를 뜻하는 'koagulation'의 첫 글자를 따서 비타민 K라고 하였다. 비타민 K은 체내에서 합성되고, 필요량도 매우 적으므로 결핍증이 거의 나타나지 않는다.

① 비타민 K의 체내 기능

비타민 K는 혈액 응고에 관여하는 트롬빈의 전구체인 프로트롬빈의 합성에 관여하며 뼈의 발달에도 관여한다.

② 비타민 K 섭취와 관련된 건강 문제

비타민 K의 결핍증은 정상적인 식사를 하는 성인에게는 잘 나타나지 않고, 지질 흡수가 불량하거나 장기간 항생제 복용자에게 나타난다. 비타민 K는 필요량이 적고, 체내에서 빨리 배설되므로 독성이 거의 없으며 결핍증과 과잉증이 거의 나타나지 않는다.

③ 비타민 K 급원식품

비타민 K의 급원식품은 간, 녹색 채소, 과일, 콩류, 간 등이 있고 장내 세균에 의해 합성도 된다.

2) 수용성 비타민

(1) 티아민, 리보플라빈, 니아신

티아민, 리보플라빈, 니아신 등은 에너지 대사 및 단백질 대사에 관여하는 수용성 비타민이며, 처음에는 단일 비타민으로 알려졌으나 후에 연구에 의해 여러 군으로 나누어져 '비타민 B 복합체'가 되었다.

① 티아민, 리보플라빈, 니아신의 체내 기능

비타민 B군의 기능은 탄수화물, 지질, 아미노산의 에너지 대사에 관여하는 조효소로 중요한 역할을 하며, 에너지 섭취량이 증가함에 따라 필요량이 증가하게 된다.

② 티아민, 리보플라빈, 니아신 섭취와 관련된 건강 문제

티아민의 결핍증은 각기병이 있으며, 리보플라빈의 결핍은 쉽게 피곤을 느끼게 되고 설염, 구순구각염, 피부염, 신경질환이 발생시킨다. 니아신은 옥수수를 주식으로 하는 나라의 저소득층 주민들이 옥수수를 주식으로 섭취하면서 결핍증인 펠라그라가 발생했다. 펠라그라의 3대 증상은 피부염, 설사, 정신질환이 있다.

③ 티아민, 리보플라빈, 니아신 급원식품

티아민은 돼지고기, 해바라기씨, 전곡류, 내장육, 두류, 종실류에 함유되어 있고, 백미 위주의 식사를 장기간하면 결핍될 수 있다. 리보플라빈은 소고기, 돼지고기, 닭고기, 생선, 우유, 치즈에 함유되어 있으며, 니아신은 버섯, 생선, 돼지고기, 닭고기, 소고기, 달걀, 우유에 포함되어 있다.

(2) 비타민 C

비타민 C는 인체 내에서 합성할 수 없어 식품으로 반드시 섭취해야 하는 영양소이며 모든 과일과 채소에 함유되어 있다. 비타민 C는 비타민 A, 비타민 E와 같이 항산화제로 작용한다.

① 비타민 C의 체내 기능

비타민 C는 비타민 E와 함께 세포내 유리 라디칼을 제거하는 항산화 영양소이다. 또한 비타민 C의 주요 기능은 뼈, 인대, 근육, 혈관을 구성하는 단백질인 콜라겐을 합성하고, 소장에서 철의 흡수를 돕는 기능을 한다.

② 비타민 C 섭취와 관련된 건강 문제

비타민 C가 부족한 경우 콜라겐 합성이 저해되어 괴혈병이 발생하고 연골, 근육 조직이 변형되기도 한다. 비타민 C는 과잉 섭취해도 소변으로 배설되므로 독성을 나타내진 않으나 오심, 구토, 복통 등의 위장 장애가 발생할 수 있다.

③ 비타민 C 급원식품

비타민 C는 채소와 과일류에 함유되어 있고, 특히 감귤류, 감자, 녹색 채소에 많이 함유되어 있다. 비타민 C는 가열, 햇빛, 철, 구리, 산소, 알칼리 등에 의해 쉽게 산화되므로 조리·가공 시 주의해야 한다.

그리고 채소나 과일의 비타민 영양소는 조리법에 따라 함량이 다르다.

파프리카를 예를 들어 보면 생것 섭취 시와 데친 경우 영양소의 함량에 차이가 있다. 생것에 비해 데치면 철분, 비타민 B_2, 비타민 C 함량은 감소하지만 베타카로틴은 증가한다.

• 생것

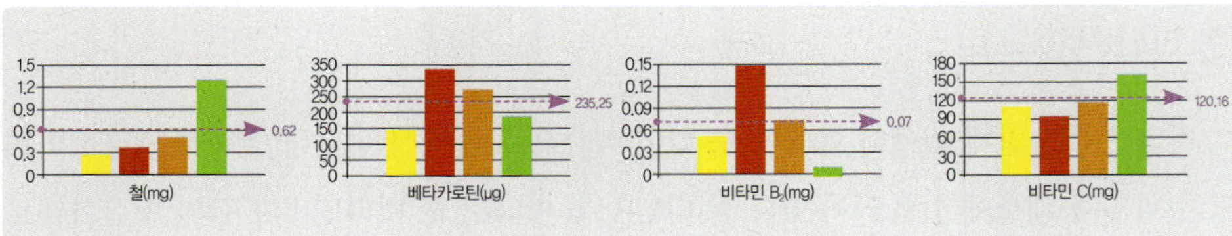

• 데친 것

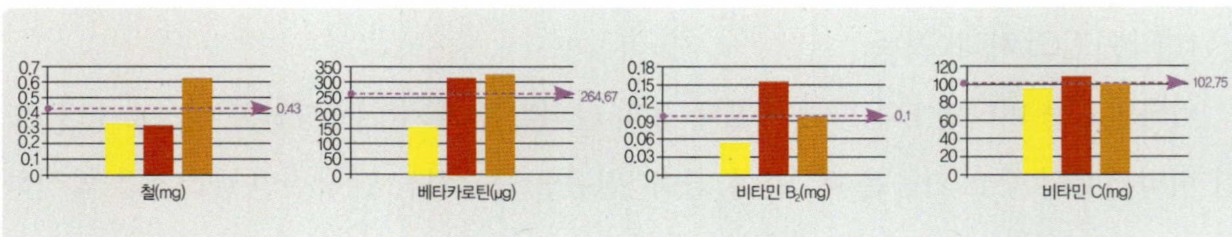

그림 4-2 조리에 따른 성분 비율 예 : 파프리카

2. 무기질

인체의 생리 기능을 조절하고 유지하는 역할을 담당하는 수십 가지 종류의 무기질 mineral은 체중의 4%를 차지하며, 회분이라고도 한다. 하루 섭취 필요량에 따라 다량 무기질 macromineral과 미량 무기질 micromineral로 분류하며, 100mg 이상 필요시 다량 무기질, 100mg 이하 필요시 미량 무기질이라고 한다. 다량 무기질은 칼슘, 마그네슘, 인, 황, 나트륨, 칼륨, 염소 등이 있으며, 미량 무기질에는 철분, 아연, 구리, 요오드, 불소, 망간 등이 있다.

에너지를 낼 수 없는 무기질은 체내의 경조직과 연조직을 구성, 삼투압 유지 등 생리 기능 조절에 이용된다. 또한 무기질은 가열 시 파괴되지는 않으나, 물에는 녹기 때문에 조리 중 손실될 수도 있다.

1) 칼슘

(1) 칼슘의 체내 기능

칼슘calcium, Ca은 인체에 매우 풍부한 무기질로서 체내 칼슘의 99%는 골격과 치아를 구성하고 나머지는 혈액이나 근육에 존재하여 혈액 응고, 근육의 수축 및 이완에 관여, 신경 전달의 기능 등 다양한 생리 기능을 조절한다.

(2) 칼슘 섭취와 관련된 건강 문제

뼈의 무게는 30세 정도까지 계속 증가하다 30세 이후부터 점차적으로 감소하므로, 성장기부터 칼슘의 섭취가 부적절할 경우 골격발달에 좋지 못한 영향을 미치게 되어 성장 지연, 구루병, 뼈의 기형 등의 증상이 나타날 수 있고, 성인기에도 골밀도를 충분

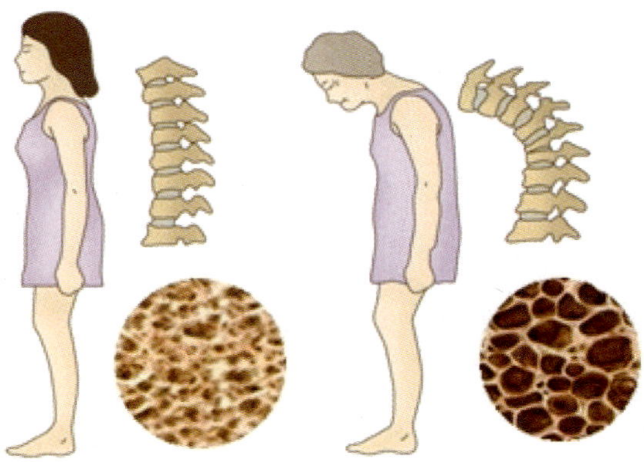

그림 4-3 골다공증

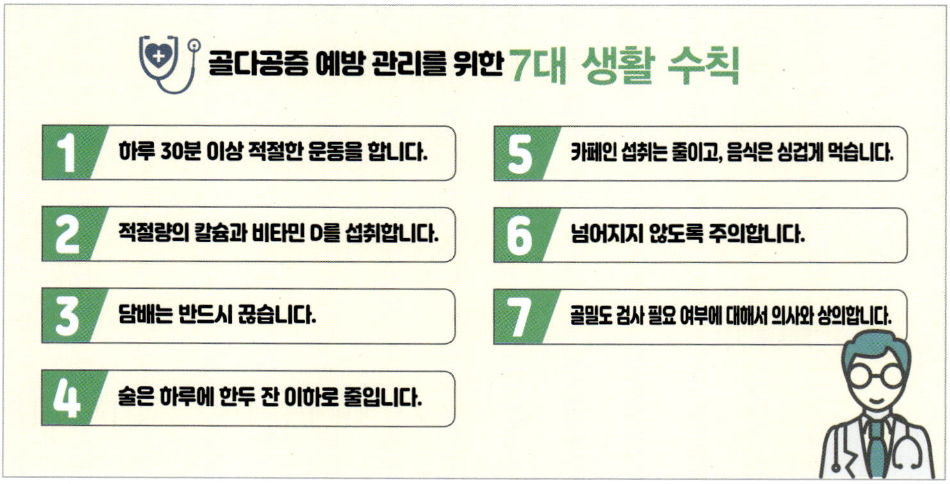

그림 4-4 골다공증 예방 관리를 위한 7대 생활 수칙

출처 : 서울아산병원 · 질병관리본부

히 형성하지 못한다. 이렇게 칼슘 섭취의 부족으로 인하여 노년기 이후 빠른 골 손실로 골다골증의 증상이 나타나기 쉽고, 남성에 비해 폐경기 이후 여성에게서 더 많이 발생할 수 있다.

(3) 칼슘 급원식품

국민건강영양조사에 따르면 우리나라 국민의 칼슘 섭취는 섭취기준 대비 평균 섭취량이 남녀 모두 부족하게 나타나 칼슘은 한국인에게 가장 부족하기 쉬운 영양소임을 알 수 있다. 우유는 칼슘 총 섭취량 475.8mg 중 79.7mg을 공급하는 제1 급원식품이며, 한국인이 많이 먹는 배추김치, 뼈째 먹는 생선류의 멸치, 두부, 무청, 대두 등이 해당된다.

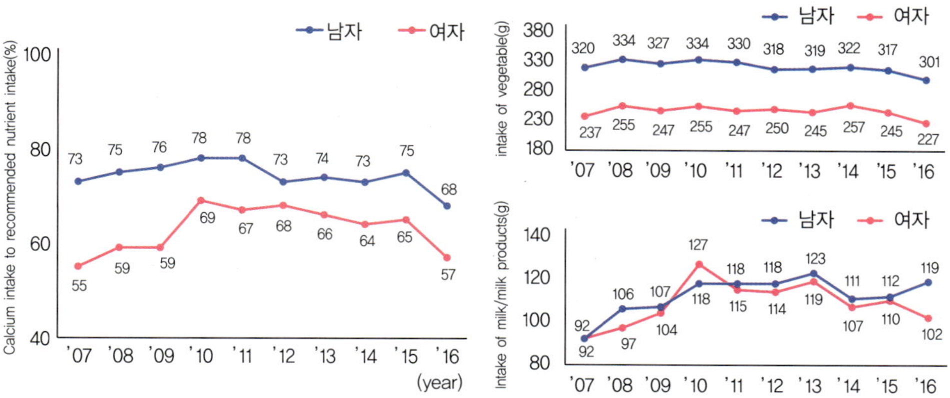

그림 4-5 칼슘, 채소, 우유의 섭취 변화 추이(2007~2016)

출처 : 국민건강영양조사

2) 인

(1) 인의 체내 기능

칼슘과 함께 뼈의 석회화에 필수적인 인phosphorus, P은 식품으로 섭취한 후 소장에서 흡수되고, 신장에서 배설이 이루어진다. 인은 산과 염기의 평형을 조절하고 DNA와 RNA 등 핵산의 구성 성분이며, 비타민의 활성화에 필요한 역할과 대사 과정에서 에너지의 저장과 방출에 인산이 사용된다. 인은 체내에서 대부분 칼슘과 결합하여 인산 칼슘의 형태로 존재하는데, 칼슘과 인은 1:1~2의 비율로 섭취하는 것이 체내 이용에 바람직하다.

(2) 인의 섭취와 관련된 건강 문제

인은 대부분의 식품에 함유하고 있어 올바른 식사를 하면 결핍증이 잘 발생하지 않는다. 신장 투석, 제산제 남용 등으로 인이 과다하게 배설 시 빈혈, 근육 약화, 식욕 부진, 뼈 발달 지연 등의 결핍증이 나타날 수 있다.

칼슘과 인의 섭취비율을 고려하지 않고 인을 지나치게 섭취하면 부갑상선 호르몬의 증가로 골질량과 골밀도 감소로 골절이 발생할 수 있다.

(3) 인의 급원식품

인은 거의 모든 식품에 많이 함유하고 있으며, 단백질이 풍부한 육류, 생선, 달걀, 우유 및 유제품 등에도 많다. 또한 인은 탄산음료와 가공식품에도 많이 있어 칼슘 섭취의 방해가 되지 않도록 성장기 청소년들의 탄산음료 섭취는 가급적 제한을 하는 것이 좋다.

3) 마그네슘

(1) 마그네슘의 체내 기능

마그네슘magnesium, mg은 엽록소의 구성 원소로, 식물성 식품에 풍부하다. 체내의 마그네슘은 소장에서 흡수되며 탄수화물 대사에 관여하고 에너지 생성 과정에 중요한 역할을 한다. 또한 치아와 뼈에 대부분 들어 있어 칼슘 및 인과 함께 골격과 치아의 구성 성분이다. 신경의 자극 전달 기능과 근육의 긴장과 이완 작용을 조절하고 티록신 분비에 관여하여 추위에 대한 저항을 갖게 한다. 곡류의 껍질에 많이 포함되어 있는 피틴산과 과량의 칼슘 섭취는 마그네슘의 흡수를 방해한다.

(2) 마그네슘 섭취와 관련된 건강 문제

마그네슘의 흡수가 잘 되지 않을 때 테타니 증세와 비슷하게 심한 구토나 설사, 근육의 수축과 경직 증상으로 몹시 떨리는 근육 경련이 나타난다.

(3) 마그네슘의 급원식품

마그네슘은 식물성 식품에 많이 존재하며 견과류와 두류, 코코아, 전곡, 과일 등에 특히 풍부하다. 가공식품과 인산이 많이 함유된 인스턴트식품, 과도한 운동(근육 수축 시 마그네슘 소모) 등은 마그네슘의 흡수를 방해한다.

4) 나트륨

(1) 나트륨의 체내 기능

소금이나 염화나트륨을 구성하는 주된 무기질인 나트륨sodium, Na은 이집트의 소다 광산이 있는 '나트론Natron'에서 유래가 되어 1807년에 영국의 험프리 데이비Humphrey Davy가 수산화나트륨을 전기 분해하여 발견하였다. 세포 외액에 가장 많이 존재하며 신경 자극 전달, 삼투압 조절, 산-염기의 평형을 유지하는 기능을 한다. 나트륨은 체내의 수분을 끌어당겨 혈액의 양이 증가하고 혈압을 상승시킨다.

(2) 나트륨 섭취와 관련된 건강 문제

국민건강영양조사 결과에 의하면 2015년 기준(만 19세 이상, 연령 표준화) 남자

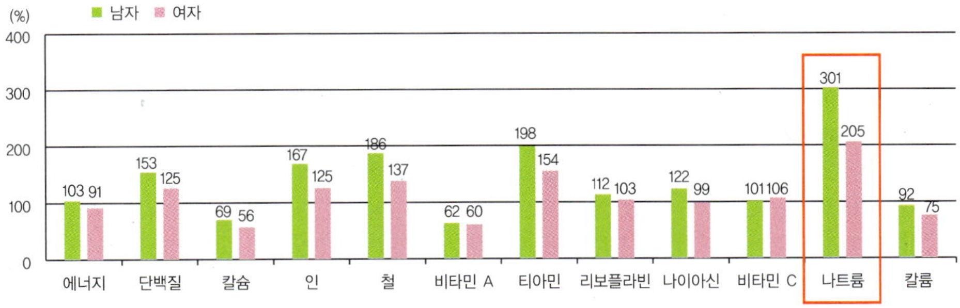

※ 영양소 섭취기준에 대한 섭취 비율 : 영양소 섭취기준에 대한 개인별 영양소 섭취량 백분율의 평균값, 만 1세 이상

※ 영양소 섭취기준 : 2015 한국인 영양소 섭취기준(보건복지부, 2015); 에너지 : 필요추정량; 나트륨, 칼륨 : 충분섭취량; 기타 : 권장섭취량

그림 4-6 나트륨의 영양소 섭취기준에 대한 섭취비율

출처 : 질병관리본부

89.6%, 여자 72.9%가 나트륨을 목표 섭취량(2,000mg) 이상으로 섭취하고 있었다. 나트륨은 부족하거나 지나쳐도 안 되는 인체의 필수 영양소이다. 나트륨이 부족할 때 피로감, 무기력증, 식욕 저하, 소화 불량과 구토를 하는 저나트륨 혈증이 발생한다. 나트륨 과잉 섭취 시 체액의 삼투압 증가로 고혈압, 신장질환, 뇌졸중, 골다공증, 심장질환, 비만, 위암 등의 만성질환 유발 가능성이 높을 수 있다.

(3) 나트륨 급원식품

1g의 소금에는 400mg의 나트륨이 포함되어 있으며 식물성 식품보다 동물성 식품에 풍부하고, 바다에서 나는 해조류에 나트륨 함량이 많다. 나트륨의 대부분은 일상적인 음식에 많이 함유되어 있고, 특히 한국인들은 김치류, 찌개류, 면류 등을 통해서 나트륨 섭취를 한다. 따라서 특정 식품의 섭취 빈도를 줄이도록 하는 것보다 전반적인 급원식품의 섭취량을 감소시키고 조리 시 간장, 소금, 된장, 고추장 등의 양념류 사용을 줄이는 조리법을 선택하면 나트륨 섭취량을 낮추는 데 효과적이다. 또한 외식은 나트륨의 과잉 섭취를 일으킬 수 있으므로 주의해야 할 식습관이다.

표 4-1에는 여러 가지 식품에 함유된 나트륨 함량이 제시되어 있으며, 표 4-2에는 식품에 함유된 소금 함량이 제시되어 있다.

표 4-1 식품에 함유된 나트륨 함량 (단위 : mg/100g)

식물성 식품	함량	동물성 식품	함량
미역	730	소고기	340
시금치	595	고등어	330
감자	495	굴	259
밀	465	꽁치	150
당근	310	우유	145
깻잎	303	달걀	140

식물성 식품	함량	동물성 식품	함량
사과	115	치즈	140
두부	95	닭고기	59
상추	38	돼지고기	51

표 4-2 식품 중 소금 함량 (단위 : mg/100g)

식물성 식품	함량	동물성 식품	함량	가공 식품	함량
미역	5.7	새우류	10.7	베이킹파우더	10.6
김	2.2	대구	8.2	새우젓	8.6
셀러리	0.5	꽁치	2.2	마늘장아찌	2.3
고구마	0.02	해삼	1.9	배추김치	1.1
풋고추	0.01	청어	1.1	치즈	1.1
귤	0.2	오징어	1.0	베이컨	0.9
당근	0.1	다랑어	0.5	크래커	0.9
사과	0.1	멸치	0.2	어묵	0.7
무청	0.04	달걀	0.1	오이피클	0.7
시금치	0.07	닭고기	0.1	소시지	0.4

그림 4-6에는 우리가 자주 먹는 음식에 함유된 나트륨 함량이 제시되어 있다.

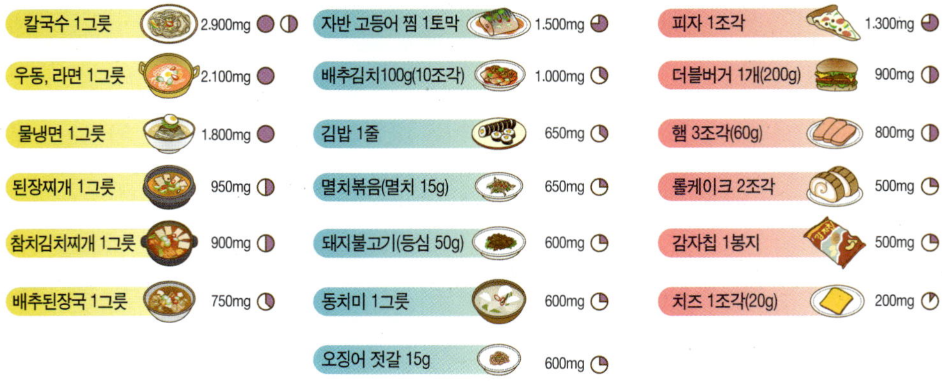

그림 4-7 우리가 자주 먹는 음식 속 나트륨 함량(나트륨 2,000mg=소금 5g)

출처 : 식품의약품안전처

(4) 소금과 건강과의 관계

소금은 나트륨과 염소로 구성된 화합물로, 소금 1g을 섭취하면 약 400mg의 나트륨을 섭취하게 된다. 나트륨은 체내에서 여러 가지 중요한 역할을 하고 있는데, 세포 내외의 삼투압과 수분 평형, 산–염기 평형을 조절하며, 신경 자극 전달, 근육 수축 등에 관여한다. 나트륨을 많이 섭취하게 되면 여분의 나트륨은 배설되고, 나트륨 섭취가 적으면 나트륨 배설이 줄어들어 체내 나트륨 농도가 조절되지만, 계속해서 나트륨을 과다하게 섭취하면 고혈압, 심장병, 뇌졸중, 위암, 골다공증, 신장질환, 부종 등 건강상의 여러 가지 문제가 유발될 수 있다.

나트륨은 세포 외액의 중요한 성분으로, 과잉 섭취 시 혈관 내 삼투압이 상승하고 혈류량이 증가하여 혈관 내부의 압력이 높아져 혈압 상승 및 고혈압을 유발하게 된다. 고혈압은 혈관벽의 장력을 증가시키고 심장 혈관 및 뇌혈관의 동맥 경화를 촉진함으로써 심장병과 뇌졸중의 위험을 증가시킨다. 고혈압은 신장병에도 중요한 영향을 미치는데, 신장은 나트륨과 수분의 양을 조절해 항상성을 유지하고 있지만, 나트륨 섭취가 많아지면 혈압이 높아져 신장 사구체 및 주변 혈관이 손상되고 이것이 지속되면 만성 신장병으로 진행될 수 있다. 또한 나트륨을 과다 섭취하면 위 점막 상피 세포의 손상이 촉진되어 위염이 유발하고 이로 인해 위암의 발생 위험도가 증가된다. 나트륨의 과다 섭취는 뼈의 건강을 해칠 수도 있다. 나트륨 과다 섭취로 인해 소변으로 나트륨 배출량이 많아지면 뼈 속의 칼슘 배출도 증가되어 골다공증 위험이 높아지게 된다. 나트륨 과다 섭취는 건강에 부정적인 영향을 줄 수 있기 때문에 구성 원소로 나트륨을 가지고 있는 소금을 지나치게 많이 섭취하지 않도록 유의해야 한다.

(5) 소금의 적정 섭취량

소금은 음식의 간을 조절하기 위해 사용되는 대표적인 조미료이다. 우리나라는 염도가 높은 음식인 김치와 장류를 일상적으로 섭취하고 있기 때문에 나트륨 섭취가 높은 편이다. 세계보건기구(WHO)의 1일 권장 나트륨 섭취량은 2,000mg(소금 5g)이나 보건복지부에서 발표한 대한민국 성인 기준 1일 나트륨 섭취량은 2018년 기준 평균 3,274mg으로 권장섭취량에 비해 많이 섭취하고 있으므로**그림 4-8** 나트륨 섭취량이 권장량을 초과하지 않도록 소금의 섭취량에 유의해야 할 것이다. 식품의약품안전처 보도자료(2020)에 의하면 2018년 우리 국민의 1일 평균 나트륨 섭취량은 모든 연령대에서 2016년 대비 감소하였고 3세부터 49세(청소년층 제외)까지 10% 이상 감소세를 보였으나, 30~49세는 3,700mg으로 여전히 나트륨 섭취량이 가장 높은 계층으로 나타났다**그림 4-9**. 또한 2018년 식행태별 나트륨 섭취량에서는 우리 국민의 1일 나트륨 섭취급원은 가정식(41.8%), 외식(34.1%), 급식(9.4%), 편의 식품(9.0%), 일반 식품(5.7%) 순이었으나, 연령별로 볼 때 19~29세, 30~49세는 외식(46.5%, 41.1%)이, 50세 이상은 가정식(49.3%, 69.3%)에서 나트륨 섭취량이 높다고 하였다**그림 4-10**.

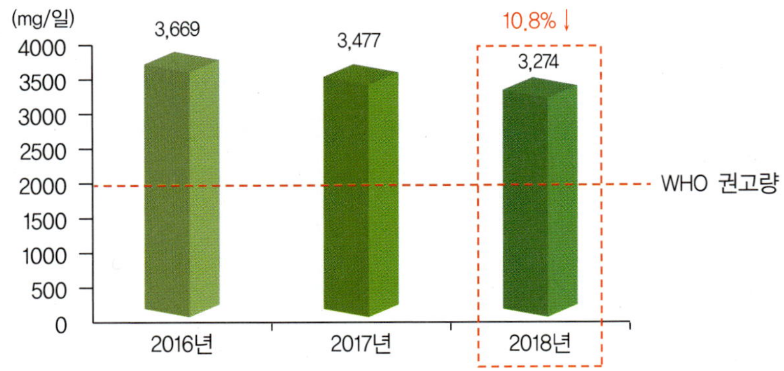

그림 4-8 연도별 한국인 1일 나트륨 평균 섭취량 추이(2016~2018)

출처: 식품의약품안전처(2020)

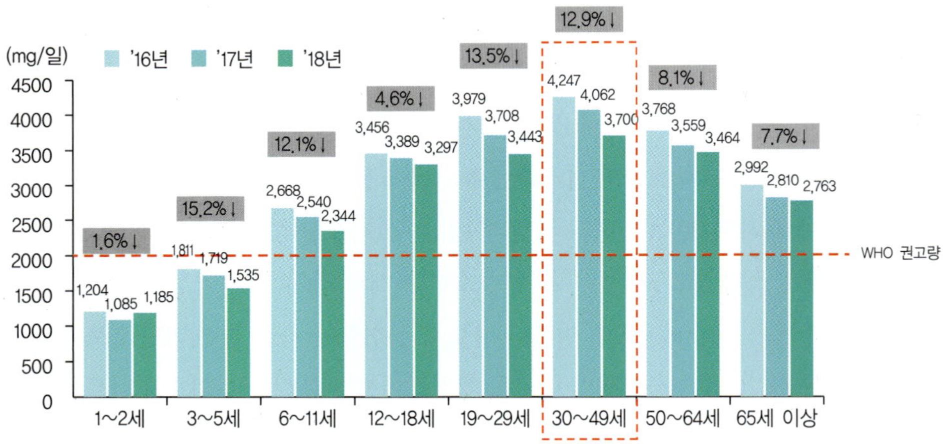

그림 4-9 한국인 연령별 나트륨 섭취량 추이(2016~2018)

출처 : 식품의약품안전처(2020)

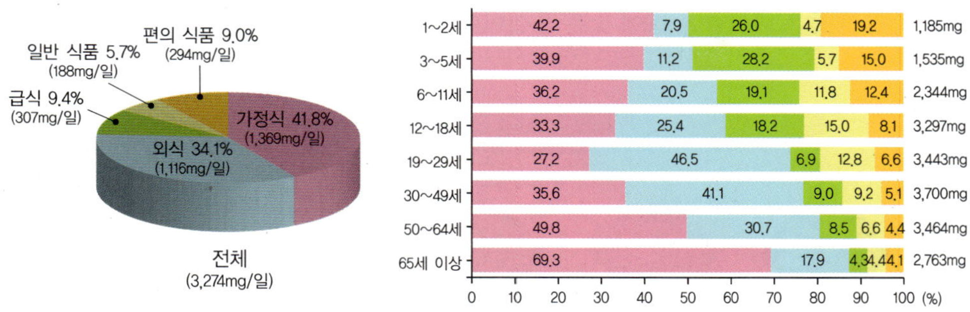

식행태별 나트륨 섭취량 기여율 연령/식행태별 나트륨 급원 분포

그림 4-10 한국인 식행태별 나트륨 섭취량 기여율 및 연령/식행태별 나트륨 급원 분포(2018)

출처 : 식품의약품안전처(2020)

(6) 나트륨 급원 식품

표 4-3에는 여러 가지 식품에 함유된 나트륨 함량이 제시되어 있으며, 그림 4-10에는 나트륨 함량이 높은 음식이 제시되어 있다. 나트륨은 거의 모든 식품에 분포하고 있는데 미역, 고등어, 굴과 같은 해산물은 나트륨 함량이 높으며, 김치찌개, 갈비탕, 육개장,

표 4-3 식품에 함유된 나트륨 함량

식품	함량(g/100g)
미역	730
고등어	330
굴	259
감자	495
밀	465
소고기	340
우유	145
닭고기	59
돼지고기	51

우동, 라면 등은 나트륨 함량이 많은 음식이다.

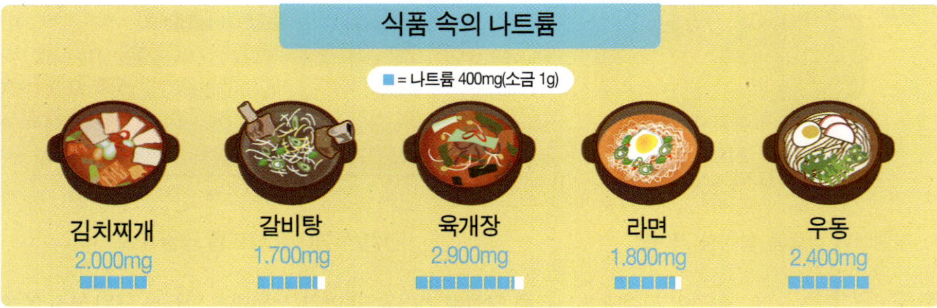

그림 4-11 나트륨 함량이 높은 음식

출처 : 식품의약품안전처 식품안전나라

식품의약품안전처(2020)에 따르면 우리나라 국민(12~64세)의 주요 나트륨 급원은 표 4-4와 같다. 모든 연령에서 가장 많은 나트륨을 섭취하는 급원은 배추김치였으며, 배추김치 외에도 깍두기, 열무김치, 총각김치, 김치찌개 등 김치류로부터 나트륨 섭취량이 많았다. 또한 라면, 컵라면, 짜장면으로부터의 나트륨 섭취량이 그 다음 순위로 높게 나타났으며, 12~29세의 경우 청소년들이 즐겨 먹는 햄버거가 나트륨 급원 순위 10위 안에 포함되었다. 나트륨 급원 순위가 높은 음식은 섭취하는 빈도가 높은 경우가 많으므로 이들 음식은 가정에서나 판매 업체에서 모두 적정 염도 관리에 유의해야 할 것이다.

표 4-4 한국인의 나트륨 급원 순위 (12~64세, 성인 남녀)

순위	12~18세		19~29세		30~49세		50~64세	
	음식명	섭취량(mg/일)	음식명	섭취량(mg/일)	음식명	섭취량(mg/일)	음식명	섭취량(mg/일)
1	배추김치	209.3	배추김치	199.8	배추김치	290.5	배추김치	367.7
2	라면, 컵라면	171.5	라면, 컵라면	102.9	라면, 컵라면	78.8	쌈장	62.8

순위	12~18세		19~29세		30~49세		50~64세	
	음식명	섭취량 (mg/일)	음식명	섭취량 (mg/일)	음식명	섭취량 (mg/일)	음식명	섭취량 (mg/일)
3	라면 (라면만)	99.3	라면(라면만)	91.7	짜장면	67.1	짜장면	52.1
4	짜장면	56.8	짜장면	82.9	쌈장	65.0	열무김치	49.6
5	라면, 달걀	41.5	라면, 달걀	72.9	라면 (라면만)	63.2	국수, 잔치국수	48.4
6	국수, 잔치국수	39.1	쌈장	59.8	미역국, 소고기	45.7	미역국, 소고기	46.3
7	떡볶이	38.8	쇠등심구이	45.6	김치찌개, 돼지고기	44.8	총각김치	45.1
8	볶음밥, 김치	38.0	돈까스	41.3	라면, 달걀	44.6	라면, 달걀	42.8
9	햄버거, 치킨버거	38.0	소스, 고기용	40.3	깍두기	41.3	깍두기	39.0
10	쇠등심구이	37.9	햄버거	37.8	쇠등심구이	38.4	김치찌개, 돼지고기	37.1

출처 : 식품의약품안전처(2020)

(7) 나트륨 섭취 저감화 방법

우리나라 성인들이 소금을 가장 많이 섭취하는 음식은 김치류, 국 · 찌개류, 어패류 등으로 나트륨 과잉 섭취를 피하기 위해서는 이들 음식을 만들 때 첨가하는 소금 함량을 낮추는 것이 필요하다. 김치를 담글 때 지나치게 짜지 않도록 하고, 국과 찌개를 끓일 때에도 소금, 간장, 고추장, 된장, 화학조미료 등의 사용을 줄이고 소금 대신 천연 향신료를 사용한다. 젓갈이나 장아찌 등의 절임식품이나 햄, 소시지, 치즈 등의 육가공식품, 라면, 자장면 등의 인스턴트식품은 염분 함량이 높은 식품이므로 이를 고려하여 나트륨 과잉 섭취가 되지 않도록 주의해야 한다. 또한 식사 시 국물을 덜 섭취하는 것도 나트륨 섭취를 줄이는 데 효과적인 방법이며, 외식할 때 '싱겁게 해주세요', '소스는 따로 주세요'라고 주문하는 것도 좋은 방법이다.

<나트륨 섭취 줄이기 tip!>

- 국, 찌개 등의 국물 섭취를 줄인다.
- 소금, 간장, 고추장의 사용을 줄인다.
- 화학조미료 대신 다시마, 멸치, 버섯 등의 천연 조미료를 사용한다.
- 김치를 담글 때 소금의 양을 줄인다.
- 라면, 짜장면 등의 스프의 양을 줄여서 조리한다.
- 나트륨이 많이 들어 있는 소스는 부어 먹는 것보다 적당량 찍어 먹어 소스 섭취량을 줄인다.
- 햄, 베이컨, 염장 생선 등 염분이 많은 식품을 너무 많이 섭취하지 않는다.
- 식품 구입 시 영양표시에 있는 나트륨 함량을 확인하여 선택한다.
- 장아찌, 젓갈 등 염장식품을 너무 많이 섭취하지 않는다.

5) 칼륨

(1) 칼륨의 체내 기능

세포 내액에 주로 분포하고 있는 칼륨potassium, K은 세포 외액과 혈장에는 약 2%만이 존재하며, 나트륨과 함께 체액의 삼투압에 관여하고 체내의 수분 양을 조절하여 근육 수축을 자극한다. 칼륨은 당질 대사에 관여하여 적절한 칼륨이 공급되지 않으면 저칼륨 혈증을 초래할 수 있다. 또한 췌장의 인슐린 분비에도 칼륨이 관여한다.

(2) 칼륨 섭취와 관련된 건강 문제

한국인의 칼륨 섭취는 국민건강영양조사 결과에 의해 모든 연령에서 충분 섭취량보다 부족하게 섭취하고 있었다. 평소의 적절한 식사는 칼륨 섭취의 부족함이 없으며 흡수율도 높아서 결핍증의 발생이 낮은 편이지만, 신경성 식욕 감퇴, 만성 알코올 중독이나 조직 손상을 수반하는 수술, 화상, 외상과 장기간의 칼륨 제한 식사 등의 경우 결핍증이 나타날 수 있다. 증세가 심각해지면 부정맥이나 근육의 마비도 일어날 수 있다. 신장 기능이 손상된 환자나 일부 당뇨 환자는 소변 배설량이 줄면서 고칼륨혈증을 보일 수 있다. 미국의 2010년 식사섭취기준권고위원회의 보고에 의하면 심장과 뼈의 질환을 예방하기 위해 칼륨의 섭취량을 늘려야 한다고 보고하고 있다.

(3) 칼륨 급원식품

나트륨 배출을 돕는 칼륨은 거의 모든 식품에 함유하고 있으며, 가공되지 않은 신선한 과일과 채소인 감자, 고구마, 바나나, 시금치, 그리고 견과류 등의 자연식품에 풍부하다.

6) 철

(1) 철의 체내 기능

인체에는 작은 못 1개 정도 되는 소량의 철iron, Fe이 있는데, 이것은 산소를 운반하고 저장하며 혈액의 주요 구성 성분으로 이산화탄소의 이동에도 관여한다. 철은 체내에서 적혈구의 혈색소인 헤모글로빈에 있는 헴heme 성분으로 형성하고 있으며, 일부는 근육의 색소인 미오글로빈 성분으로 존재하기도 한다. 철의 저장 형태는 페리틴ferritin으로 간, 비장, 골수에 저장되어 있다. 과산화 효소 등 여러 가지 효소의 보조 인자인 철은 영양소의 산화 과정에 관여한다.

표 4-5 철 흡수 관련 인자

철의 흡수에 도움을 주는 인자	철의 흡수를 방해하는 인자
육류, 가금류, 생선 등 동물성 식품 비타민 C 체내 요구량 증가(임신, 수유, 성장기) 유기산 양질의 단백질과 아미노산	전곡류 및 콩류의 피틴산 시금치 등의 섬유질의 수산 차의 탄닌 아연, 망간, 칼슘 등의 과잉 섭취 위산 분비의 저하

(2) 철 섭취와 관련된 건강 문제

섭취한 철은 주로 소장에서 흡수가 일어나고, 흡수율이 낮으며 식품의 약 10% 이하만 흡수된다. 체내에서 지속적인 철 결핍과 체내 저장량이 감소되면 철 결핍성 빈혈이 발생한다. 철 결핍성 빈혈은 적혈구의 크기가 작고, 붉은색이 희미한 특징이 있으며, 조직으로의 산소 공급이 충분하지 않아 피부가 창백하고 피로와 두통, 현기증의 증상이 나타난다. 특히, 임신 중인 여성, 가임기 여성의 생리혈로 인한 손실, 성장기 어린이와 청소년에게서 결핍증이 발생한다.

(3) 철의 급원식품

철의 급원식품을 살펴보면 소간, 소고기, 무청, 백미, 두부, 달걀, 배추김치 등이 있으며, 식품 중 헴철은 동물성 식품(간, 내장, 살코기 등의 육류와 어패류)에 많이 함유되어 있고, 비헴철은 과일을 건조시킨 자주, 살구, 말린 건포도에 들어 있다.

그림 4-12 철 급원식품

7) 요오드

(1) 요오드의 체내 기능

갑상선 호르몬인 티록신의 구성 성분인 요오드iodine, I는 식이 섭취 후 소장 벽을 통해 흡수되고 일부는 위에서 갑상선으로 이동한다. 요오드의 흡수 속도는 매우 빨라서 섭취 후 약 1시간 후면 거의 흡수가 된다. 요오드는 체내 대사 조절에 관여하고 성장 발달을 촉진하며 기초 대사율 조절, 체온 조절 기능이 있다.

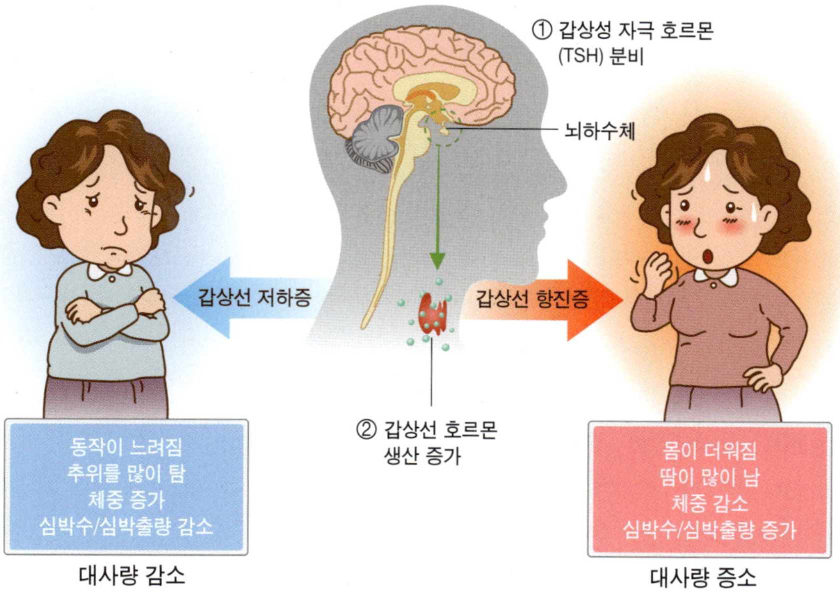

그림 4-13 갑상선염의 증상

출처 : 보건복지부 · 대한의학회

(2) 요오드 섭취와 관련된 건강 문제

요오드가 함유된 식이의 섭취가 부족하면 혈액에서 요오드를 더 얻으려고 하므로 갑상선이 비대해지면서 기관지에 압박이 가해지고 호흡 곤란 등 요오드 결핍 증세가 나타난다. 이런 증상은 요오드를 적절히 공급해 주면서 치료를 하면 다시 갑상선의 크기는 점점 감소하며 회복이 가능하다. 이외에도 요오드가 부족하면 피로감, 무기력, 체중의 증가, 손과 발의 저림, 변비 등의 증상이 있다. 또 다른 결핍증은 임신 기간 중 임산부의 요오드 섭취 결핍으로 크레틴증 아기를 출산할 위험이 있다.

선천성 갑상선 기능 저하증, 크레틴증

생후 1개월쯤부터 활력이 줄어들고 근육의 힘이 없고 변비가 되면서 성장 발육이 떨어지며 어딘가 생기가 없고 바보스럽게 보이며 둔해진 감이 든다. 그것은 생후 한 달까지는 태중의 어머니에게서 받은 호르몬의 효과가 남아 있지만 출생 후 자체적인 갑상선 호르몬 생산이 제대로 되지 않기 때문이다. 발육이 늦어지고 특별한 병이 없는데도 눈두덩이가 부은 것 같고 혀도 커 보이며, 몸도 차면서 눈에 띄게 활동력이 줄어든다. 이와 같은 크레틴증(congenital hypothyroidism, cretinism)은 남자보다 여자 어린이에게 3배가량 많아서 어머니들은 어린이가 순하고 잘 보채지 않아 좋다고 생각하기 쉽다. 식욕도 없고 멍하니 있거나 잠을 많이 잔다. 3~4개월이 되면 전문의는 첫눈에 진단이 가능할 만큼 우둔한 갑상선 저하증 질환 특유의 모습을 띠지만 어머니는 이 증세를 느끼지 못한다. 키도 잘 안 자라고 수족도 짧고 체온도 찬 경우가 많다. 크레틴증 어린이는 발육이 늦어 뒤치기, 앉기, 일어서기, 걸음마도 다 늦어지는데, 가장 걱정되는 것은 지능 저하이다.

(3) 요오드 급원식품

요오드가 풍부한 식품으로는 미역, 다시마, 파래, 김 등 해산물 및 해조류에 많다. 생무, 양배추, 브로콜리 등에는 고이트로겐goitrogen이라는 갑상선종 유발 물질을 함유하고 있으므로 가열하여 고이트로겐을 파괴한 후 섭취를 하는 것이 도움이 되며, 이 식품들을 장기간 지나치게 생것으로 섭취하는 것은 주의를 하도록 한다.

연습문제

1 우리나라 성인들이 가장 부족하게 섭취하는 무기질 영양소는 무엇인가요?

2 나트륨 섭취가 높은 경우 어떤 질병과 상관이 높나요?

3 비타민 D 섭취가 부족한 경우 어떻게 칼슘의 흡수율을 높일 수 있나요?

4 나트륨 섭취를 줄이기 위해 효과적인 방법을 5가지 제시하시오.

PART 3

건강한 식생활

CHAPTER 05

건강 체중 관리

우리나라를 비롯하여 전 세계적으로 비만 인구가 지속적으로 증가하고 있으며 특히 우리나라는 아동 · 청소년과 20~30대 젊은 연령층을 중심으로 고도 비만율이 급속하게 증가하고 있다. 세계보건기구(WHO)는 1996년에 비만을 이미 질병으로 분류하고 비만은 정상인에 비해 당뇨병, 고지혈증, 심혈관질환 등 생활 습관병 발생 위험 증가와 함께 각종 암을 유발하고, 사망 위험을 증가시키는 주요 요인으로 제시하였다.

한편, 청소년기 여학생들과 젊은 여성들은 마른 체형이 선호되는 사회적 현상으로 인해 살찌는 것을 두려워하고 지나친 다이어트를 시행하여 오히려 심각한 체중 부족으로 인한 각종 건강 문제가 늘고 있는 실정이다.

여기에서는 기대 수명이 점점 늘어가는 현 시대에 건강한 삶의 기초가 되는 건강 체중의 의미 및 관리 방법에 관해 알아보도록 하자.

1. 건강 체중

1) 건강 체중의 정의

건강 체중이란 체중의 단순한 숫자보다는 개인의 건강을 유지하는 데 가장 적절한 체중을 말한다. 즉, 개인의 성별, 연령, 신장을 고려하였을 때 통계적으로 만성 퇴행성 질환에 의한 사망률이 가장 낮은 체중을 의미한다**그림 5-1**. 그에 반해, 흔히 사용하는 표준 체중, 이상 체중, 혹은 정상 체중이라는 용어는 이들 체중을 갖지 못할 때 자신의 체중이 비정상에 속한다고 판단함으로써 과도한 체중 감량을 시도하는 등 오히려 건강에 해로운 영향을 줄 수 있다는 문제점을 가지고 있다.

건강 체중에 대한 판정은 체중을 신장의 제곱으로 나눈 체질량 지수body mass index, BMI, kg/m^{2}와 체중(kg)에 대한 체지방량(kg)을 백분율로 나타낸 체지방율(%)이 각각 정

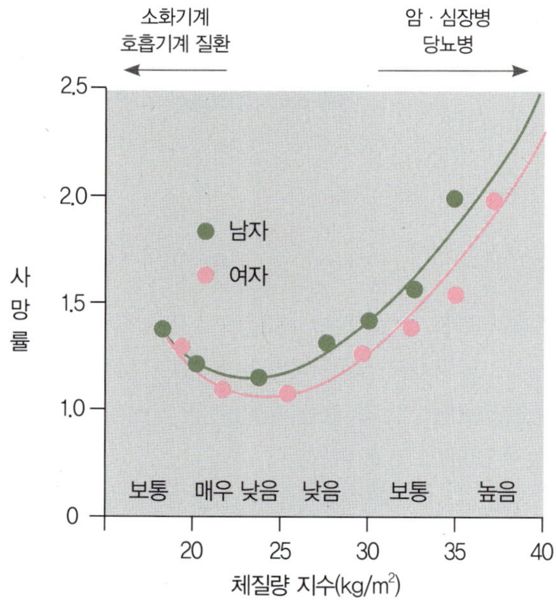

그림 5-1 체질량 지수와 질병으로 인한 사망률과의 관계

출처 : 서정숙 외(2014)

해진 기준값 내에 있는지 여부로 알 수 있다. 우리나라 성인의 경우, 체질량 지수는 세계보건기구에서 한국인을 비롯한 아시아·태평양 지역의 성인에게 고혈압 및 당뇨병 발생율이 낮은 것으로 발표한 18.5~22.9kg/m²을, 체지방율은 남자 15% 이하, 여자 25% 이하에 해당하면 건강 체중이라고 판정할 수 있다. 건강 체중의 기준에 체지방율이 포함되는 이유는 체중 자체의 과다보다는 체지방량의 과다가 만성 퇴행성 질환 발생과 상관성이 더 높기 때문이다.

표 5-1 한국 성인(19세 이상)의 건강 체중 판정

1단계: 체질량 지수 판정
① 자신의 체질량 지수를 구한다. 체질량 지수(kg/m²) = 체중(kg) ÷ [키(m) × 키(m)] ② 체질량 지수가 18.5~22.9kg/m² 범위에 있는지 판정한다. 체중 중 체지방량의 비율이 높은 사람은 하한값을, 낮은 사람은 상한값에 가까운 것이 바람직하다.
2단계: 체지방량 판정
① 체성분 측정 기기를 이용하여 자신의 체지방율을 구한다. 체지방율(%) = 체지방량(kg) ÷ 체중(kg) × 100 ② 체지방율이 남자 15% 이하, 여자 25% 이하에 해당하는지 판정한다.
3단계: 건강 체중 판정
① 체질량 지수와 체지방량이 모두 건강 체중 범위에 해당하면 건강 체중으로 판정한다. ② 예외적으로 근육과 골격이 발달한 운동선수나 체격이 큰 사람의 경우에는 체질량 지수가 23kg/m² 이상이더라도 체지방율이 적정 수준이면 건강 체중으로 판정한다.

출처 : 김선효 외(2013)

2) 체중 구성 요소

우리 신체는 크게 지방 조직fat mass과 제지방 조직fat free mass으로 구성되어 있으며 제지방 조직은 세포 내액intracellular water과 세포 외액extracellular water을 합한 총 체수분total body water, 대사 조직(예 : 근육), 그리고 골격 조직으로 구분된다그림 5-2. 체중은 바

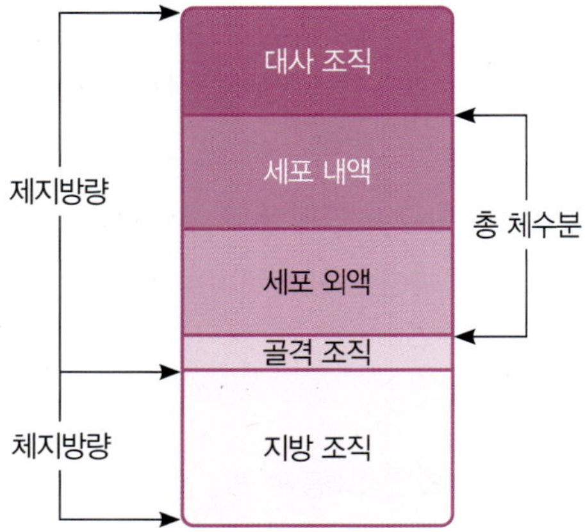

그림 5-2 신체 조성

로 이러한 지방 조직과 제지방 조직의 무게를 합한 것이다.

3) 에너지 균형과 체중

체중은 에너지 섭취량과 에너지 소비량이 균형을 이룰 때 유지 된다그림 5-3. 우리는 매일 동일한 양의 에너지 섭취를 하지는 않지만 체중과 체조성은 비교적 일정하게 유지되는데, 이는 에너지 항상성 기전에 의해 체중이 감소하면 식욕이 증가하여 에너지 섭취를 높이려는 기전이, 반대로 체중이 증가하면 포만감이 유도되어 에너지 섭취를 감소시키려는 기전이 작동하기 때문이다. 그러나 장기간에 걸쳐 에너지 섭취량이 소비량보다 많으면 에너지 균형이 깨지면서 체중의 증가가 나타나고 반대로 지속적으로 에너지 소비량이 섭취량보다 많으면 체중의 감소가 나타나게 된다. 성장기나 임신기, 회복기 환자는 충분한 에너지 섭취로 적정한 체중 증가가 일어나도록 하고 비만의 경우에는 에너지 섭취량을 줄이거나 소비량을 늘려 체중 감소가 일어나도록 관리하는 것이 바람직하다.

(1) 에너지 섭취량

에너지는 '일을 할 수 있는 능력' 또는 '활동하는 데 필요한 힘'으로 정의할 수 있다. 에너지 섭취는 전적으로 식품 섭취에 의존하는데, 영양소 중 탄수화물, 단백질, 지방이 분해되면서 생성되는 에너지를 kcal 단위로 나타내고 있다. 이 중 탄수화물과 단백질은 1g당 4kcal, 지방은 9kcal를 생성하며, 영양소는 아니지만 알코올도 1g당 7kcal를 생성할 수 있다. 따라서 1일 에너지 섭취량은 하루 동안 섭취한 이들 에너지 영양소와 알코올의 양에 의해 계산된다.

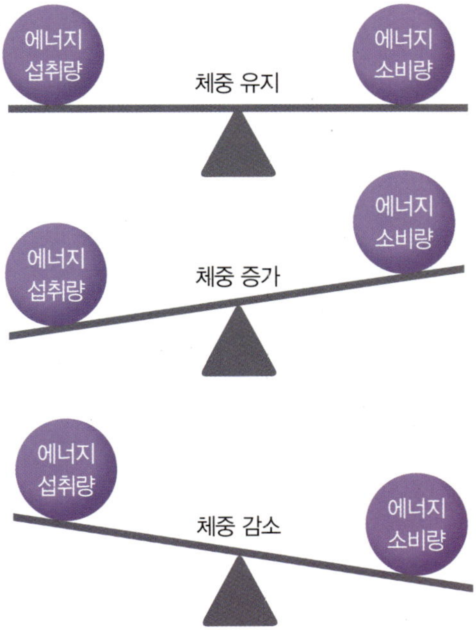

그림 5-3 에너지 균형과 체중 변화

※ 1 칼로리(cal, 1kcal)
물 1kg을 1℃ 올리는 데 필요한 열량
(1기압하에서 14.5℃의 물 1kg을 15.5℃까지 올리는 데 필요한 열량)

※ 칼로리 계산에 활용할 수 있는 프로그램
식품의약품안전처 식품 안전정보포털(https://www.foodsafetykorea.go.kr)
농촌진흥청 농식품정보시스템(https://koreanfood.rda.go.kr)

(2) 에너지 소비량

우리가 하루에 섭취해야 하는 에너지는 신체가 소비하는 에너지량에 의해 좌우된다. 우리 신체가 하루에 사용하는 에너지는 크게 기초 대사량, 신체 활동 대사량, 그리고 식품의 에너지 대사량(식사성 발열 효과)으로 구성된다**그림 5-4**.

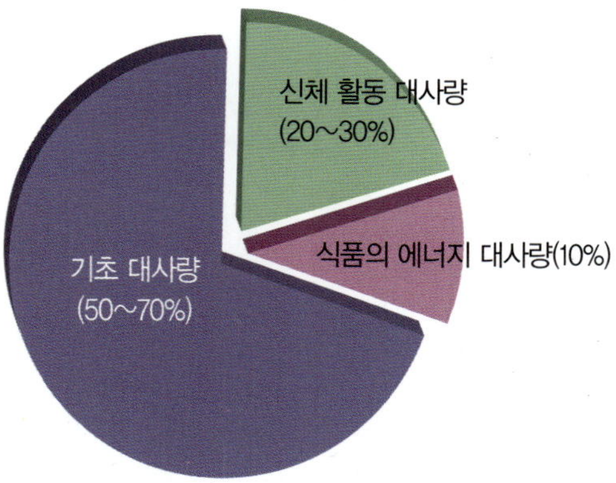

그림 5-4 1일 신체 에너지 소비량

① 기초 대사량

기초 대사량은 체온 조절, 심장 박동, 호흡, 혈액 순환, 체온 조절 등 인체의 기본적인 생리적 기능을 유지하는 데 필요한 최소한의 에너지량이다. 하루 신체 에너지 소비량 중 가장 많은 50~70%를 차지하며 휴식 상태나 잠을 잘 때, 움직이지 않고 가만히 있을 때에도 기초 대사량만큼의 에너지가 소비된다. 기초 대사량을 산출하는 공식은 여러 가지가 있으며 한국인 영양소 섭취기준에서 19세 이상 성인에게 적용하는 방법은 다음과 같다.

기초 대사량(basal energy expenditure, BEE) 산출 방법
남자 BEE(kcal/일) = 204−4.00 × 연령(세) + 450.5 × 신장(m) + 11.69 × 체중(kg)
여자 BEE(kcal/일) = 255−2.25 × 연령(세) + 361.6 × 신장(m) + 9.39 × 체중(kg)

출처 : Institute of Medicine of the National Academies(2005)

기초 대사량은 개인별로 차이가 크며, 체중, 키, 나이 이외에도 다음과 같은 요인에 의해 영향을 받는다.

- **신체 조성** : 근육량이 많을수록 기초 대사량이 증가한다. 근육은 우리 신체에서 에너지 소비가 가장 많은 조직이다.
- **성별** : 같은 체중에서는 남자가 여자보다 기초 대사량이 10% 정도 높다. 남자는 여자보다 근육량이 많을 뿐만 아니라 남성 호르몬의 작용으로 기초 소비 에너지가 많은 것으로 알려져 있다.
- **나이** : 나이가 어릴수록 기초 대사량으로 소비하는 에너지량이 많으며 나이가 들수록 기초 대사량이 감소한다.
- **신체 표면적** : 체표면적이 클수록 기초 대사량이 높다. 체중이 같을 경우에는 키가 큰 사람이 체표면적이 크다.
- **기온** : 기온이 낮을수록 기초 대사량이 증가한다. 열대 지방 사람들이 추운 지방 사람들보다 비만이 더 많은 것으로 보고되어 있다.
- **영양 상태** : 영양 섭취가 부족하거나 기아 상태에서는 체내 에너지 소모를 줄이기 위해 기초 대사량이 감소한다.
- **체온** : 열이 나거나 체온이 상승하는 경우 기초 대사량이 증가한다.
- **신체 활동** : 잠을 자거나 휴식할 때보다는 활동할 때 기초 대사량이 10% 정도 높다.

- **기타** : 카페인 섭취, 흡연, 임신은 기초 대사량을 증가시킨다.

② 신체 활동 대사량

신체 활동 대사량은 앉아 있기, 서 있기, 걷기, 계단 오르기 등 우리가 신체 활동을 할 때 사용되는 에너지량으로, 하루 신체 에너지 소비의 약 20~30%를 차지한다. 활동 대사량은 활동의 종류에 따라 다르며 활동의 강도, 지속 시간, 개인의 체중 등에 영향을 받는다표 5-2, 5-3.

표 5-2 활동 종류에 따른 에너지 소비량

활동 종류	kcal/kg/hr	kcal/60kg/hr
공부	0.42	25
자동차 운전, 다림질, 컴퓨터	1.02	61
손빨래, 청소	1.5	90
자전거 타기, 골프, 걷기	2.52	151
탁구, 스케이트	4.02	241
테니스, 뛰기, 계단 오르기	6.48	388

출처: 교문사(2017)

표 5-3 활동 강도에 따른 에너지 소비량

활동 강도	활동 내용	에너지 요구량(kcal/kg)
가벼운 활동	사무직, 관리직, 기술자, 어린 자녀가 없는 주부의 가사 노동, 수면, 식사, 독서, 담화, 운전 등	25~30
중등 강도 활동	제조업, 가공업, 서비스업, 판매직, 어린 자녀가 있는 주부의 가사노동, 걷기, 세탁, 청소, 요리, 아이 보기, 자전거 타기 등	30~35
강한 활동	농업, 어업, 건설 작업, 등산, 테니스, 에어로빅, 탁구, 줄넘기, 달리기, 수영 등	35~40
아주 강한 활동	농번기 농사, 임업, 운동선수	>40

출처: 교문사(2017)

③ 식품의 에너지 대사량

식품의 에너지 대사량은 음식을 섭취하고 난 후 식품의 소화, 흡수, 대사, 이동 및 저장에 이용되는 에너지량으로 하루 총 에너지 소비량의 약 10%를 차지한다. 이 소비 에너지는 영양소의 종류에 따라 다른데, 지방은 소화, 흡수, 저장이 용이해서 0~5% 정도로 낮고, 탄수화물은 5~10%, 단백질은 15~30% 정도이다. 따라서 지방보다는 단백질 위주의 식사를 할 때 에너지 소비량이 증가한다.

2. 비만

1) 비만의 정의

(1) 비만이란?

비만은 에너지 섭취량이 에너지 소비량보다 많을 때, 여분의 에너지가 지방으로 전환되어 저장됨으로써 체지방이 과다하게 축적된 상태를 말한다. 즉, 체중이 과도하게 많이 나가는 상태가 아니라, 체중을 구성하는 요소 중에서 제지방 조직lean body mass에 비해 지방 조직의 양이 과도하게 많은 상태를 의미한다. 개인에 따라서 체지방량은 적지만 근육량이나 체수분량이 많아(예 : 부종) 과체중인 경우는 비만이라 말하기 어렵다.

(2) 비만 실태

우리나라 성인의 비만 유병율은 2005년 31.3%에서 2016년 34.8%로 꾸준히 증가하고 있으며 여성에 비해 남성의 비만 유병율이 더 높은 특성을 보인다그림 5-5. 그러나 고령화가 될수록 남성의 비만율은 감소하나(50대 39.7%, 60대 39.7%, 70세 이상 30.3%) 여성은 오히려 증가함을 보이는데(50대 32.5%, 60대 40.7%, 70세 이상 42.2%), 이는 여성은 남성보다 기초 대사량과 에너지 소비량이 적어 지방이 더 쉽게 축적될 뿐만 아니라 폐경 이후에는 여성 호르몬 감소로 근육이 더 줄고 지방 조직이 증가하기 때문인 것으로 보인다. BMI 30이 넘는 고도 비만율도 2011년 4.3%에서 2016년 5.5%로 높아졌는데, 2030년에는 현재의 2배 수준(9%)에 이를 전망이다. 특히, 취약 계층에서 상대적으로 소득 수준이 낮을수록 고도 비만율이 높은 경향을 보인다. 아동·청소년의 경우에도 비만율이 2008년 11.2%에서 2017년 11.3%로 증가하고 있으며그림 5-6, 저소득층 아동·청소년이 영양 불균형 및 적은 신체 활동 등으로 인해 일반 학생보다 비만율이 높은 상황이다. 지역적으로는 농어촌 지역이 도시 지역보다 비만율이 높게 나타나는데, 농어촌의 경우 노인 비율이 높고 관절염 등으로 운동량 부족, 운동 시설 부족, 그리고 건강에 대한 관심도가 상대적으로 낮은 것이 원인으로 추측된다. 아동·청소년의 경우 신체 활동 부족, 고열량·고지방 음식 섭취율 증가, 과일·채소 섭취율 감소 등 부적절한 식습관 증가, 성인의 경우는 바쁜 일상으로 지속적인 신체 활동 감소, 아침 결식, 잦은 회식 등으로 과음 및 과식 등 식습관 악화가 비만율 증가의 원인으로 제시되었다(국민건강통계, 2016).

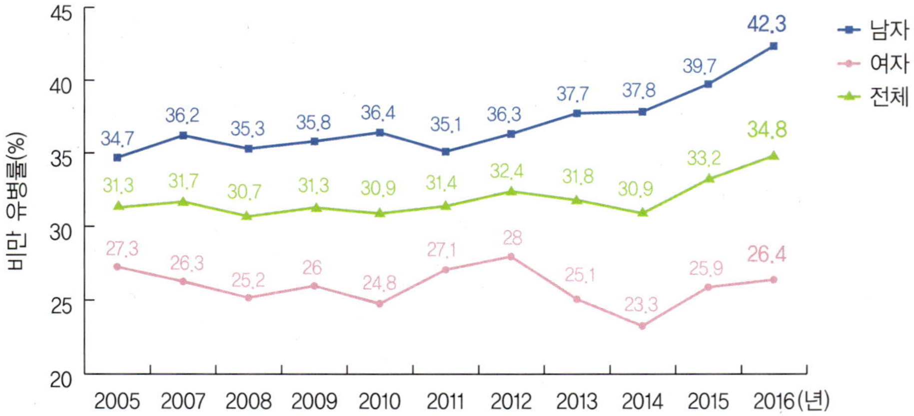

그림 5-5 한국 성인 남녀 비만 유병률(2016년)

출처: 보건복지부·질병관리본부(2017)

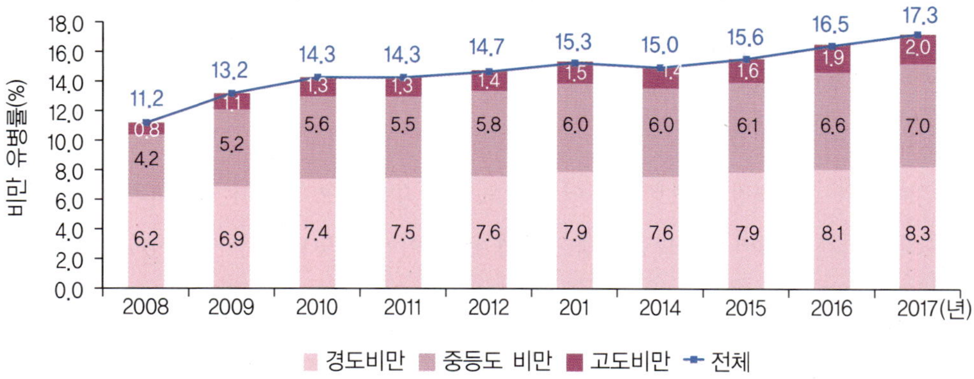

그림 5-6 초중고 학생의 비만 유병률

출처 : 교육부(2017)

2) 비만 분류

(1) 원인에 따른 분류

비만은 발생 원인에 따라 단순 비만과 증후성 비만으로 분류할 수 있다. 단순 비만은 에너지 섭취와 소비 간의 불균형에 의해 발생하는 1차성 비만으로, 대부분의 비만인이 단순 비만에 해당되며, 증후성 비만은 유전, 내분비 · 대사 이상 등 원인 질환에 의해 발생하는 2차성 비만이다.

(2) 발생 시기에 따른 분류

비만은 발생 시기에 따라 소아 비만과 성인 비만으로 분류한다. 소아기에 발생하는 비만은 지방 세포 수가 급격히 증가할 뿐 아니라 지방 세포의 크기도 커지는데, 한 번 증가된 세포 수는 줄어들지 않으므로 성인 비만으로 이행될 가능성이 높다. 이에 반해 성장이 완료된 후 발생하는 성인 비만은 지방 세포 수는 늘어나지 않고 지방 세포의 크기가 증가함으로써 발생하는 비만이므로 에너지 섭취와 소비를 조절하면 지방 세포에 있는 중성 지방이 분해되면서 세포의 크기가 감소될 수 있다.

(3) 지방 조직 형태에 따른 분류

지방 조직은 지방 세포로 이루어져 있으므로 지방 세포의 수가 증가하거나 지방 세포의 크기가 커지면 체지방량이 증가하게 된다. 이에 따라 비만은 지방 세포의 수가 증가하는 지방 세포 증식형, 크기가 증가하는 지방 세포 비대형, 그리고 크기와 수가 같이 증가하는 혼합형의 세 가지 형태로 분류할 수 있다그림 5-7. 소아 비만이 성인 비만으로 이어져 지방 세포의 수와 크기가 모두 증가된 혼합형의 경우에는 체지방량을 줄이기가 가장 어렵기 때문에 소아 비만이 되지 않도록 주의해야 한다. 또한 고도 비만인의 경우에도, 일부 지방 세포의 크기가 커지면서 세포 분열로 지방 세포 숫자도 증가하는 혼합형이 나타날 수 있다.

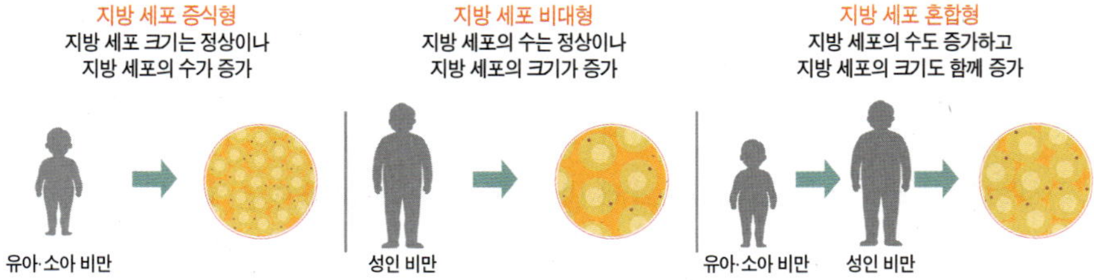

그림 5-7 지방 세포 증식형과 지방 세포 비대형 비만

(4) 지방 분포에 따른 분류

비만은 지방 분포에 따라 상체 비만(남성형 비만, 사과형 비만, 복부 비만)과 하체 비만(여성형 비만, 서양배형 비만)으로 분류할 수 있다그림 5-8. 상체 비만은 체지방이 주로 복부에 분포하는 형태로 남성 호르몬인 테스토스테론의 영향으로 주로 남성에게서 많이 나타난다. 하체 비만은 체지방이 엉덩이, 허벅지 등 하체에 주로 분포하는 형태로, 여성 호르몬인 에스트로겐과 프로게스테론의 영향으로 여성에게서 많이 나타난다. 상

체 비만은 심혈관계 질환, 뇌졸중, 당뇨병 등에 대한 발생 위험이 높으며, 하체 비만은 하체의 지방 분해 효소 활성이 낮아 상체 비만보다 체중 조절이 더 힘들다.

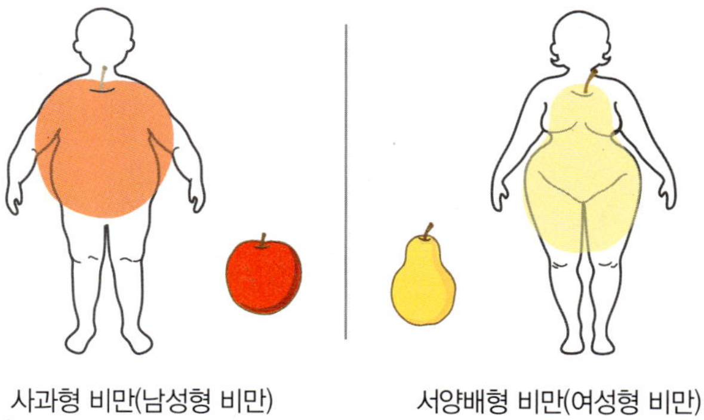

그림 5-8 상체 비만과 하체 비만

(5) 지방 위치에 따른 분류

복부 비만은 지방이 주로 어디에 분포되어 있느냐에 따라 다시 내장 지방형과 피하 지방형으로 분류할 수 있다. 내장 지방형은 지방이 복강 내 장기 주변에 주로 분포하며, 피하 지방형은 피부 및 복벽 밑에 주로 많은 형태이다. 내장 주변의 지방 조직이 분해되어 혈관으로 흡수되기 쉬우므로 내장 지방형이 피하 지방형보다 고지혈증, 고혈압, 당뇨병과 같은 질병의 발생과 상관관계가 더 높은 것으로 알려져 있다.

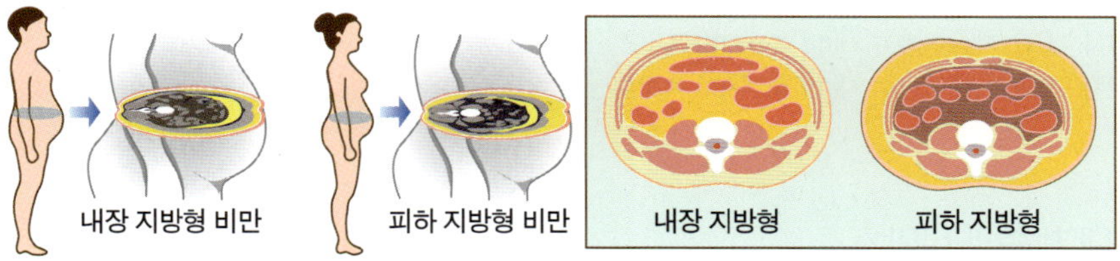

그림 5-9 내장 지방형과 피하 지방형 비만

표 5-4 비만 분류

구분	비만 유형
발생 원인	단순 비만, 증후성 비만
발생 시기	소아 비만, 성인 비만
지방 조직 형태	지방 세포 증식형 비만, 지방 세포 비대형 비만, 혼합형 비만
지방 분포	상체 비만(남성형 비만, 사과형 비만) 하체 비만(여성형 비만, 서양배형 비만)
지방 위치	내장 지방형 비만, 피하 지방형 비만

3) 비만 판정

(1) 체격 지수에 의한 판정

① 표준 체중

각 개인에게 이상적인 체중(표준 체중)은 신장을 이용하여 간단히 구할 수 있다.

표준 체중 구하는 법

- 브로카변법
  신장 160cm 이상인 경우 : 표준 체중(kg) = [신장(cm) − 100] × 0.9
  신장 150~160cm인 경우 : 표준 체중(kg) = [신장(cm) − 150] ÷ 2 + 50
  신장 150cm 미만인 경우 : 표준 체중(kg) = [신장(cm) − 100]
- 대한당뇨병학회
  남자 : 표준 체중(kg) = 키(m) × 키(m) × 22
  여자 : 표준 체중(kg) = 키(m) × 키(m) × 21

② 상대 체중과 비만도

개인의 표준 체중을 알면 실제체중과 표준 체중의 비로 비만 판정을 할 수 있다. 일반적으로 실제체중이 표준 체중의 10% 이상 초과하면 과체중, 20% 이상 초과하면 비만으로 판정한다.

이상 체중비(% ideal body weight, %IBW, 상대 체중) = (실제 체중/표준 체중) × 100
비만도(obesity rate) = [(실제 체중 – 표준 체중)/표준 체중] × 100

③ 체질량 지수

성인의 비만 판정에 가장 일반적으로 많이 사용되는 지표는 체질량 지수Body Mass Index, BMI로, 체중(kg)을 신장(m)의 제곱으로 나누어 구한다. 체중과 신장 수치로 구하는 지수임에도 불구하고 체지방량과의 상관관계가 높고 간단한 계산으로 구할 수 있기 때문에 국제적으로 가장 많이 사용되는 비만 판정 지수이다. 한국인을 비롯한 아시아 · 태평양 지역 사람들의 경우 체질량 지수가 23kg/m^2 이상이면 과체중, 25kg/m^2 이상이면 비만으로 판정한다. 그러나, 체질량 지수는 단지 체중에 근거하므로 지방 조직과 제지방 조직을 구별할 수 없다는 한계점을 가지고 있다. 즉, 체수분, 근육, 골격 등의 제지방 조직량이 많아 체중이 많이 나가는 경우에는 체지방량이 적더라도 체질량 지수가 높게 나와 비만으로 잘못 판정될 수 있다.

$$\text{체질량 지수(BMI)} = \frac{\text{체중(kg)}}{\text{신장(m)}^2}$$

(2) 체지방량에 의한 판정

① 피부 두겹 두께 측정법

보다 정확하게 비만을 판정하기 위해서는 체지방량을 측정하는 것이 필요하다. 간단하게 측정하는 방법으로는 피부 두겹 두께skinfold thickness 측정법이 있다**그림 5–10**. 이 방법은 우리 몸에 존재하는 지방의 50% 이상이 피하에 있다는 가정하에 캘리퍼caliper를 이용하여 삼두근, 견갑골하, 복부 등의 피하 지방량을 측정하는 방법이다.

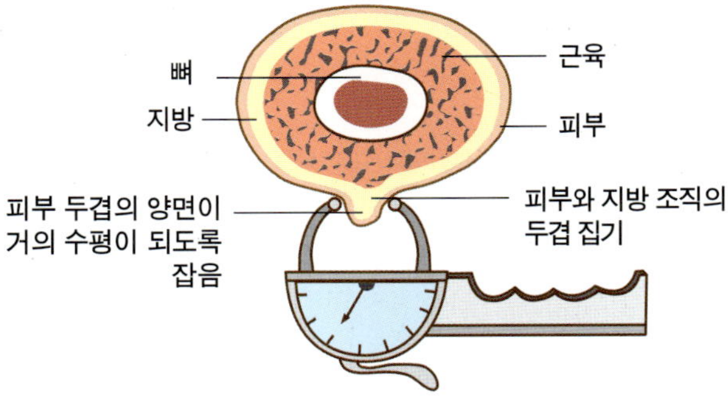

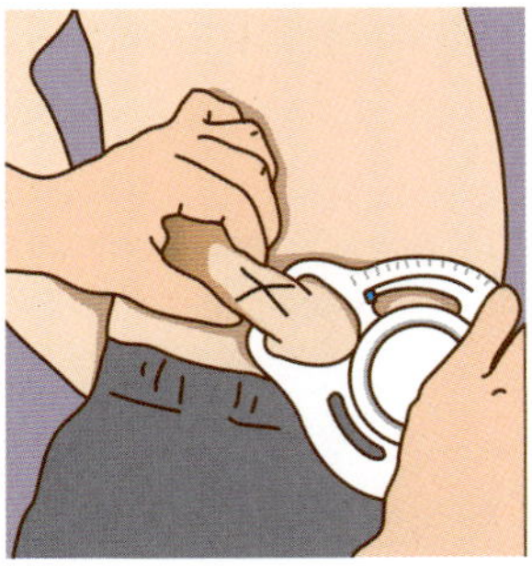

그림 5-10 피부 두겹 두께 측정법

② 생체 전기 저항 측정법

신체 조성을 측정하는 정밀 분석 방법으로 생체 전기 저항Bioelectrical Impedence, BIA을 측정하는 방법이 있다그림 5-11. 이 방법은 지방 조직은 제지방 조직에 비해 전기가 잘 통하지 않아 전기 저항이 많이 발생한다는 원리에 근거하여 신체에 미세한 전류를 흘려준 다음 되돌아오는 저항을 측정하여 체수분량, 체지방, 제지방량을 구하는 방법이다. 체중에서 차지하는 체지방 비율의 정상 범위는 남녀 각각 8~15%, 13~23%이고, 체지방 비율이 남자는 25%, 여자는 30% 이상일 경우 비만으로 판정한다.

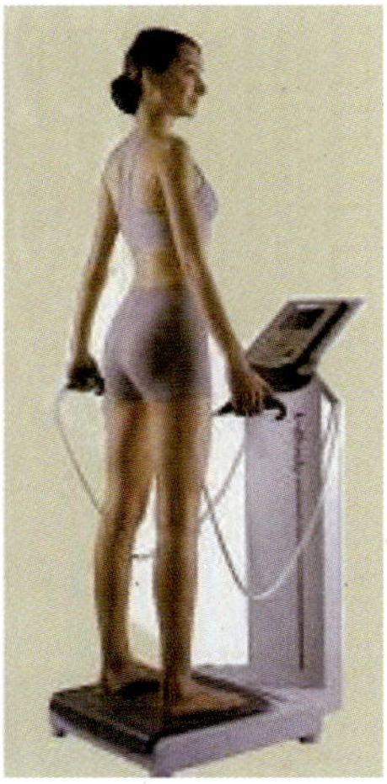

그림 5-11 생체 전기 저항 측정법

사진 출처 : 파워북(2017)

(3) 체지방 분포에 의한 판정

① 허리-엉덩이둘레 비율

허리-엉덩이둘레 비율Waist-Hip Ratio, WHR에서 허리둘레는 배꼽 위 가장 가는 부분, 엉덩이둘레는 엉덩이의 가장 튀어나온 부위의 둘레를 측정하여 허리둘레(cm)를 엉덩이둘레(cm)로 나누어 비율을 구한다. 엉덩이에 비해 허리둘레가 클수록 복부에 지방이 많음을 의미한다는 원리에 근거하여 허리-엉덩이둘레비가 남자 0.9, 여자 0.85 이상이면 복부 비만으로 판정한다.

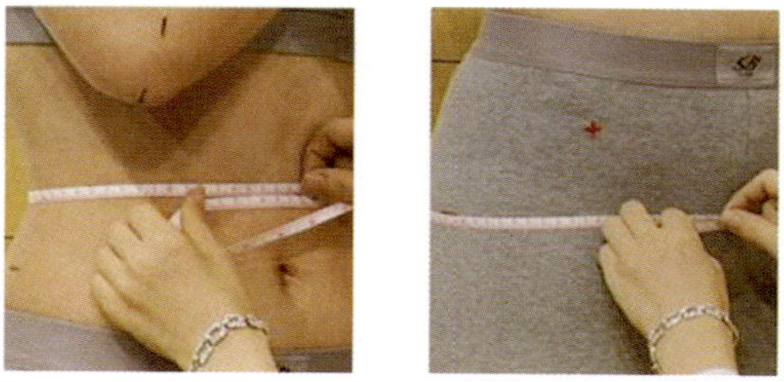

그림 5-12 허리둘레와 엉덩이둘레 측정 방법

사진 출처 : 파워북(2017)

② 허리둘레

간단히 허리둘레만 측정하여 복부 비만을 판정할 수 있는데, 남자는 90cm, 여자는 85cm 이상일 경우, 복부 비만으로 판정한다.

(4) 내장 지방 면적 및 피하 지방 면적에 의한 판정

컴퓨터 단층 촬영Computed Tomography, CT에 의해 내장 지방 면적과 피하 지방 면적을 구한 후, 내장 지방 면적이 100cm^{2}이며 내장 지방 면적/피하 지방 면적비가 0.4 이상이면 내장 지방형 비만으로 판정한다.

표 5-5 비만 판정

구분	저체중	건강(정상) 체중	과체중	경도 비만	중등도 비만	고도 비만
비만도(%)	−20~<−10	−10~<+10	+10~<+20	≥+20		
상대 체중(%)	80~<90	90~<110	110~<120	≥120		
체질량 지수(kg/m^2)	<18.5	18.5~22.9	23.0~24.9	25.0~29.9	30.0~34.9	≥35.0
체지방률		남자≤15% 여자≤25%		남자≥25% 여자≥30%		
허리-엉덩이둘레비 (복부 비만 판정)				남자≥0.9 여자≥0.85		
허리둘레 (복부 비만 판정)				남자≥90cm 여자≥85cm		
내장 지방 면적 (cm^2)				≥100cm^2 내장 지방형 비만		
내장 지방-피하 지방 면적비				≥0.4 내장 지방형 비만		

4) 비만 원인

비만이 발생하는 원인은 개인에 따라 다르며 특정한 한 가지 요인에 의해서라기보다는 타고난 유전적 요인과 다양한 환경적 요인이 상호 작용함으로써 발생하는 것으로 보고 있다.

(1) 유전

유전과 비만 발생과의 상관성은 여러 연구 결과에 의해 입증되었다. 일란성 쌍둥이의 경우 체중 간의 상관관계가 이란성 쌍둥이에 비해 높고 쌍둥이끼리는 증가된 체중의 정도와 체지방의 분포도 비슷함을 보였다. 또한 부모 중 한쪽이 비만인 경우 자녀의 비만 가능성은 50%, 양쪽 모두 비만인 경우는 80%에 달하며 입양아의 체중은 양부모보다 친부모의 체중과 더 높은 상관관계를 보이는 것으로 나타났다. 비만인들은 유전적으로 체중에 대해 높게 결정된 고정점set point을 가지고 있어서 그 고정점을 유지하기 위해 식사 섭취를 증가시키는 대신 에너지 소비는 감소시키는 쪽으로 대사가 진행된다는 이론도 있다. 부모로부터 유전되는 체형도 비만과 연관이 있는데, 외배엽형은 근육량과 지방량이 적고 골격이 가는 체형이며, 중배엽형은 골격이 크고 근육형성이 잘되는 체형이다. 내배엽형은 체중과 체지방량이 쉽게 증가하는 대신 운동을 해도 근육 형성은 잘되지 않는 체형으로 비만한 사람 중에 많다. 또한 렙틴leptin이라는 식욕 조절 호르몬 유전자가 결핍되었을 때는 사람과 동물에서 식욕 조절이 되지 않아 비만이 발생한다는 사실을 발견함으로써 비만의 유전적 요인을 확인하게 되었다. 렙틴 이후 지금까지 100여 개 이상의 비만 유전자가 밝혀졌다.

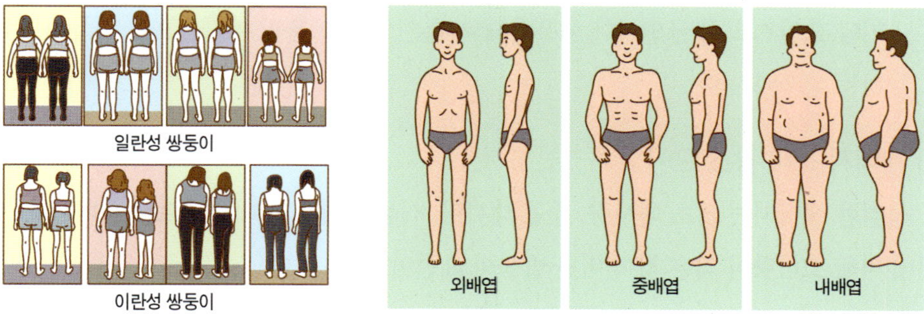

그림 5-13 비만의 유전적 요인

(2) 환경

현대 사회에서 비만은 풍요로운 식생활과 신체 활동량의 감소 등 환경적 요인으로 인해 발생하는 경우가 많다.

① 에너지 섭취 증가 요인

- **식사 행동** : 한 끼 식사 섭취량이 많거나 간식을 많이 섭취하는 경우 등 과다한 에

너지 섭취는 체내 지방으로 축적된다. 하루 세 끼보다 적은 횟수의 식사를 함으로써 식사 사이의 간격이 길어질수록 체내 지방 합성 효소들의 활성이 증가한다. 식사 속도가 빠르고 씹는 횟수가 적을수록 소화·흡수 속도가 느려져 포만감을 느끼기 전에 과식을 하게 되기 쉽다.

- **심리적 요인** : 정신적 스트레스와 심리적인 불안 등을 음식 섭취를 통해 보상받으려는 심리가 과식을 유도하게 된다.
- **내분비계(호르몬) 이상** : 시상하부질환이 있는 경우 공복감과 포만감을 느끼는 데 장애가 발생할 수 있다. 뇌하수체 기능 이상으로 부신 피질 호르몬인 코티솔cortisol이 과잉 분비되게 되면 복부와 어깨에 지방이 과도하게 축적되고 얼굴이 달덩이같이 보이는moon face 쿠싱 증후군이 발생하게 된다.
- **식생활 환경 요인** : 다양한 가공식품과 패스트푸드의 발달, 배달 음식의 증가로 고열량식품을 쉽게 섭취할 수 있는 환경 요인도 비만 발생 증가에 기여하는 한 요인이다.
- **기타 요인** : 그 외 금연이나 항우울제와 같은 약물 복용의 부작용으로 식욕이 증가하는 경우가 있다.

② 에너지 소비 감소 요인

섭취한 에너지는 기초 대사량, 활동 대사량, 식품의 에너지 대사량으로 소비된다. 섭취에 비해 소비량이 적은 것이 비만 발생의 요인이 될 수 있다.

- **기초 대사량 저하** : 신체 조직 가운데 기초 대사 에너지를 가장 많이 소비하는 조직 중 하나가 근육 조직이다. 따라서 나이가 들면서 혹은 운동량 부족으로 근육량이 저하된 사람의 경우에는 그렇지 않은 사람보다 에너지 소비량이 적다. 또한 식사 횟수가 적고 식사 사이의 간격이 긴 경우와 같이, 식간 공복 시간이 길어지면 체내 에너지 절약 장치가 가동되어 기초 대사량이 저하된다. 그 외 갑상선 기능 저하증에서도 기초 대사량 감소로 체중이 증가하며, 폐경기 여성과 같이 에스트로겐 분비가 감소하는 경우에는 기초 대사량의 저하와 지방 분해 감소로 비만이 되기 쉬워진다.

- **활동 대사량 감소** : 현대는 기계 문명의 발달로 걷기보다는 교통수단의 이용, 야외 활동보다는 TV, 컴퓨터, 비디오 게임과 같은 실내 여가 활동의 증가로 육체적 활동이 과거에 비해 현저히 줄어든 것이 비만 발생에 기여하는 바가 크다.
- **식품의 에너지 대사량 저하** : 식품의 소화 과정과 영양소의 흡수, 대사, 이동, 저장에 소비되는 에너지는 아침에 높고 저녁에 낮다. 따라서 저녁 식사 시간이 늦어지거나 야식을 하게 되면 그만큼 소비되는 에너지가 적어 체지방량이 증가한다.

표 5-6 비만 식습관과 식행동 평가

다음의 질문에 해당하는 곳에 ∨표 하시오.	항상	자주	가끔	전혀
1. 아침 식사를 한다.	10	7	4	0
2. 저녁식사량이 아침이나 점심보다 많다.	0	4	7	10
3. 일정한 시간에 식사를 한다.	10	7	4	0
4. 여러 사람과 함께 식사를 하면 대부분 내가 제일 먼저 식사를 끝낸다.	0	4	7	10
5. 바쁜 경우 다른 일을 하면서 라면, 햄버거나 배달 요리로 대충 때우는 경우가 많다.	0	4	7	10
6. 배가 고프지 않아도 좋아하는 음식이 있으면 먹는다.	0	4	7	10
7. 냉장고를 열면 무언가 하나라고 먹게 된다.	0	4	7	10
8. 뷔페식당에서는 모든 음식을 조금씩 맛보는 버릇이 있다.	0	4	7	10
9. 갈증이 나면 물보다는 주스나 콜라 같은 것을 마신다.	0	4	7	10
10. 맛있는 음식이 있으면 배가 불러도 계속 먹는다.	0	4	7	10
합계 ( )점				

평가

- 80점 이상 : 좋은 식습관을 가지고 있습니다. 좋은 식습관을 유지할 수 있도록 계속해서 노력하시기 바랍니다.
- 79~60점 : 조금만 더 노력하신다면 좋은 식습관을 가질 수 있습니다. 당신의 잘못된 식습관을 고칠 수 있도록 노력하세요.
- 59점 이하 : 많이 개선되어야 하는 식습관입니다. 좋은 식습관을 가질 수 있도록 열심히 노력하시기 바랍니다. 좋은 식습관은 귀하의 건강 증진에 많은 도움이 됩니다.

출처 : 류혜숙 · 김옥선 · 최해연(2019)

4) 비만 관리

과체중 또는 비만은 현대인의 주요 사망 원인인 암, 심 · 뇌혈관계 질환, 당뇨병 등의 발생 위험을 증가시키며표 5-7 평균 수명도 6~7년 단축시키는 것으로 나타났다. 따라서 건강한 삶을 살기 위해서는 무엇보다도 건강 체중을 갖기 위해 노력하는 것이 필요하다.

표 5-7 비만에 따른 질병 발생 위험도

매우 높음(위험≥3배)	중등도(위험 2~3배 미만)	약간 높음(위험 1~2배 미만)
제2형 당뇨병	관상동맥성 심장질환	암(유방암, 자궁 내막암, 대장암)
담낭질환	뇌졸중	생식 호르몬 이상
이상지질혈증	고혈압	다낭종성 난소 증후군
인슐린 저항성	골관절염	수정 이상
수면 무호흡증	고요산혈증, 통풍	요통

출처: 세계보건기구(1997)

(1) 식사 요법

① 에너지

체중은 에너지 섭취량이 에너지 소비량보다 적은 '음의 에너지 균형'을 이룰 때 감소한다. 체중 감량을 위해서는 평소 섭취량보다 1일 500kcal씩 적게 섭취하여 1주일에 0.5kg, 1달에 2kg 정도 체중 감량하는 것이 적당하다. 체중을 급격히 감량하기 위하여 심한 에너지 섭취 제한이나 단식을 장기간 지속하는 것은 여러 가지 문제를 발생시킬 수 있으므로 하루 최소 1,200kcal 이상은 섭취하도록 한다. 이때 총 섭취 에너지는 줄이되 특정 영양소 섭취를 제한하거나 증가시키는 불균형식보다는 영양소가 골고루 포함되어 있는 균형식으로 섭취하는 것이 근육 손실 및 필수 영양소 결핍을 막아

표 5-8 비만도와 활동에 따른 에너지 필요량

비만도	활동별 에너지(kcal/kg)		
	가벼운 활동[1]	중등 활동[2]	심한 활동[3]
과체중	20~25	30	35
정상	30	35	40
저체중	35	40	45

1) 일반 사무직, 관리직, 어린 자녀가 없는 주부
2) 제조업, 가공업, 서비스업, 어린 자녀가 있는 주부
3) 농업, 어업, 건설 작업원

영양 상태와 건강을 유지할 수 있게 할 뿐 아니라 감량된 체중을 오랫동안 유지하는 데 도움이 된다.

② 탄수화물

탄수화물은 혈당을 유지하고 체단백질 소모 및 케톤증 예방을 위하여 1일 최소 100g을 섭취해야 한다. 그러나 과잉 섭취 시 중성 지방으로 전환되어 체지방으로 축적되므로 중탄수화물 식사(1일 총 에너지의 50~60%)로 구성한다. 체중 감량식에서 탄수화물은 식이섬유가 풍부한 복합 당질 식품을 주로 사용하는 것이 좋은데, 식이섬유는 식사의 에너지 밀도를 낮춰 주고, 공복감을 줄여 주며, 변비를 방지해 줄 뿐만 아니라 비만 합병증으로 발생하는 이상지질혈증을 개선해 주는 효과도 있다.

③ 지방

체중 감량식에서 지방 섭취는 제한하는 것이 좋은데, 지방은 단위 무게당 가장 높은 에너지를 내면서 식품의 에너지 대사량은 가장 낮기 때문이다. 그러나 지방은 위내 체류 시간이 길어 포만감을 줄 뿐만 아니라 필수 지방산과 지용성 비타민의 급원이 되므로 식물성 기름, 등푸른 생선, 견과류 등 불포화 지방 위주로 적정량 섭취하도록 한다(1일 에너지 섭취량의 15~20%). 1일 콜레스테롤 섭취량은 300mg/일 이내로 제한하

고 포화 지방과 트랜스 지방산의 섭취도 제한하도록 한다.

④ 단백질

단백질은 에너지 영양소이기는 하나 주로 근육과 같은 체조직을 구성하는 데 이용되므로 섭취 허용 범위 안에서 최대한 섭취하도록 한다. 체중 감량 시 단백질은 1.0~1.5g/kg 정도 섭취하여 열량 제한으로 인한 체단백질의 손실을 막고 단백질 영양 상태를 유지하도록 한다. 단백질 식품은 닭가슴살, 가자미 등과 같은 저지방 어육류, 달걀흰자, 우유 · 유제품 등을 이용한다.

표 5-9 최근 유행하는 다이어트의 종류와 문제점

다이어트	식사 방법	문제점
원푸드 다이어트	한 가지 식품만 섭취 (예 : 포도, 사과 등)	• 영양적 불균형
황제 다이어트	육류 등 단백질 위주의 식사	• 탄수화물 섭취 부족으로 케톤체 과량 생성 • 고단백질 섭취는 간과 신장에 부담을 줌 • 식이섬유소 섭취 부족
저탄수화물 고지방 다이어트	곡류, 당 섭취를 제한하는 대신 고지방 육류나 지방 섭취	• 탄수화물 섭취 부족으로 케톤체 과량 생성 • 초기에는 탄수화물 섭취 제한으로 지방 조직이 분해되어 체중 감량이 나타나지만 장기간 섭취 시 결국 체지방 합성이 증가하고 이상지질혈증과 같은 심혈관계 합병증 발생 위험 증가
덴마크 다이어트	매끼니 삶은 달걀, 채소샐러드, 블랙커피로 구성된 식사	• 장기간 지속하기 어려움 • 체중 감량 후 정상 식사로 전환하기 어려움
간헐적 단식	식사와 단식을 순환하는 방식 (예 : 일주일에 1~2일을 단식하거나 하루 몇 시간을 단식)	• 정상 식사일(시간)에 폭식을 할 가능성이 있음 • 여성의 경우, 생리 불순, 체력 저하 등이 나타날 수 있음
단식	기초 대사량 이하의 에너지 섭취	• 단백질이 에너지원으로 사용됨에 따라 근육 손실 • 지방 분해로 케톤체 과다 생성 • 칼슘과 철 섭취 부족으로 골다공증과 빈혈 유발 • 정상 식사로 전환 시 요요 현상 발생

⑤ 비타민과 무기질

에너지 섭취량을 제한하더라도 비타민과 무기질은 1일 필요량만큼 섭취해야 한다. 육류, 생선, 우유 · 유제품, 채소, 과일 등의 식품을 다양하게 섭취하도록 하고, 1일 에너지 섭취량이 1,200kcal 미만인 경우에는 비타민 · 무기질 보충제를 복용하는 것이 권장된다.

⑥ 수분

수분의 섭취는 포만감을 느끼게 해주고 식간의 공복감을 줄여 주며 체내 단백질 분해로 생긴 질소 화합물과 케톤체 배설을 돕는 작용도 하므로 체중 감량식을 할 때도 수분은 1L/일 이상 또는 1 mL/kcal 이상 섭취하도록 한다. 이때, 단 음료나 알코올은 피하고 순수한 물을 선택한다.

알아두기

체중 감량을 위한 식사 계획 시 고려할 사항

- 식이섬유소가 풍부한 잡곡류, 채소류, 과일류의 섭취는 포만감을 제공하고 에너지가 적으므로 많이 이용한다.
- 우유는 저지방이나 무지방 우유를 선택한다.
- 기름은 가능한 적게 넣어 조리한다. 튀김, 볶음, 전보다 찌기, 데치기, 구이와 같은 조리법을 선택한다.
- 어묵, 유부, 라면은 물에 살짝 데쳐서 기름을 제거하고 사용한다.
- 저지방 소스나 드레싱을 이용한다.
- 육류는 기름이나 껍질을 제거하고 사용한다.
- 당이 많이 함유된 간식이나 음료 종류는 제한한다.
- 나트륨 섭취를 줄이고 싱겁게 먹는다.
- 인스턴트, 가공식품, 패스트푸드를 자주 먹지 않는다.
- 알코올은 7kal/g의 에너지를 제공하므로 섭취를 제한한다.

표 5–10 체중 감량 식사 구성 방법

신장 162 cm, 체중 69 kg인 20세 여대생의 체중 감량 식사를 계획해 보자.
1일 주요 활동 : 통학, 공부, 컴퓨터 작업, 독서, TV 보기, 방청소 등 (보통 활동)

1단계 : 비만도 판정

① 신장과 체중을 이용하여 체질량 지수 구하기
체중 kg/(신장 m)^2 = ( ) kg/m^2
② 체질량 지수가 25 kg/m^2 이상이면 비만으로 판정한다(표 5–5 참조).

2단계 : 1일 에너지 필요량 구하기

비만도와 활동에 따른 1일 에너지 필요량 구하기(표 5–8 참조)
① 표준 체중 이용 : 표준 체중(kg) = [신장(cm) − 100] × 0.9 = ( ) kg
1일 에너지 필요량 = 표준 체중 kg × (활동별 에너지 kcal) = ( ) kcal
② 조정 체중 이용 : 조정 체중(kg) = 표준 체중 + (현재 체중 − 표준 체중)/4 = ( ) kg
1일 에너지 필요량 = 조정 체중 kg × (활동별 에너지 kcal) = ( ) kcal
② 현재 체중 이용
1일 에너지 필요량 = 현재 체중 kg × (활동별 에너지 kcal) = ( ) kcal

3단계 : 체중 감량 목표 정하기 및 1일 에너지 섭취량 구하기

① 표준 체중 혹은 조정 체중을 유지하기 위한 1일 에너지 필요량만큼 섭취
② 표준 체중, 조정 체중, 혹은 현재 체중(kg)을 근거로 산출된 1일 에너지 필요량에서 500 kcal씩 적게 섭취(식사 요법만 시행할 경우) = 2단계에서 구한 1일 에너지 필요량 − 500 kcal/일 = ( ) kcal
③ 표준 체중, 조정 체중, 혹은 현재 체중(kg)을 근거로 산출된 1일 에너지 필요량에서 300 kcal씩 적게 섭취(식사 요법과 운동 요법 병행할 경우) = 2단계에서 구한 1일 에너지 필요량 − 300 kcal/일 = ( ) kcal
③ 평소 섭취량에서 500 kcal씩 적게 섭취

4단계 : 식사 구성하기

① 1일 에너지 섭취량을 1일 3회 식사와 2회 간식으로 배분
② 체중 감량을 위한 식사 계획 시 고려할 사항 참조하여 메뉴 구성
③ 끼니별 에너지 섭취량에 해당하는 음식의 양 결정
(1인 1회 분량 또는 칼로리 계산에 활용할 수 있는 프로그램 참조)

(2) 운동 요법

운동은 신체 에너지 소비량을 가장 효과적으로 증가시킬 수 있는 방법이다. 활동으로 인해 에너지 소비가 증가될 뿐 아니라 운동으로 인한 근육량의 증가는 기초 대사량을 증가시켜 에너지 소비를 더욱 가속화시키고 결과적으로 체지방이 감소되는 효과를 얻을 수 있다. 또한 식욕 조절과 체중 감량에 따른 스트레스를 감소시키고 조직의 인슐린 민감도를 향상시키며 혈장 지질 농도를 좋은 방향으로 개선시켜 비만으로 인한 심혈관계 질환을 예방하는 효과도 있다.

운동은 너무 격렬한 운동보다는 운동 중에 대화가 가능하고 운동 중이나 후에 고통이나 통증이 느껴지지 않는 중간 강도의 운동을 일주일에 3~5회 이상, 1일 30분 이상 규칙적으로 하는 것이 좋다. 운동은 걷기, 조깅, 수영, 자전거 타기, 인라인스케이트 등 유산소 운동과 근육량을 증가시키기 위한 근력 운동을 병행하는 것이 좋다. 그러나 운동 자체만으로 소비되는 에너지는 많지 않기 때문에 체중 감량을 위해서는 장기간에 걸친 꾸준한 운동과 함께 반드시 식사 요법이 병행되어야 한다.

표 5-11 100kcal를 소모하기 위한 운동별 시간

운동	여자(50kg)	남자(70kg)
천천히 걷기	48분	32분
빠르게 걷기	29분	20분
달리기	16분	12분
계단 오르기	8분	6분
수영	23분	16분
배드민턴	33분	23분
축구	19분	14분
에어로빅	20분	15분

출처 : 식품의약품안전처 식품안전나라

(3) 행동 수정 요법

행동 수정 요법은 식사 요법과 운동 요법으로 감량된 체중을 지속적으로 유지하기 위해서 음식 섭취와 관련된 행동이나 생활 습관을 변화시키는 방법이다. 행동 수정은 자기 관찰, 자극 조절, 보상의 3단계로 이루어진다. 자기 관찰은 자신의 식습관과 운동 습관을 식사 일기로 기록하고 관찰함으로써 비만을 유발하는 습관을 스스로 찾아내는 것이다. 자극 조절은 음식 섭취나 과식을 초래하는 내외적 자극이나 충동 요인을 찾아 내어 조절함으로써 체중 감량을 위해 노력하는 단계이며 이러한 노력으로 행동 수정이 이루어졌을 때는 적절한 자기 보상을 해줌으로써 올바르게 형성된 식습관이 유지될 수 있도록 한다.

표 5-12 식사 일기의 예

시간	장소	음식 음료명	목적	배고픔 정도	기분	개선점
오후 3시	커피숍	케이크 1개 라떼 1잔	친구와 만남	1[1)]	우울함	친구와 만나는 장소를 공원으로 바꾸기

1)식사 직전의 배고픔 정도 : 1-배고프지 않았음. 2-약간 배고팠음. 3-매우 배고팠음.

표 5-13 자극 조절 요령

구분	행동 수정
음식 섭취	• 하루에 세 끼를 규칙적으로 먹는다. • 음식은 정해진 장소(식탁)에 앉아서 먹는다. • 먹는 중에 TV 시청이나 책 보기 등 다른 행동을 하지 않는다. • 배가 부르면 그만 먹는다(음식을 남긴다). • 되도록 작은 그릇에 담아 먹는다. • 입 속에 음식을 다 씹어 삼킨 후 다음 음식을 먹는다. • 천천히 씹어 먹고, 숟가락과 젓가락을 놓고 씹는다. • 먹고 나면 바로 식탁을 치우고 양치질을 한다. • 저녁식사는 가급적 일찍 먹고, 야식은 먹지 않는다.

구분	행동 수정
식품 구매	• 마트에 갈 때는 구매할 식품의 목록과 양을 적어서 간다. • 꼭 필요한 식품만 구입하고 충동구매를 하지 않는다. • 배고픈 상태에서 마트에 가지 않는다. • 가공식품, 반조리식품, 패스트푸드는 절대 사지 않는다. • 체중 조절에 도움이 되지 않는 식품은 사지 않는다. • 시식 코너 주변에는 가지 않는다. • 신선한 과일을 자주 구매한다.
식품 조리	• 꼭 필요한 양만 조리한다. • 고기류는 기름을 완전히 제거하고 닭고기는 껍질도 제거한다. • 튀김, 볶음보다는 조림, 구이 등의 방법으로 조리한다. • 조리 시 기름이나 설탕을 많이 사용하지 않도록 한다. • 소스는 마요네즈 같은 기름진 소스보다는 마늘소스, 간장소스 등 담백한 소스를 이용한다. • 음식의 맛을 볼 때는 자주 먹어 보지 말고, 소량만 먹어 본다.
외식	• 과식을 유발하는 모임이나 행사에는 가능한 참석하지 않는다. • 외식의 빈도를 줄이고 뷔페는 가능한 가지 않는다. • 뷔페에 갈 때는 미리 음식을 조금 먹고 가서 과식하지 않도록 한다. • 칼로리가 적은 채소부터 먹기 시작하고 사이드 메뉴는 적게 먹는다. • 가급적 다양한 식품이 들어 있고 채소가 충분한 음식을 선택한다. • 튀김과 같이 기름이 많은 음식은 피한다. • 자극적인 음식, 짠 음식, 지나치게 단 음식은 피한다. • 세트 메뉴보다는 필요한 음식만 골라서 먹는다. • 음식의 양이 많을 때는 미리 덜어내고 먹는다. • 저칼로리 음료(녹차, 홍차 등)나 후식(과일 등)을 선택한다.
일상생활	• 올바른 영양 지식을 익히며 매일 식사 일기를 기록하여 관찰한다. • 운동을 규칙적으로 한다. • 일상생활에서 발생하는 스트레스를 잘 관리한다.

(4) 약물 요법

체중 감량에 있어서 약물 요법은 식사 요법 및 운동 요법 등에 대한 보조 수단으로서 다이어트를 시작하는 사람이 도저히 식욕을 조절하지 못할 때, 체질량 지수가 25kg/m^2 이상이면서 기존의 식사 요법, 운동 요법, 행동 수정 요법이 효과적이지 못할 때, 또는 직업적으로 자주 회식하면서 어쩔 수 없이 소주, 삼겹살 등을 많이 먹어야 하는 경우 등에 사용할 수 있다. 그러나 약물의 효과, 안전성, 그리고 부작용에 대한 검토가 필요하며 식사 섭취, 운동 등 생활 습관의 변화 없이 약물에만 의존해서는 효과를 기대하기 어렵다.

현재 의사의 처방을 받아 사용할 수 있는 비만 치료 약제는 크게 식욕 억제제(예 : 펜터민phentermine, 펜디메트라진phendimetrazine, 마진돌mazindol 등), 지방 흡수 억제제(예 : 올리스타트orlistat), 그리고 열 생산 촉진 약제(예 : 에페드린ephedrine)로 나눌 수 있다. 이 중 안전성과 효과가 인정되어 우리나라에서 비만 치료제로 승인된 약제로는 올리스타트 제제(상품명 : 제니칼xenical)가 거의 유일하다. 올리스타트 약제는 지방 분해 효소인 리파아제 작용을 억제하여 섭취한 지방의 분해 및 장내 흡수를 차단함으로써 체중 감량의 효과를 나타낸다. 1년 이상 저열량 식사 요법과 함께 병행 시 10% 정도 체중 감량의 효과가 있으나 섭취한 지방의 최대 30%가 대변으로 배설되기 때문에 장기간 복용 시 지용성 비타민 흡수 부족, 지방변, 대변실금, 복통 등이 나타날 수 있다. 따라서 비만으로 인한 합병증의 위험이 큰 경우에 의사의 처방에 의해서만 사용된다.

(5) 수술 요법

수술 요법은 표준 체중의 200% 이상 혹은 체질량 지수 40kg/m^2 이상이면서 식사 요법, 운동 요법, 행동 수정 요법, 약물 요법 모두 효과가 없는 경우나 체질량 지수 35kg/m^2 이상이면서 고혈압, 당뇨, 심장질환 등으로 인해 조기에 사망할 위험이 있는 경우 등에 시행할 수 있다. 수술의 종류로는 위 축소술(위 밴드술, 위 절제술), 턱 고정술(조와이어링jaw wiring), 지방 흡입술 등이 있으며 단기간 체중 감량의 효과는 뛰어나지만, 수술 후 출혈, 감염, 영양소 결핍과 같은 부작용의 위험이 크므로 신중히 검토 후 시행하게 된다.

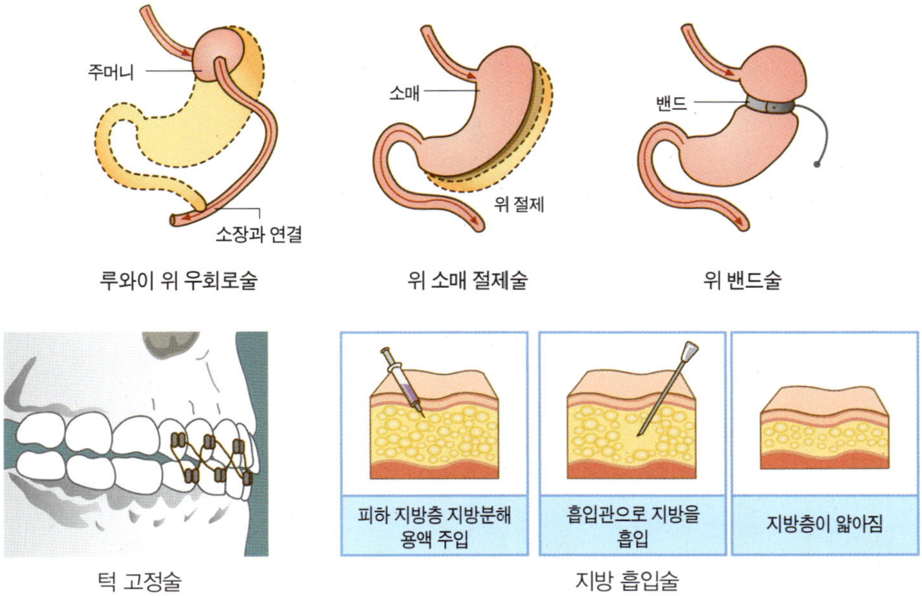

그림 5-15 비만의 수술 요법

알아두기

요요 현상

'요요'란 '다시 돌아온다'는 뜻의 필리핀어로, 동그란 원 가운데 막대에 끈을 매단 요요라는 장난감 이름이기도 하다. 체중 감량 후에 체중이 빠르게 다시 원래의 체중으로 되돌아가면서 체중 감소와 체중 증가가 반복되는 현상을 요요 장난감의 작동에 빗대어 요요 현상이라는 용어를 사용하게 되었다. 특히 초저열량 식사나 단식으로 다이어트를 하는 경우 우리 신체는 이에 대한 방어 기전으로 기초 대사량을 줄여 에너지 소비를 감소시킨다. 이렇게 되면 다이어트를 해도 살이 잘 빠지지 않게 되고 이후 정상 식사를 통해 에너지 섭취량이 증가하게 되면 여분의 에너지가 체지방으로 저장되어 다이어트 전보다 오히려 체중이 더 증가하게 된다. 체중의 감소-증가 사이클이 반복되면서 체중 감량은 점점 더 힘들어진다.

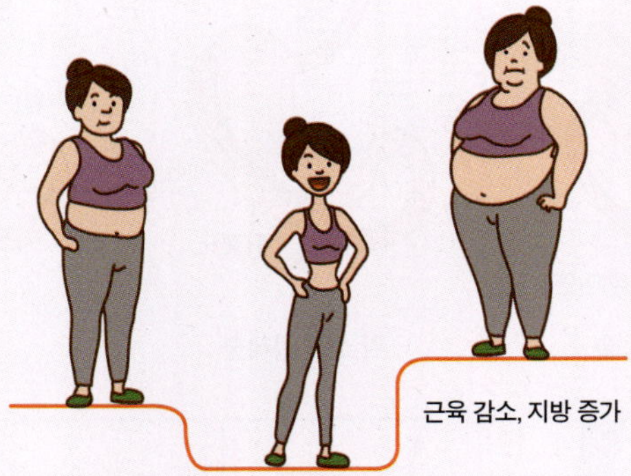

그림 5-16 요요 현상

요요 현상 방지 전략

- 극단적인 다이어트를 피한다.
- 다이어트가 끝난 후에도 감량된 체중을 유지할 수 있는 식사 요법을 계속한다.
- 감량된 체중을 유지하기 위해서는 열량의 양만큼이나 질도 중요하다.
- 다이어트 후에도 운동을 생활화한다.
- 유산소 운동과 근력 운동을 병행한다.
- 평상시의 신체 활동량을 늘린다.

3. 저체중

저체중은 표준 체중보다 10% 또는 그 이상으로 적거나 체질량 지수 18.5kg/m^2 미만인 경우를 말한다. 저체중 발생 원인으로는 양적으로 불충분한 에너지 섭취, 질적으로 우수한 식품 섭취 부족, 섭취 에너지에 비해 에너지 소비량 증가, 식품 흡수 및 이용 장애, 대사적 소모성 질환이나 만성질환자, 정신적 스트레스, 다양한 원인으로 인한 식욕 부진 등을 들 수 있다. 그러나 가정의 식생활 환경과 더불어 유전적 요인도 원인이 될 수 있으므로 저체중이라고 하여 반드시 병적 상태라고 볼 수는 없다.

저체중이 되면 질병에 대한 저항력이 감소하고 쉽게 피로함을 느낄 뿐만 아니라 소아·청소년기의 성장 지연, 추위에 민감함, 무월경, 변비, 신경과민, 우울증, 내분비 장애 등 여러 가지 건강상 문제점을 나타내게 된다. 따라서 정상 체중으로 체중을 증가시키는 것이 필요하다. 한 번에 섭취량을 증가시키면 구토, 설사와 같은 위장 장애, 심리적 스트레스 등을 가져올 수 있으므로 영양소의 균형을 맞추어 총 에너지 섭취량을 서서히 증량하도록 한다.

체중 증량 식사 요법

- 영양 밀도가 높은 고열량 식품이나 식사를 선택한다.
- 식사 횟수를 1일 세 끼 이상으로 하며, 매끼 음식을 다량으로 섭취하도록 한다.
- 크기가 큰 밥공기와 컵을 사용한다.
- 식사 사이에 간식으로 고열량 식품을 먹는다.
- 물이나 저열량 음료보다 우유나 과일주스를 선택한다.

4. 섭식 장애

현대에 들어 체형에 대한 잘못된 인식, 특히 자신이 건강 체중을 가지고 있으면서도 과체중이나 비만으로 과대평가하는 것, 그리고 마른 체형을 선호하는 우리 사회의 분위기로 인해 지나친 체중 감량에 집착하여 식사 행동에 이상을 보이는 섭식 장애가 나타나고 있다. 이러한 사람들은 살찌는 것에 대해 병적인 두려움을 보이고 체중이나 체형을 자기 평가의 중요한 부분으로 생각하여 지나친 단식과 운동 혹은 폭식 후 제거 행위를 하는 특징을 보인다. 섭식 장애는 자존감의 저하, 우울증, 대인 관계 및 가족 관계 이상과 같은 정신과적 문제, 신경 전달 물질 이상, 에너지 대사 변화와 같은 생물학적인 문제, 그 외 사회·환경적인 문제 등 다양한 원인에 의해 나타날 수 있고 주로 여성에게서 많이 발생한다. 장기간 지속될 경우 심각한 건강상 문제를 초래할 수 있으므로 적절한 식사 섭취와 심리 상담으로 건강 체중에 도달할 수 있도록 노력해야 한다.

1) 신경성 식욕 부진

신경성 식욕 부진(거식증)은 스스로 음식을 거부하며 생명을 위협할 정도의 극단적인 체중 감소를 시도하는 경우이다. 객관적으로는 말랐음에도 불구하고 스스로는 계속 살이 쪘다고 생각하며 살이 찌는 것에 대한 강한 두려움이 체중이 감소하고 있는 동안에도 줄지 않는다. 주로 사춘기 소녀나 모델과 같이 체중 조절에 대한 압박을 많이 받는 직업의 여성들에게서 많이 발생하며 신경질적인 우울감, 열등의식, 타인을 지나치게 의식함, 불면증, 월경 불순, 빈혈, 심박동 수 저하, 저혈압, 저체온 등의 증상이 나타난다.

2) 폭식증

폭식증은 일종의 식사 혼돈 현상으로, 살찌는 것에 대한 두려움 때문에 폭식 후 제거 행동을 반복하는 특징을 보인다. 폭식증을 가지고 있는 사람들의 체중은 정상 혹은 과체중이며 뚱뚱해지는 것에 대한 강한 두려움을 가지고 있으나 스스로 음식 섭취를 조절할 수 없을 것 같은 생각에 많은 양의 음식을 한꺼번에 폭식하고 이후 설사제, 배변제, 자발적 구토 등을 이용하여 장 비우기를 비밀리에 행하게 된다. 거식증과 달리 자신이 비정상적임을 스스로 자각하고 있다.

3) 마구 먹기 장애

마구 먹기 장애는 폭식증 환자와 같이 한 번에 많은 양의 음식을 섭취하나 폭식증과 달리 먹은 후 토하거나 하제를 사용하여 제거하는 행위를 하지 않는다. 체중 조절을 위해 과도한 운동도 하지 않으므로 마구 먹기 장애 환자는 보통 과체중이나 비만인 경우가 많다. 스트레스, 우울증, 분노 등 부정적인 감정들이 마구 먹기 장애의 원인으로 생각된다.

신경성 식욕 부진　　　폭식증　　　마구 먹기 장애

그림 5-17 섭식 장애

연습문제

1 건강 체중의 의미는 무엇인가요?

2 체중의 구성 요소에 근거하여 비만을 정의해 보시오.

3 에너지 섭취 증가의 요인은 무엇이며 에너지 섭취를 줄일 수 있는 방법은 무엇이 있나요?

4 신체 에너지 소비 구성에 근거하여 에너지 소비를 증가시키는 방법을 말해 보시오.

5 본인의 체질량 지수에 근거하여 비만을 판정해 보시오.

6 유행하는 다이어트의 종류와 문제점을 열거하고 체중 감량을 위한 바람직한 식사 요법에 관해 설명해 보시오.

7 섭식 장애의 종류와 각각의 특성에 대해 설명해 보시오.

CHAPTER 06

음주, 카페인과 건강

술과 커피는 전 세계인들이 가장 좋아하는 기호식품 중의 하나로, 적절한 양으로 섭취하였을 때는 긍정적인 효과도 있지만 과도한 섭취나 중독에 이르게 되면 건강에 심각한 위해가 발생될 수 있다. 이 장에서는 알코올과 카페인에 관한 올바른 이해를 바탕으로 안전한 섭취 방법에 대해 알아보도록 하자.

1. 술

술은 알코올alcohol(ethanol)을 포함한 음료의 총칭으로, 주류법에서는 알코올이 1도 이상인 음료를 말한다. 적당량의 음주는 기분을 좋게 하고, 스트레스를 해소시켜 주며, 친목 도모 및 업무상 관계 유지 등의 효과가 있지만 지나친 음주는 건강에 미치는 부정적 영향이 클 뿐만 아니라 안전사고의 위험을 증가시키고 타인에 대한 폐해도 크므로 과음하지 않도록 해야 한다.

1) 음주 실태

우리 나라 성인의 음주율(월 1회 이상 음주 여부)을 보면 남성은 2005년 이후 월간 음주율이 약 75% 정도로 큰 변화없이 높은 수준을 유지하고 있는 반면에 여성의 경우에는 2005년에 37%이던 것이 2017년에 50.5%로 완만하게 상승하는 추세를 보이고 있다. 1회 평균 음주량이 남성 7잔, 여성 5잔 이상이고 주 2회 이상 음주를 하는 고위험 음

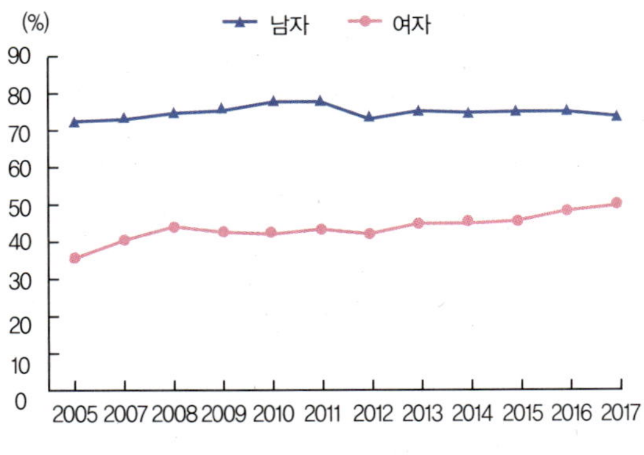

주) 월간 음주율은 만 19세 이상 인구 중 최근 1개월 동안 1회 이상 음주한 사람들의 비율, 2005년 추계 인구로 연령 표준화된 수치

그림 6-1 성별 월간 음주율(2005~2017)

출처 : 보건복지부

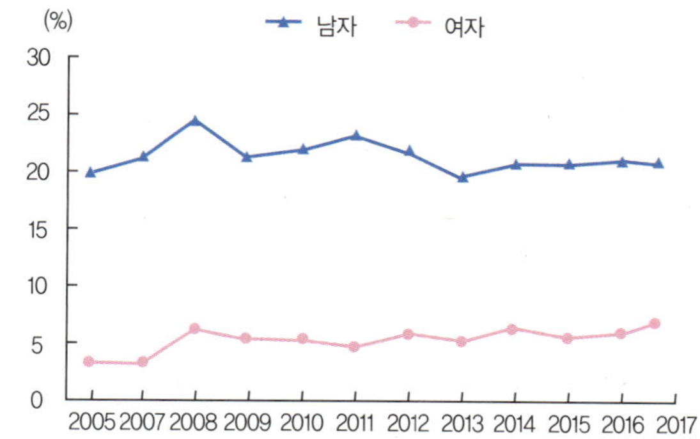

주) 고위험 음주율은 만 19세 이상 인구 중 남성의 경우 1회 평균 음주량이 7잔(여성 5잔) 이상이며 주 2회 이상 음주하는 사람들의 비율
2005년 추계 인구로 연령 표준화된 수치

그림 6-2 성별 고위험 음주율(2005~2017)

출처 : 보건복지부

주율의 경우에도 남성은 2005년 이후 약 21% 수준에서 유지되고 있는 것을 보여 주고 있는데 반해, 여성의 경우에는 2005년에 3.4%이던 것이 2017년에 7.2%로 계속 증가하고 있다. 여성들은 20대에 고위험 음주율이 가장 높고 혼술에 의한 과음도 꽤 많은 편으로 나타났다.

2) 술의 종류와 알코올 함량

술은 크게 발효주, 증류주, 혼성주로 나뉜다. 발효주는 곡물이나 과일을 발효시킨 것으로 막걸리, 맥주, 포도주 등이 있으며 증류주는 발효주를 다시 증류해서 알코올 도수를 높인 것으로 소주, 청주, 위스키 등이 해당된다. 혼성주는 발효주나 증류주에 과일, 약초, 향료, 색소 등을 배합하여 가공한 술을 말하며 예를 들어 인삼주, 매실주 등이 있다. 섭취한 알코올의 양은 마신 술의 양과 술의 알코올 농도에 의해 계산할 수 있다.

알코올량(g) = 마신 술의 양(mL) × 술의 알코올 농도(%) × 알코올 비중(0.79)/100
예 : 17도 소주 1병(360ml)의 알코올량(g)은 약 48g
[360(ml) × 17(%) × 0.79/100] ≒ 48g

술은 종류가 다양하고 또 주종에 따라 마시는 잔의 크기가 다르므로 '표준 잔standard drink'을 이용하여 음주량을 측정하는 방법이 있다. 표준 잔이란 술의 종류는 다르지만 그 안에 함유된 순수 알코올의 양은 동일하게 포함되어 있는 술 1잔을 의미한다. 표준 잔의 기준은 알코올 8~14g에 해당하는 술의 양으로, 각 나라마다 다르며 세계보건기구(WHO)에서는 1표준 잔을 순수 알코올 함량 10g이 들어 있는 것으로 정의하고 있다. 우리나라 보건복지부에서는 〈음주 폐해 예방 실행 계획(2018)〉에서 순수 알코올량 7g을 1표준 잔으로 정의한 바 있다. 알코올 10g 정도가 포함되어 있는 술의 양은 소주는 소주잔, 맥주는 맥주잔, 양주는 양주잔 1잔 정도이다. 세계보건기구 기준 저위험 음주량은 표준 잔 기준으로 남성은 하루 40g 이내, 여성은 하루 20g 이내이며 하루 마시면 2~3일은 쉬도록 하는 것이 바람직하다.

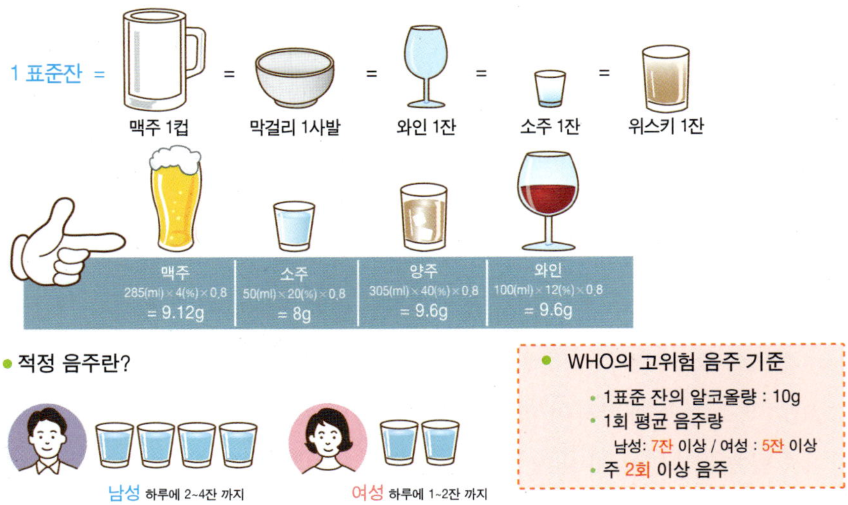

그림 6-3 술의 종류별 1표준 잔 및 음주량 기준

3) 알코올의 흡수 및 대사

술의 에탄올 성분은 섭취 후 구강과 식도, 위장 점막에서 10% 정도, 그리고 소장에서 나머지 90%가 흡수된다. 이때 음식물과 함께 음주를 하게 되면 공복 시에 음주를 하는 것보다 알코올의 흡수 속도가 느려진다. 특히 지방이 많은 음식은 위장 내 체류 시간이 길어 알코올의 소장 흡수 시간을 지연시키며 반면에 탄산음료와 섞어 마시면 흡수가 빨리 된다. 한편, 술의 알코올 농도가 높을수록, 섭취 속도가 빠를수록 흡수가 빠른데, 일반적으로 알코올 함량이 15~30%인 술이 가장 빨리 흡수된다. 폭탄주의 경우 맥주(4~5%)와 양주(30%이상)가 섞여 가장 흡수되기 좋은 상태가 되기 때문에 각각의 술을 따로 마시는 경우보다 쉽게 취하게 된다.

흡수된 알코올의 약 95%는 간에서 대사가 되고 5%는 에탄올 자체로 호흡, 소변, 땀 및 대변으로 배설된다. 간에서는 알코올 탈수소 효소alcohol dehydrogenase, ADH에 의해 알코올이 아세트알데하이드acetaldehyde로 분해되고 아세트알데하이드는 다시 알데하이드 탈수소 효소aldehyde dehydrogenase, ALDH 작용으로 최종 아세테이트acetate, acetic acid로 분해된다. 알코올은 또한 간 내 마이크로좀 에탄올 산화계Microsome Ethanol Oxidation System, MEOS 효소들에 의해서도 분해가 되는데, 술을 많이 마실수록 이 경로가 더 활성화되어 더 많은 알코올을 처리할 수 있게 된다. 아세트알데하이드는 두통, 메스꺼움, 갈증 등의 증상을 보이는 숙취의 원인 물질이며 구강암, 후두암, 식도암, 간암 등의 암 발생과도 관계가 있는 것으로 알려져 있다.

한편, 같은 양의 술을 마셔도 개인별 혈중 알코올 농도는 다 다를 수 있는데, 체중이 많이 나갈수록 혈액량이 많아 혈중 알코올 농도가 희석되어 천천히 취한다. 그리고 알코올은 지방 조직 흡수율이 낮기 때문에 체지방률이 높은 사람은 혈중 알코올 농도가 높게 나타난다. 여성의 경우, 남성에 비해 술이 빨리 취하는 경향이 있는데, 이는 여성이 선천적으로 남성에 비해 알코올 분해 효소ADH의 생산이 적고, 체격이 작아 섭취한 술이 희석되는 속도가 느릴 뿐만 아니라 체지방율이 높기 때문이다.

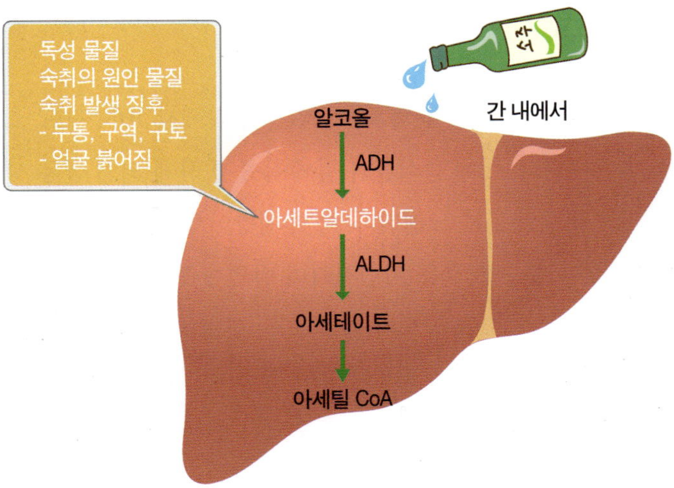

ADH : Alcohol dehydrogenase ALDH : Aldehyde dehydrogenase

그림 6-4 알코올 대사

알아두기

여성의 적정 음주량이 왜 남성보다 낮은 걸까?

평균적으로,

- 몸무게 : 여성 〈 남성
- 체지방 : 여성 〉 남성
- 체내 수분량 : 여성 〈 남성
- 알코올 분해 효소 : 여성 〈 남성

따라서 여성이 남성과 같은 양의 술을 마셔도 여성의 혈중 알코올 농도가 더 높으므로 여성의 적정 음주량이 남성보다 적다.

4) 음주와 건강

(1) 음주에 의한 영양 문제

알코올은 1g당 7kcal의 에너지를 내는 고칼로리 식품이나, 다른 영양소는 거의 없어 빈열량식품empty calorie food으로 분류된다. 따라서 알코올을 많이 마시는 경우 에너지 섭취는 되나 다른 식품 섭취가 적어질 경우에는 전반적인 영양 불량이 초래될 수 있다. 특히, 에너지 생성에 필요한 체내 비타민 B군의 소모가 커지게 되어 비타민 B 결핍이 발생할 수 있다.

과도한 알코올 섭취는 위 점막을 손상시켜 위염, 위궤양을 유발할 뿐만 아니라 담즙과 췌장 소화 효소 분비를 저해하여 지질과 단백질 소화 불량으로 설사를 일으킬 수 있다. 장 점막이 손상된 경우에는 영양소 흡수 불량 문제가 발생하는데, 지용성 비타민과 비타민 B_1, B_{12}, 엽산 등의 수용성 비타민 흡수가 감소된다. 한편, 알코올 섭취 시 소변량의 증가로 니아신, 칼륨, 마그네슘, 아연 등의 배설이 증가하므로 비타민과 무기질의 보충이 필요하다. 또한, 만성적인 과음은 칼슘 배설 증가와 비타민 D 대사 과정의 장애로 인한 칼슘 흡수율 저하로 골절과 골다공증의 위험을 높인다.

(2) 음주에 의한 건강 문제

① 뇌

혈액 내 알코올 농도가 증가하면 알코올이 뇌로 들어가서 신경 전달 물질의 균형에 혼란을 일으키고 뇌의 신체 운동 및 감각 조절, 우울, 짜증 등의 기분·감정 변화, 학습, 기억 등 인지 기능에 영향을 주게 된다. 심한 경우 발작이 일어나거나 장기간 과량의 음주는 알코올성 치매를 일으키기도 한다.

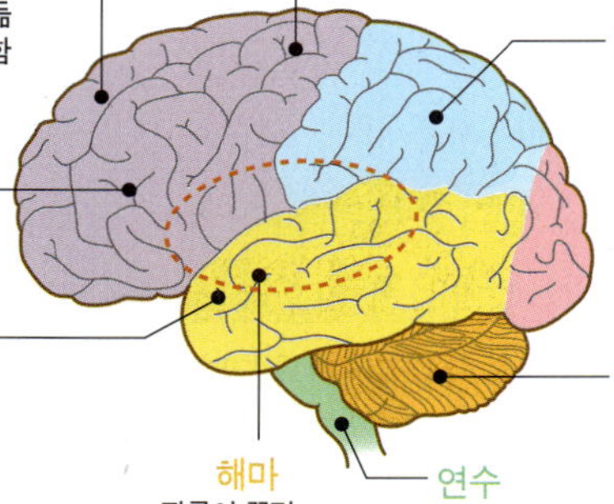

그림 6-5 뇌에 대한 알코올의 영향

② 간

섭취한 알코올의 대부분은 간에서 분해가 되는데, 이 과정에서 생성되는 알코올 대사산물들이 간세포를 손상시켜 알코올성 간질환을 유발한다. 알코올 분해의 최종 산물인 아세테이트acetate는 아세틸 CoAacetyl CoA로 대사되어 에너지 생성뿐만 아니라 간에서 중성 지방 합성을 증가시켜 지방간을 초래한다. 일시적인 알코올성 지방간은 대개 큰 문제가 안 되고 금주를 하게 되면 정상간으로 되돌아갈 수 있지만 계속 음주를 하게 되면 지속적인 간세포의 손상으로 알코올성 간염, 간경변증, 간암으로 진행될 수 있다. 만성 과음자의 약 90% 이상에서 지방간 증상이 보이며, 10~35%에서 알코올성 간염이, 그리고 10~20%에서 알코올성 간경화증으로 발전하는 것으로 보인다. 가끔씩 폭음을 하는 사람보다는 소량이라도 지속적으로 알코올을 섭취하는 사람에서 간경화로 발전할 위험이 더 높은 것으로 나타났다.

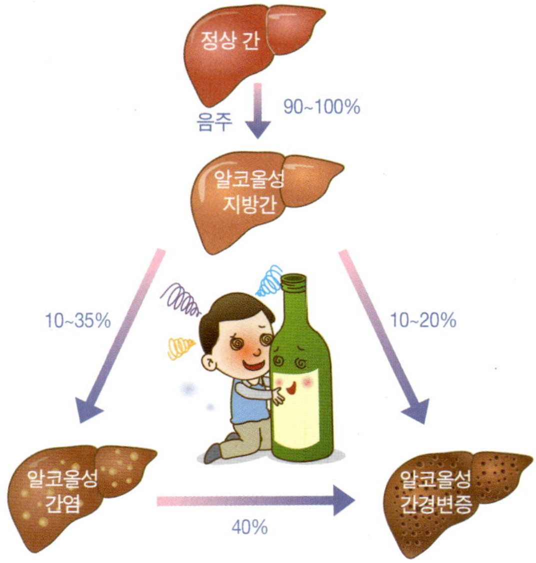

그림 6-6 알코올성 간질환의 발생 빈도

③ 심장

장기간의 과음은 심장 근육을 약화시켜 알코올성 심근병증을 일으킬 수 있다. 약해진 심장이 효과적으로 수축되지 않아 충분한 양의 혈액이 장기에 공급될 수 없고, 그 결과 장기 및 조직에 심각한 손상을 일으킬 수 있다. 알코올성 심근병증이 심해지면 심부전으로 이어질 수 있다. 또한 폭음과 장기간의 음주는 심장 박동이 불규칙하게 뛰는 부정맥을 유발할 수 있는데, 가슴이 두근거리거나 답답하고, 심한 경우 어지럽고 숨이 차는 증상을 느끼게 되며 심장 내에 혈액이 응고된 혈전이 생겨 뇌졸중 또는 색전증을 발생시킬 수도 있다. 일반적으로 술을 마시지 않던 사람이 과음을 하면 현기증, 어지러움, 무의식, 심장 마비 및 갑작스런 사망이 유발될 수 있을 뿐만 아니라 과도한 음주는 스트레스 호르몬을 방출하여 혈관을 수축시키고 혈압을 상승시킨다.

④ 위장관

과량의 알코올은 위산 분비를 증가시키고 위벽을 자극하여 급성 출혈성 위염 및 위궤양을 일으킬 수 있다. 또한 소장으로 분비되어야 할 췌장 소화 효소를 췌장 내부로 역류시켜 췌장 조직의 자가 소화를 일으키게 되고 이는 췌장염 발생의 원인이 된다. 만성 췌장염은 혈당 조절 호르몬인 인슐린과 글루카곤의 분비 저하로 인해 당뇨병을 유발시킬 수 있다.

⑤ 암

알코올을 많이 마실수록 구강암, 식도암, 인두암, 후두암, 간암, 유방암, 대장암, 직장암 등의 암 발병 위험이 증가한다. 이는 알코올 분해 산물인 아세트알데하이드가 세포 DNA 손상의 직접적인 원인으로 작용할 뿐만 아니라 알코올이 에스트로겐과 같은 호르몬 분비를 증가시킴으로써 여성암의 발병율을 증가시키기 때문인 것으로 보인다. 한편, 음주와 흡연을 함께하면 알코올과 니코틴 각각의 발암 특성이 합해져서 더 큰 위험이 초래된다. 특히, 알코올과 담배는 목과 입에 직접 접촉하기 때문에 인후염과 구강암의 발병 위험이 높아진다. 금주와 금연은 이러한 암 발병 위험을 현저하게 낮출 수 있다.

⑥ 면역계

장기간 과량으로 술을 마시는 사람은 면역계의 약화로 폐렴, 결핵과 같은 감염성 질병에 걸릴 위험이 증가한다. 만성 음주자는 병원균이나 암 세포를 죽이는 면역 세포의 증식과 능력이 감소하는 것으로 알려져 있다.

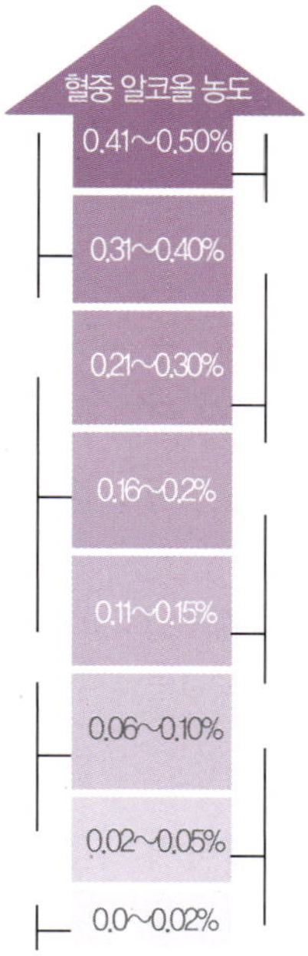

0.41~0.50%

- 호흡 마비와 심폐 정지로 인한 심각한 사망 위험

0.31~0.40%

- 얕은 호흡으로 인한 인사불성 및 의식 불명 호흡 억제의 위험
- 구역질 반응 손상
- 질식 · 사망을 초래하는 구토물 흡입

0.21~0.30%

- 혼란, 의식 불명
- 도움 없이 똑바로 서 있거나 걸을 수 없음
- 뇌의 운동 영역의 현저한 손상
- 시간에 대한 왜곡된 인식

0.16~0.2%

- 명백하게 술 취한 상태
- 공격적, 과감해짐
- 운동 실조
- 비교적 단순한 일을 하는 것조차 시간이 지연됨
- 빠르게 술을 마실 시 구역질과 구토

0.11~0.15%

- 행동 조절 저하
- 불안정한 보행
- 어눌한 말
- 시각적 · 청각적 반응이 느려짐

0.06~0.10%

- 판다력과 통제력 저하
- 난폭하고 대담해짐
- 선택에 대한 반응 시간이 느려짐

0.02~0.05%

- 억제 감소
- 말이 많아짐
- 인지 능력 손상
- 주의가 요구됨

0.0~0.02%

- 표면상의 징후 없음. 숨 쉴 때 술 냄새 날 수 있음

그림 6-7 혈중 알코올 농도에 의한 행동 변화

알아두기

음주 운전 단속 기준

면허 정지 : 혈중 알코올 농도 0.03%
65kg 성인 기준 소주 1잔(50mL, 19도), 맥주 1캔(355mL, 4도), 와인 1잔(70mL, 13도)에 해당하는 양
면허 취소 : 혈중 알코올 농도 0.08%

출처 : 도로교통법(2019.06.25.)

(3) 임신과 음주

임신 중 섭취한 알코올은 태반을 쉽게 통과하여 태아의 성장과 발달에 심각한 영향을 끼치게 되는데, 이를 태아 알코올 증후군fetal alcohol syndrome이라고 한다. 태아 알코

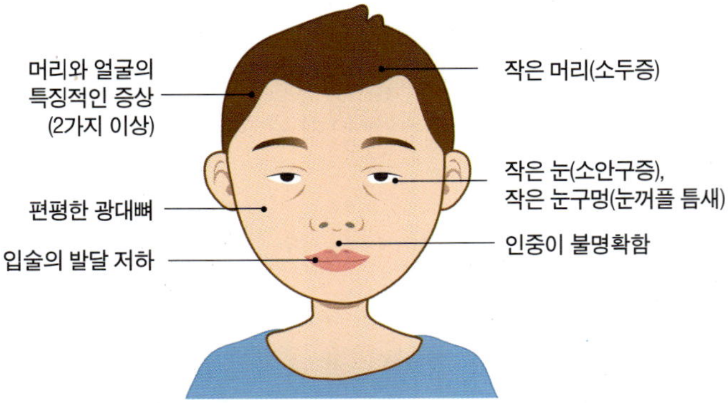

그림 6-8 태아 알코올 증후군의 안면 특징

출처 : 보건복지부 · 국립보건연구원 · 대학의학회

올 증후군의 증상은 개개인에 따라 다양하며 특징적인 증상으로는 작은 눈, 불분명한 인중, 얇은 윗입술과 같은 안면 기형을 포함한 신체적 기형과 성장 지연, 중추 신경계의 구조적 · 기능적 기형으로 인한 정신적 장애, 그리고 출생 전과 후의 발달 장애를 들 수 있다. 태아에 대한 알코올 영향의 정도는 임신부가 마신 알코올의 양, 빈도, 음주 시기(임신 몇 주차에 음주를 했는지 혹은 태아의 특정 조직이나 뇌 영역이 발달하는 시기의 과음), 임신부의 상태(영양 부족, 다수의 임신과 출산, 저체중, 고령, 흡연 등), 그리고 환경 요인(사회적인 격리 등 임신부가 불행하거나 스트레스가 많은 경우)에 따라 달라질 수 있다.

(4) 대학생의 음주

대학생은 선후배나 친구들과의 어울림 과정에서 자의 혹은 타의로 자신의 주량에 맞지 않는 무분별하고 과도한 음주를 하게 되는 경우가 많다. 특히 폭음을 하는 경우에는 구토, 흥분, 정신 착란, 혼미, 혼수, 느리거나 불규칙한 호흡, 저체온증, 창백한 피부, 영구적인 뇌 손상, 심하면 사망에까지 이르는 응급 상황이 나타날 수 있으며, 전날의 과음으로 인한 수업 결석, 수업 시간에 집중하지 못하거나 졸음, 과제와 시험에서 좋지 못한

성적, 낮은 학점과 같이 학업에도 영향이 나타나게 된다. 1주에 3회 이상 폭음하는 음주군은 폭음을 하지 않는 음주군에 비해 과제 수행과 시험 성적 저하가 6배, 수업 결석이 5배 더 높은 것으로 나타났다. 따라서 자신의 주량을 알고 적정한 음주를 하는 것이 필요하다.

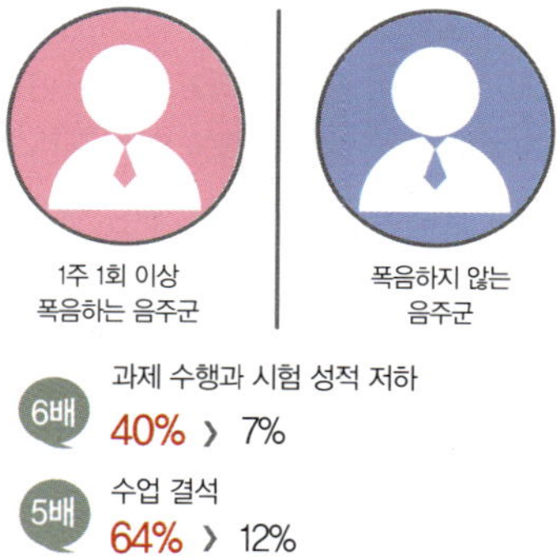

출처 : 국립부곡병원

음주와 필름 끊김 현상

음주 시에 잦은 필름 끊김 현상(blackout, 일시적인 의식 상실)은 뇌에 손상을 줄 수 있다. 초기에는 단기 기억 상실로 시작하나, 시간이 길어지고 횟수가 반복되면 결국 알코올성 치매 등 영구적인 뇌 손상을 입을 수 있다. 특히, 가족 중 음주 문제가 있는 사람이 있고, 자신도 과음자라면 더 위험할 수 있다.

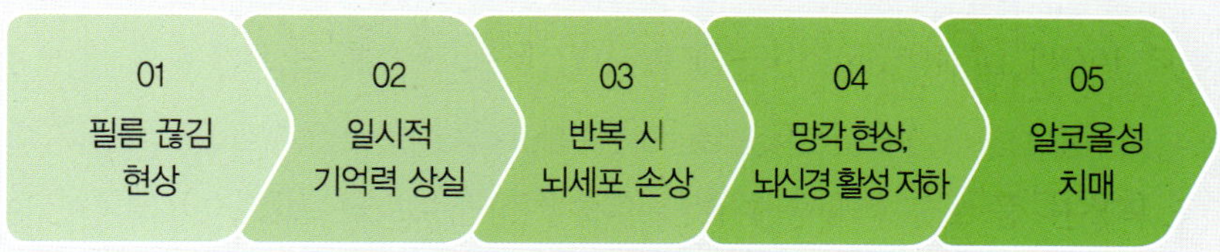

알코올성 치매의 진행 과정

언제 필름 끊김 현상이 발생하는가

- 빠르게 마실 때
- 지나치게 많이 마실 때
- 공복에 술을 마실 때
- 높은 도수의 술을 마실 때

과음을 하면 왜 필름이 끊기는 걸까?

필름 끊김 현상은 우리 뇌 속에 존재하는 '글루타메이트'라는 신경 전달 물질과 관련이 있다. 글루타메이트는 알코올에 민감하게 반응하고 기억 능력에 영향을 준다. 알코올 성분이 글루타메이트의 활동을 방해하면 일시적인 '기억 상실'을 겪는다.

술과 에너지 드링크

정신은 말똥말똥한 '만취 상태'

대개 술을 많이 마시면 졸음이 몰려와 잠이 들거나, 어지럽고 몸을 가누지 못해 술을 그만 마시게 된다. 그런데 에너지 드링크와 술을 함께 마시게 되면 이러한 알코올의 영향이 에너지 드링크에 의해 드러나지 않는다.

정신은 멀쩡한 것처럼 느껴지지만 실제로 신체는 만취 상태이다. 그래서 평소 자신의 주량보다 훨씬 더 많은 술을 마시게 되어 위험한 상황에 처하게 되기도 한다.

- 부상의 위험
- 신체적 부작용 발생
- 음주 운전 또는 음주 운전을 하는 차에 같이 탐
- 성폭력 위험 증가

그림 6-9 바람직한 음주 습관 10계명

표 6-1 알코올 섭취량 자가 점검표

1단계: 지난 한 달간 음주 빈도와 1회 음주량 작성

술 종류	한 달 음주 횟수	1회 음주량(잔)	술 한 잔량(mL)	술의 도수(%)
소주			60	21
맥주			270	4.5
막걸리			200	6
와인			100	12.5
양주			30	40
기타				

2단계: 알코올 섭취량 계산

① 술 종류별로 한 달 및 하루 평균 알코올 섭취량을 계산한다.
알코올량(g) = 마신 술의 양(mL) × 술의 알코올 농도(%) × 알코올 비중(0.79)/100
하루 평균 알코올 섭취량 = 한 달간 알코올 총 섭취량/30일

술 종류	한 달 음주량	한 달간 알코올 총 섭취량(g)	하루 평균 알코올 섭취량(g)
소주			
맥주			
막걸리			
와인			
양주			
기타			

3단계: 알코올 섭취량 적절성 평가

① 하루 평균 알코올 섭취량이
성인 남자 : 2잔(알코올 24 g/일) 이내
성인 여자 : 1잔(알코올 12 g/일) 이내
이면 적절한 것으로 평가한다.

2. 카페인

1) 카페인이란?

카페인caffeine은 '커피'의 'Coffe–'에 알칼로이드amine물질을 뜻하는 '–ine'가 붙은 것으로, 커피에 함유되어 있는 무색, 무취, 그리고 쓴맛이 있는 백색 결정성의 식물성 알칼로이드를 말한다. 1819년 독일의 과학자 프리들리프 페르디난트 룽게Friedlieb Ferdinand Runge에 의해 처음으로 커피콩으로부터 추출되면서 발견되었으며, 이후 커피

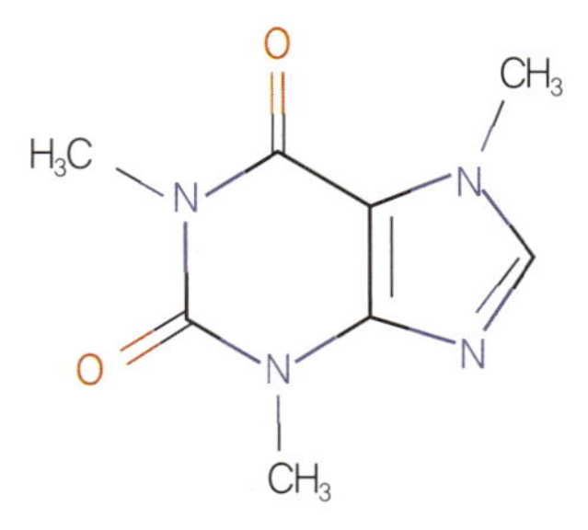

$C_8H_{10}N_4O_2$

그림 6-10 카페인의 구조

콩 외에도 남미 및 동아시아 고유의 여러 식물의 씨앗, 열매, 잎에서 발견되었다. 식물이 해충으로부터 자신을 보호하고 근처 다른 종자의 발아를 방지하기 위해 자연적으로 생산하는 물질로 여겨진다.

2) 카페인의 흡수와 효능

카페인은 위장관에서 빠르게 흡수되고(45분 내로 99% 흡수) 간에서 대사된 후 소변으로 빠르게 배설되어 체내 축적은 거의 일어나지 않는다. 체내에 흡수된 카페인은 다양한 기관에 영향을 미치게 되는데, 긍정적인 영향과 부정적인 영향 둘 다 줄 수 있으므로 너무 과다하게 섭취할 경우 부작용이 있을 수 있다. 특히, 어린이, 임산부 등은 성인에 비해 카페인 과잉 섭취에 따른 부작용 정도가 심하게 나타날 수 있으므로 카페인 함유 식품 섭취 시 주의가 요구된다.

(1) 뇌

- 카페인은 혈액-뇌 장벽blood-brain barrier을 자유로이 통과할 수 있기 때문에 뇌의

신경 세포에 들어가 중추 신경 억제제인 아데노신의 경쟁적 억제제로 작용을 하게 된다. 따라서 중추 신경 자극으로 뇌의 각성을 유지시켜 졸음을 억제하고 정신을 맑아지게 하며 피로감이 줄어드는 효과를 나타낸다.

- 뇌혈관을 수축시켜서 뇌혈류를 감소시키므로 두통을 완화시키는 효과가 있다. 그러나 카페인을 계속해서 섭취하다가 섭취를 중단하면 반동 작용으로 뇌혈관이 확장되어 뇌혈류가 증가하게 되므로 카페인 유발성 두통이 발생할 수 있다.
- 카페인에 민감한 사람의 경우 혹은 카페인을 과다하게 섭취하였을 경우에는 불면증, 수면 장애, 일시적인 신경과민, 불안감, 현기증, 손이나 근육이 떨리는 증상이 나타날 수 있다.

(2) 심장

- 카페인은 교감 신경계를 자극하여 심장 박동을 증가시키고 일시적 혈압 상승, 가슴 두근거림 증상 등을 일으킬 수 있다.

(3) 소화 기관

- 카페인은 교감 신경을 자극하여 소화 기관의 운동을 저하시키고 위산 분비를 증가시키므로 위염이나 위궤양 증상이 있는 사람은 속쓰림이 나타나거나 질환이 악화될 수 있다.
- 카페인은 결장의 아데노신 수용체 작용을 방해하여 장의 이완을 방해하고 짧은 수축 운동을 반복하게 만든다. 이것은 카페인 섭취 후 소량의 묽은 대변이 자주 나오는 증상을 유발할 수 있다.
- 카페인은 코티솔cortisol과 같은 이화(분해) 호르몬 분비를 촉진하여 탄수화물, 단백질, 지방 분해 및 에너지 생성을 촉진한다.

(4) 신장과 뼈

- 카페인은 신장 혈류량을 증가시켜 소변 배설을 촉진하는 이뇨 작용이 있다.
- 이때 소변으로 칼슘 배설이 증가되므로 칼슘 섭취가 부족하거나 손실이 많은 경우에는 골질량을 감소시켜 골다공증을 일으킬 수 있다.

표 6-2 카페인의 영향

긍정적 영향	부정적 영향
• 피로 회복, 일시적 에너지 증가 • 각성 효과 • 집중력과 업무 능력 향상 • 이뇨 작용(노폐물 배설) • 위산 분비 증가(소화력 증진) • 기관지 확장(천식 치료제) • 통증 완화 등	• 불안, 초조함, 신경과민, 흥분, 두통 • 불면증 • 심박수의 증가, 일시적 혈압 상승 • 요실금 증상 증가 • 위산 과다로 위점막 손상 • 근육 경련 • 골다공증, 빈혈 등

3) 카페인 함유 식품

우리가 자주 이용하는 식품 중에서 카페인을 많이 함유하고 있는 대표적인 식품으로는 커피, 차, 초콜릿, 청량음료, 의약품(진통제, 감기약, 피로 회복제) 등이 있다. 종류에 따라 다르나 커피 1잔에는 66~140mg, 홍차에는 30~100mg, 콜라 1컵에는 25~55mg의 카페인이 들어 있다그림 6-11.

그림 6-11 식품의 1회 섭취 참고량당 카페인 함량

출처 : 한국소비자원(2018)

우리나라 국민의 카페인 섭취 주요 기여식품은 성인의 경우 액상 커피(커피 전문점 포함), 청소년, 초등학생, 미취학 어린이는 탄산음료로 나타났는데, 성인의 경우 액상 커피를 통한 카페인 섭취가 44%, 청소년, 초등학생, 미취학 어린이의 경우는 탄산음료를 통한 카페인 섭취가 각각 50%, 60%, 41%였다.

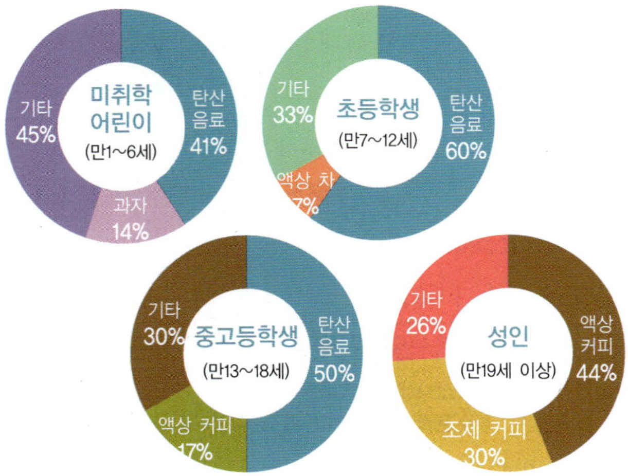

그림 6-12 카페인 섭취 주요 기여식품

출처 : 식품의약품안전처

4) 카페인 섭취기준

식품의약품안전처는 카페인의 지나친 섭취는 수면 장애, 불안감 등 부작용을 일으킬 수 있어서 카페인 최대 1일 섭취 권고량(일반적으로 건강한 사람이 섭취하였을 시에 부작용이 없을 것으로 예상하는 하루 섭취량)을 성인의 경우 400mg 이하, 임산부는 300mg 이하, 어린이 · 청소년은 체중 1kg당 2.5mg 이하로 정하고 있다. 특히, 카페인은 태반을 자유롭게 통과할 수 있어 임신 중 과다하게 커피를 마신 경우 태아의 성장 지연, 저체중아 출산 확률이 높아지므로 주의가 필요하다.

최근 3년간(2015~2017년) 우리나라 국민 1인당 하루 평균 카페인 섭취량은 65.7mg으로, 최대 1일 섭취 권고량에 비해 17.6% 수준인 것으로 조사되었다. 연령별 하루 평균 카페인 섭취량은 성인(만 19세 이상) 78.0mg, 청소년(만 13~18세) 16.2mg, 어린이(만 7~12세) 5.4mg, 미취학 어린이(만 1~6세) 1.6mg으로, 카페인 최대 1일 섭취 권고량 대비 각각 19.8%, 11.3%, 6.2%, 3.7% 수준이었다. 그러나, 성인의 경우 하루에 커피 4잔, 청소년은 에너지 음료 2캔 이상 섭취 할 경우 카페인 최대 1일 섭취 권고량을 넘길 수 있으므로 주의가 필요하다. 식품의약품안전처는 액체 1mL당 카페인이 0.15mg 이상 함유된 음료를 고카페인 함유 제품으로 규정하고 '어린이 · 임산부 · 카페인 민감자는 섭취에 주의해 주시기 바랍니다' 등의 문구와 주 표시면에 '고카페인 함유'와 '총카페인 함량 ○○○mg'을 표시하도록 규정하고 있다.

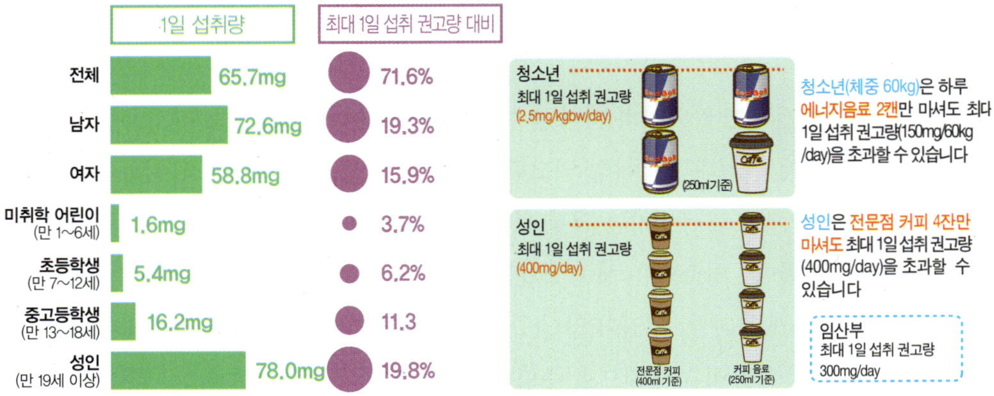

그림 6–13 우리나라 국민의 1일 카페인 섭취량 및 권고량

출처: 식품의약품안전처

5) 카페인 중독증

카페인을 과다하게 섭취하다가 중단하였을 때는 일종의 약물 의존적인 금단 증상이 나타나는데, 이는 카페인 중독이 되었기 때문이다. 커피를 마시지 못했을 때 다음과 같은 증상이 나타나면 카페인 중독증을 의심해 볼 수 있다.

- 두통, 피로, 의욕 상실 등의 증상이 나타난다.
- 위장 장애가 있음에도 불구하고 카페인 섭취를 중단할 수 없다.
- 카페인을 끊고자 노력하나 끊지 못한다.
- 카페인에 대한 내성이 생겨 카페인 섭취를 많이 해도 잠을 자는 데 문제가 없다.

카페인 섭취를 성공적으로 줄이고 금단 현상을 피하기 위해서는 처음부터 바로 카페인을 끊기보다는 디카페인 커피로 대체하거나 디카페인 커피와 일반 커피를 섞어 마시다가 차츰 일반 커피를 줄여 나가도록 하는 것이 좋다.

표 6-3 카페인 섭취량 자가 점검표

1단계 : 하루 동안 섭취한 카페인 식품 및 카페인 총 섭취량 계산

카페인식품 종류	1일 섭취량	카페인 함유량(mg)	1일 카페인 총 섭취량(mg)
커피 전문점 커피			
인스턴트커피			
캔커피			
커피 · 초콜릿 우유			
에너지 음료			
콜라			
초콜릿			
녹차			
기타			

2단계 : 카페인 섭취량 적절성 평가

① 1일 카페인 총 섭취량이 성인 기준 400mg 이하이면 적절한 것으로 평가한다.

연습문제

1 음주에 의한 영양 및 건강 문제를 설명하시오.

2 성인 남녀의 적절한 음주량은?

3 카페인의 긍정적 영향과 부정적 영향에 대해 설명하시오.

4 우리나라 카페인 섭취량 기준은 얼마인가요?

CHAPTER 07

건강기능식품

인간이 섭취하는 것 중에서 인체 건강에 영향을 미칠 수 있는 것은 크게 식품과 의약품으로 구분할 수 있다. 건강기능식품은 일반 식품과 의약품의 경계에 위치하고 있는 것으로, 인체에 유용한 기능성을 가진 원료나 성분을 사용하여 제조·가공한 식품을 말한다. 사회가 발전하고 건강에 대한 관심이 증가하면서 건강기능식품의 종류가 다양해지고 있을 뿐만 아니라 소비 시장도 확장되고 있는 추세이다. 이 장에서는 건강기능식품이란 무엇이며 바람직한 구매 및 섭취 방법은 무엇인지 알아보고자 한다.

1. 건강기능식품에 대한 이해

1) 건강기능식품이란?

우리가 섭취하는 식품은 생명 및 건강 유지에 필수적인 영양소를 공급하는 영양 기능(1차 기능), 맛, 냄새, 색 등 개인의 식품에 대한 기호도를 부여하는 감각적, 기호적인 기능(2차 기능), 그리고 질병의 예방 및 회복, 신체 항상성 조절 등 건강 유지 및 증진에 도움이 되는 생체 조절 기능(3차 기능)을 가지고 있다. 건강기능식품은 이 중 3차 기능인 생체 조절 기능에 주안점을 둔 제품으로, 인체에 유용한 기능성을 가진 원료나 성분을 사용하여 제조(가공)한 식품을 말한다(건강기능식품법 제3조 제1항). 어떤 식품이 건강에 좋은 것으로 알려져 있다고 해서 모두 건강기능식품이 될 수 있는 것은 아니다. 일반 식품, 건강식품(자연식품, 천연식품 등 포함), 그리고 건강기능식품의 차이점은 크게 세 가지를 들 수 있는데, 첫째, 건강기능식품은 식품의약품안전처에서 기능성이 인정된 원료 혹은 성분을 사용하여 건강기능식품에 관한 규정에 따라 일정 절차를 거쳐 만들어진다는 것이고, 둘째, 건강기능식품이라는 문구 또는 인증 마크가 붙어 있으며, 셋째, 기능성 원료의 기능성이 표시되어 있다는 점이다. 그러나 건강기능식품은 의

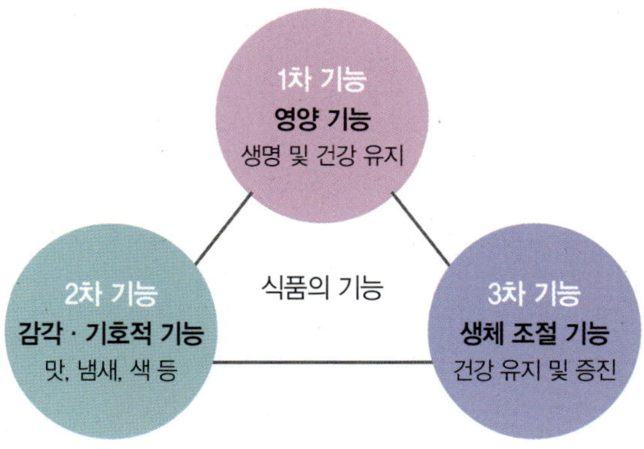

그림 7-1 식품의 기능

약품과는 달리 질병의 진단, 치료, 또는 예방 효과와 같은 유효성 표시는 할 수 없다.

표 7-1 일반 식품, 건강기능식품, 의약품의 차이

	식품		의약품
	일반 식품	건강기능식품	
관련 법규	식품위생법	건강기능식품법	약사법
제형	일반 식품 형태	정제, 캡슐, 분말, 과립, 액상, 환, 젤리, 바, 일반 식품의 형태도 포함	정제, 캡슐, 분말, 과립, 액상, 환 등
인정 절차	기준 규격형	고시형 개별 인정형	기준 규격형 개별 인정형
안전성	위해성 배제	위해성 배제	위해 · 이득 균형
기능성	표시 못함	기능성 표기 가능 – 영양소 기능 표시 – 생리 활성 기능 표시 – 질병 발생 위험 감소 표시	유효성 표시 기능 – 질병의 진단, 치료, 경감, 처치 또는 예방 효과

출처 : 교문사(2017)

2) 기능성 원료

건강기능식품에 사용되는 기능성 원료는 관리 방법에 따라 고시형 원료와 개별 인정형 원료로 분류된다. 고시형 원료는 식품의약품안전처장이 〈건강기능식품 공전〉에 기준 및 규격을 고시한 원료 또는 성분이고 개별 인정형은 영업자가 개별적으로 제출한 자료를 식품의약품안전처가 심사하여 별도로 인정을 해주는 원료이다. 고시 원료는 새로운 기능성 성분을 발굴하여 고시할 때까지 시간이 오래 걸리는 단점이 있지만, 일단 고시되고 나면 공전에서 정하고 있는 제조 기준, 규격, 최종 제품의 요건을 준수할 수 있는 영업자라면 누구나 사용할 수 있다는 장점이 있다. 현재, 영양소 28종(비타민 및 무기질 25종, 필수 지방산, 단백질, 식이섬유)과 기능성 원료 67종을 포함한 총 95종의 원료가 고시되어 있다부록 7-1. 반면, 개별 인정 원료의 경우에는 영업자가 원료의 안전성, 기능성, 기준 및 규격 등의 자료를 제출하여야 한다는 부담이 있지만, 인정을 받았을 경우에는 인정받은 업체만이 동 원료를 제조 또는 판매할 수 있다는 점에서 연구 및 제품 개발을 독려할 수 있다는 장점이 있다. 현재까지 개별적으로 인정받은 원료는 총 260여 종이 있으며 체지방 감소, 혈당 조절, 장 건강, 면역 기능 개선, 관절 건강 관련 원료가 가장 많은 것으로 나타났다부록 7-2.

홍삼 제품에 '기타 가공품'이라고 표시되어 있어요. 건강기능식품과 무엇이 다른가요?

건강기능식품에는 기능을 나타내는 성분이 인체에서 유용한 기능성을 나타낼 수 있는 정도로 들어 있다. 하지만 '기타 가공품'과 같은 일반 식품에는 기능을 나타내는 성분이 낮게 들어 있어 식품의약품안전처에서 인정한 기능성을 표시하지 못한다. 홍삼정과 홍삼캔디, 홍삼음료 등의 '기타 가공품'은 홍삼 등을 원료로 제조 · 가공한 식품이지만 건강기능식품이 아니므로 면역력을 증진하거나 피로 회복 개선 등에 도움을 주는 식품을 찾는다면, '건강기능식품'이라고 표시되어 있는 홍삼 제품을 선택하는 것이 좋다.

출처 : 식품의약품안전처 식품안전나라

3) 기능성의 종류

건강기능식품의 기능성은 의약품의 효능 · 효과와는 달리 질병에 대한 직접적인 치료나 예방을 하는 것이 아니라 인체의 정상적인 구조나 기능을 유지하거나 생리 기능 활성화를 통하여 건강을 유지하고 개선시킬 수 있는 기능성을 의미한다. 기능성은 크게 '영양소 기능', '생리 활성 기능', 그리고 '질병 발생 위험 감소 기능'의 세 가지로 분류된다.

표 7-2 건강기능식품의 기능성

<table>
<tr><th>기능성 구분</th><th>기능성 내용 및 종류</th><th>기능성 표시</th></tr>
<tr><td rowspan="2">영양소 기능</td><td>인체의 정상적인 기능이나 생물학적 활동에 대한 영양소의 생리학적 작용</td><td rowspan="2"></td></tr>
<tr><td>비타민, 무기질, 필수 지방산, 단백질, 식이섬유</td></tr>
<tr><td rowspan="2">생리
활성 기능</td><td>인체의 정상 기능이나 생물학적 활동에 특별한 효과가 있어 건강상의 기여나 기능 향상 또는 건강 유지 · 개선을 나타내는 기능</td><td rowspan="2">○○에 도움을 줄 수 있음</td></tr>
<tr><td>총 32개 기능성
간 건강, 갱년기 남성 · 여성 건강, 과민 피부 상태 개선, 관절 · 뼈 건강, 기억력 개선, 긴장 완화, 눈 건강, 면역 기능 개선, 배뇨 기능 개선, 수면질 개선, 어린이 성장 발육, 여성 질 건강, 월경 전 상태 개선, 위 건강 · 소화 기능, 요로 건강, 운동 수행 능력, 인지 능력 향상, 장 건강, 전립선 건강, 정자 운동성, 체지방 감소, 치아 건강, 칼슘 흡수 촉진, 피로 개선, 피부 건강, 항산화, 혈당 조절, 혈압 조절, 혈중 중성지방, 콜레스테롤 개선, 혈행 개선</td></tr>
<tr><td rowspan="2">질병 발생
위험 감소
기능</td><td>질병의 발생 또는 건강 상태의 위험 감소와 관련한 기능</td><td rowspan="2">○○ 발생 위험 감소에 도움을 줌</td></tr>
<tr><td>칼슘, 비타민D
자일리톨</td></tr>
</table>

※ 질병 발생 위험 감소 기능 : 확보된 기능성 자료의 과학적 근거 자료 수준이 과학적 합의에 이를 수 있을 정도로 높은 경우 인정

2. 건강기능식품의 안전한 구매와 섭취

1) 구매 전 확인 및 주의 사항

건강기능식품을 구매하기 전에 다음과 같은 사항을 확인 및 주의하는 것이 필요하다.

(1) 해당 제품이 나에게 꼭 필요한 기능성을 갖고 있는지 확인한다.

건강기능식품은 식품의약품안전처에서 인정된 기능성만 표시할 수 있다. 식품의약품안전처 식품안전나라 홈페이지(https://www.foodsafetykorea.go.kr)에서 '영양 · 기능 정보'를 확인하고 구입하도록 한다.

(2) 건강기능식품이라는 문구 또는 마크가 있는지 확인한다.

식품의약품안전처에서 인정 · 신고된 제품만 제품 포장에 '건강기능식품'이라는 표시 또는 도안이 있으므로 제품 앞면에 이러한 표시가 없다면 식품의약품안전처에서 인정한 것이 아니다.

표시필고심의필마크

(3) '표시 · 광고 사전 심의필' 도안을 확인한다.

기능성을 인정받은 건강기능식품은 소비자에게 판매되기 전 제품 포장에 표시를 하거나 광고를 하게 되는데, 이때 표시 · 광고하는 내용에 대해서는 사전 심의를 받아야 한다. 사전 심의는 한국건강기능식품협회에 설치된 기능성표시 · 광고심의위원회를 통하여 받으며 사전 심의를 통과한 제품은 '사전 심의필 도안'을 사용할 수 있다.

(4) 안전한 섭취 방법이 무엇인지 확인한다.

의약품을 복용하는 경우, 같이 섭취해도 되는지 확인이 필요하고 섭취 시에는 주의사항을 확인해야 한다.

(5) 'GMP'마크를 확인한다.

GMP Good Manufacturing Practice는 우수 건강기능식품 제조 기준으로, 안전하고 품질이 좋은 건강기능식품을 생산하는 업소에게 부여하는 마크이다. GMP 업소에서 제조된 제품은 원료 입고부터 생산 공정 단계마다 과학적으로 품질이 관리되기 때문에 보통의 건강기능식품보다 더 믿을 수 있다.

우수건강기능식품제조기준
GMP
식품의약품안전처

(6) 허위 · 과대 광고에 주의한다.

건강기능식품은 일상 식사와 함께 섭취하였을 때, 영양을 공급하고 건강에 도움이 되는 식품이라는 점에서 질병 예방이나 치료를 위한 의약품과는 다르다. 기능성을 지나치게 장담하거나 질병을 치료 · 예방할 수 있다고 주장하는 표시 광고 문구는 주의해야 한다.

(7) 유통 기한을 확인한다.

건강기능식품의 유통 기한이 충분히 남았는지 반드시 확인한다.

2) 안전한 섭취 방법

(1) 섭취량 지키기

건강기능식품은 일반 식품과 달리 안전성과 기능성이 보장되는 1일 섭취량과 섭취 방법이 정해져 있으므로 섭취량을 반드시 확인하고 이를 지키도록 해야 한다. 건강기능식품을 더 많이 섭취한다고 기능성이 더 좋아지는 것은 아니다. 그리고 영양소를 포함하고 있는 건강기능식품의 경우, 개인의 1일 영양소 섭취량은 식품, 건강기능식품, 그리고 그 외 식이 보충제로부터 섭취되는 영양소를 모두 합한 것이므로 영양소 섭취 총량이 한국인 영양소 섭취기준에서 정하는 상한 섭취량을 초과하지 않도록 주의하여야 한다. 특히, 건강기능식품이나 식이 보충제가 젤리와 같이 씹어 먹는 제품의 형태로 제조된 경우나 가미, 가향이 된 경우에는 일반 가공식품과 같이 생각하여 거부감 없이 하루에 여러 번 섭취하게 될 가능성이 크므로 1일 상한섭취량을 초과할 수 있어 주의가 요구된다.

(2) 여러 가지를 같이 섭취하지 않기

건강기능식품에는 많은 성분들이 포함되어 있는데, 여러 제품을 동시에 섭취할 경우 우리 몸에서 각각의 성분들이 서로의 흡수를 방해하거나 화학 반응 등을 일으켜 예상하지 못한 결과를 초래할 수 있으므로 주의가 필요하다.

(3) 섭취 시 주의 사항을 확인하고 섭취하기

원료의 특성상 취약 계층(어린이, 임신 · 수유부, 어르신), 특정 질환자, 의약품 복용자의 경우 특히 주의가 필요한 경우가 있으므로 섭취 시 주의 사항을 확인하고 섭취하도록 한다.

(4) 의약품을 복용하는 경우 의사와 상담 후 섭취하기

건강기능식품을 의약품과 함께 사용했을 때 경우에 따라서는 의약품의 효능이 저해되거나 영양소 결핍이 나타날 수 있으므로 특정 질환으로 치료를 받거나 약을 복용하고 있는 사람은 섭취 전에 반드시 의사와 상담 후 섭취하도록 한다.

건강기능식품 섭취 주의 사례

사례 1

- 관련 제품 : 체지방 감소에 도움을 주는 기능성 원료 3종(풋사과 추출 폴리페놀, 가르시니아 캄보지아 추출물, 녹차 추출물)과 배변 활동 원활에 도움을 주는 원료 1종(알로에 전잎)을 함유한 3개 제품
- 섭취 방법 : 다이어트의 목적으로 인터넷 등에서 구입한 3개 제품을 약 2개월간 한꺼번에 섭취
- 주요 증상 : 메스꺼움 지속, 간 수치 급등, 황달 증상으로 대학 병원에 입원 치료

사례 2

- 관련 제품 : 체지방 감소에 도움을 주는 기능성 원료 2종(가르시니아 캄보지아 추출물, 녹차 추출물)과 배변 활동 원활에 도움을 주는 원료 1종(알로에 전잎)을 함유한 3개 제품
- 섭취 방법 : 다이어트의 목적으로 인터넷에서 구입한 3개 제품을 약 1개월간 한꺼번에 섭취
- 주요 증상 : 간 수치 급등, 황달 증상으로 대형 병원에 입원 치료

출처 : 식품의약품안전처 식품안전나라

알아두기

자신 혹은 가족이 섭취하고 있는 건강기능식품의 종류와 해당 식품의 건강 기능 및 함량을 확인해 보세요.

건강기능식품			
제품명			
섭취자			
건강 기능			
함량			
권장섭취량			

3. 국내 건강기능식품

우리나라 건강기능식품 시장 규모는 4조 9000억 원 정도(한국건강기능식품협회, 2020)로 추산되며, 홍삼, 프로바이오틱스, 비타민(종합 및 단일 비타민), EPA-DHA 함유 유지(오메가-3)의 판매가 전체 시장의 64.5%를 차지했다. 특히, 면역력에 대한 관심 증가로 2017년부터는 프로바이오틱스 제품 판매가 증가하고 있으며, 면역 기능 관련 수요가 증가하면서 비타민의 판매량도 증가하였다. 또한, 체지방 감소, 눈 건강, 피부 건강 등 새로운 기능성 원료가 포함된 건강기능식품 시장도 확장되고 있는 추세이다.

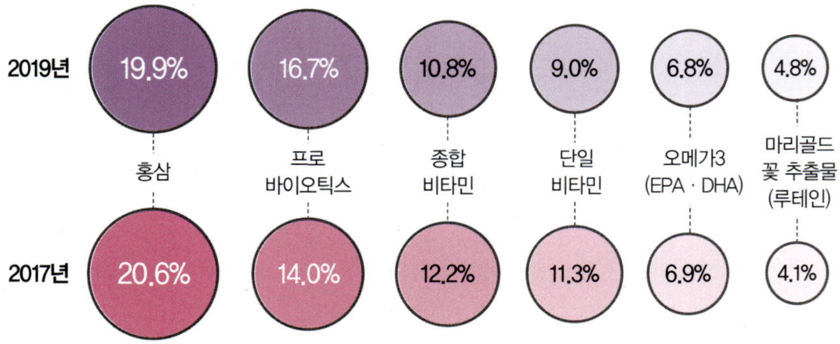

그림 7-2 건강기능식품 구매 비율

출처 : 한국건강기능식품협회

알아두기

- 프리바이오틱스(prebiotics) : 장 내 유익한 박테리아의 성장을 돕는 난소화성 성분(예 : 이눌린, 프락토올리고당, 식이섬유 등)
- 프로바이오틱스(probiotics) : 적당량을 섭취하여 장에 도달했을 때 장내 환경에 유익한 작용을 하는 살아있는 세균(예 : 유산균 등)
- 신바이오틱스(synbiotics) : 장내 유익균의 생존 및 활동을 증가시키기 위한 프리바이오틱스와 프로바이오틱스의 혼합

1) 장 건강

장 건강과 관련된 건강기능식품은 크게 3가지 기능성을 가지는 식품으로 구분된다.

(1) 배변 활동 개선

식이섬유 등 소화되지 않는 물질이 장내에 많아지면 배변양도 많아지고, 수분을 많이 함유하게 되어 변이 부드러지므로 배변 횟수, 배출 시간이 촉진되고 원활한 배변 활동에 도움을 줄 수 있다.

(2) 장내 유익균 증식 및 유해균 억제에 도움

유산균, 비피더스균 등을 함유한 건강기능식품은 장에 유익한 균을 공급해 주고 이들이 생성하는 유기산은 산성에 약한 유해균의 성장을 저해하여 바람직한 장내 세균총이 자리잡을 수 있도록 도와준다. 또한, 식이섬유, 프락토올리고당 등을 함유한 건강기능식품은 소장에서 소화・흡수되지 않고 대장에 도달한 후 유익한 균의 영양 공급원이 되어 대장 내 유익균의 성장을 촉진하고, 유해균의 성장을 방해하여, 장내 환경을 개선하는 데 도움을 줄 수 있다.

(3) 면역 기능 조절을 통한 장 건강 개선

면역학적 지표 및 싸이토카인 변화에 의해 염증이 유발된 장의 건강을 개선하는 데 도움을 줄 수 있다.

장 건강에 도움을 주는 기능성 원료(고시형)

• 알로에 전잎	• 구아검 · 구아검 가수 분해물	• 글루코 만난(곤약, 곤약 만난)
• 난소화성 말토덱스트린	• 대두 식이섬유	• 목이버섯 식이섬유
• 밀 식이섬유	• 보리 식이섬유	• 아라비아검(아카시아검)
• 이눌린 · 치커리 추출물	• 차전자피 식이섬유	• 폴리덱스트로스
• 알로에 겔	• 프락토올리고당	• 프로바이오틱스
• 라피노스	• 분말 한천	

2) 체지방 감소

체지방 감소와 관련된 건강기능식품은 지방의 소화, 흡수 및 저장 과정을 방해하여 체지방이 축적되는 것을 감소시킬 수 있다. 식이섬유 등을 함유한 건강기능식품은 당질과 지방의 소화를 도와주는 효소를 방해하거나, 소장에서의 흡수를 어렵게 하여 섭취 에너지를 줄이는 역할을 하고, 공액 리놀레산 등을 함유한 건강기능식품은 여분의 에너지를 지방으로 합성하여 체지방 형태로 저장하는 과정을 방해한다. 히비스커스 등 복합 추출물, 가르시니아캄보지아 등을 함유한 건강기능식품은 체지방이 세포에서 에너지원으로 쓰이는 과정에 필요한 카르니틴 · 지방 분해 효소 활성을 조절하여 지방을 에너지로 사용하는 데 도움을 줄 수 있다.

체지방 감소에 도움을 주는 기능성 원료(고시형)

• 녹차 추출물	• 공액 리놀레산	• 가르시니아캄보지아 껍질 추출물
• 키토산 · 키토올리고당		

3) 면역 기능

건강한 면역 기능을 유지하기 위해서는 적절한 면역 세포가 제 역할을 원활히 수행해야 하는데, 면역 기능과 관련된 건강기능식품은 이러한 면역 세포의 활성을 증가시킨다. 인삼, 홍삼 등을 함유한 건강기능식품은 필요한 면역 세포를 증가시키거나 그 기능을 조절하여 면역 능력에 도움을 줄 수 있다.

면역 기능에 도움을 주는 기능성 원료(고시형)

• 인삼	• 홍삼	• 클로렐라
• 알콕시글리세롤 함유 상어 간유	• 알로에 겔	• 상황버섯 추출물

4) 간 건강

간 개선과 관련된 건강기능식품은 간세포의 생존율을 증가시키고 단백질 합성을 증가시키며 간세포가 딱딱해지는 섬유화를 억제시키는 기능을 가질 수 있다. 헛개나무 추출물, 표고버섯 균사체 추출물, 밀크씨슬(엉겅퀴 종류) 추출물은 간세포가 쉽게 파괴되지 않도록 생존율을 높이는 데 도움을 준다.

간 건강에 도움을 주는 기능성 원료(고시형)

• 밀크씨슬(가르두스 마리아누스) 추출물

5) 혈당 조절

혈당 조절과 관련된 건강기능식품은 혈액에 있는 포도당이 원활하게 세포로 들어가서 효율적으로 이용될 수 있도록 도와주고 식후의 급격한 혈당 상승을 억제하는 역할을 한다. 난소화성 말토덱스트린, 구아바잎 추출물 등이 함유된 건강기능식품은 장내 탄수화물 분해 효소를 억제하여 포도당 흡수를 감소시키거나 인슐린 저항성 등을 개선시켜 정상적인 혈당 유지에 도움을 줄 수 있다.

혈당 조절에 도움을 주는 기능성 원료(고시형)

• 구아바잎 추출물	• 바나나잎 추출물	• 달맞이꽃 종자 추출물
• 구아검 · 구아검 가수 분해물	• 귀리 식이섬유	• 난소화성 말토덱스트린
• 대두 식이섬유	• 밀 식이섬유	• 옥수수겨 식이섬유
• 이눌린 · 치커리 추출물	• 호로파 종자 식이섬유	

6) 혈행 조절

혈행이란 혈액이 혈관을 통해서 신체의 각 부분으로 이동하는 것을 의미한다. 혈액 흐름 개선과 관련된 건강기능식품은 혈소판과 혈액 응고 인자들에 의한 과도한 혈액 응고 작용을 방해하여 혈액이 원활히 흐르는 데 도움을 줄 수 있다.

혈행 조절에 도움을 주는 기능성 원료(고시형)

• 홍삼	• 은행잎 추출물	• EPA 및 DHA 함유 유지
• 감마리놀렌산 함유 유지	• 영지버섯 자실체 추출물	

연습문제

1 건강기능식품과 일반 식품, 의약품의 차이는 무엇인가요?

2 건강기능식품의 기능성에는 어떤 것이 있나요?

3 건강기능식품을 구매하고 섭취할 때 주의해야 할 점은 무엇인가요?

PART 4

안전한 식생활

CHAPTER 08

식품품질인증제 및 식품표시제

건강하고 안전한 식생활을 영위하기 위해서 소비자들은 식품을 선택할 때 그 식품의 품질에 대해 알기를 원한다. 이를 위해 식품 관련 전문기관이 인증기준을 정해 식품을 선별 · 검사하여 식품의 품질을 인증해 주는 여러 제도들이 있다. 국제적으로는 대표적으로 국제표준화기구(International Organization for Standardization, ISO) 인증이 있으며, 국내에서는 친환경농축수산물 인증, 식품안전관리 인증기준(Hazard Analysis and Critical Control Point, HACCP), 농산물우수관리 인증(Good Agricultural Practices, GAP), 우수식품 인증 등이 있다. 또한 소비자들이 식품의 영양성분이나 원산지, 식품 이력 등을 쉽게 확인하기 위한 여러 가지 표시제들도 있으므로, 본 장에서는 소비자들이 좋은 품질의 식품을 합리적으로 선택하는 데 유용한 식품품질인증제와 식품표시제에 대해 살펴보고자 한다.

1. 국제표준화기구 인증

국제표준화기구(ISO)는 상품 및 서비스의 국제 간의 교류를 원활하게 하고, 지식, 과학, 기술 및 경제 활동 분야의 협력 발전이라는 관점에서 표준화 및 관련 활동을 증진시키기 위해 1947년에 설립되었다. ISO 인증은 ISO에서 정한 기준에 의거하여 상품 및 서비스의 적합성을 평가하고 인증하는 제도이다. 이 중 식품 안전과 관련된 ISO 인증으로는 ISO 22000 인증이 있는데, 이는 식품안전경영시스템에 대한 국제적인 인증 제도이다. ISO 22000은 식품 산업의 위생 관리를 ISO 9001 품질경영시스템 차원에서 접근하여 국제표준화한 규격 사업장에서 발생할 수 있는 식품 위해 요소를 사전에 예방·관리하는 자율적인 식품안전경영시스템이다표 8-1. ISO 인증 대상은 사료 생산자, 수확자, 농가, 조성 재료 생산자, 식품 제조업자, 도소매업자, 식품 서비스업자, 급식업자, 세척 및 위생 서비스를 제공하는 조직, 운송, 보관 및 유통 서비스 등과 같이 직접적으로 관련된 조직 및 장비, 그리고 세척 및 소독제, 포장재 및 기타 식품 접촉 물질의 공급자 등과 같이 간접적으로 관련된 조직이 포함된다. ISO 22000 인증 마크는 그림 8-1과 같다.

표 8-1 ISO 22000 구성

ISO 9001	ISO 22000
개요	개요
1. 적용 범위	1. 적용 범위
2. 인용 규격	2. 인용 규격
3. 용어 및 정의	3. 용어 및 정의
4. 품질경영시스템	4. 식품안전경영시스템
5. 경영 책임	5. 경영 책임
6. 자원 관리	6. 자원 관리
7. 제품 실현	7. 안전한 제품의 기획 및 실현
8. 측정, 분석 및 개선	8. 식품안전경영시스템의 타당성 확인, 검증 및 개선

ISO 22000 7항	HACCP
7.3.2	1단계
7.3.3 7.3.5.2	2단계
7.3.4	3단계
7.3.5.1	4단계
	5단계
7.4	6단계–원칙 1
7.6.2	7단계–원칙 2
7.6.3	8단계–원칙 3
7.6.4	9단계–원칙 4
7.6.5	10단계–원칙 5
7.8	11단계–원칙 6
7.7 및 4.2	12단계–원칙 7

그림 8-1 ISO 22000 인증 마크

ISO 22000 인증을 통해 식품안전시스템에 대한 국제적인 요구를 만족시킬 수 있고 위생관리시스템 효율성을 극대화할 수 있으며, 사업자들은 품질 개선을 통해 경쟁력을 확보하고 안전한 식품을 소비자에게 제공할 수 있다.

용어 이해하기

- 식품 안전 경영 : 소비자의 소비 시점에서 식품의 안전성을 보장하고 식품 공급 사슬에서 안전한 제품을 지속적으로 제공하기 위하여 식품 안전 방침을 수립하고 식품 안전 위해 요소를 체계적으로 관리, 개선하는 활동
- ISO 9001 : ISO에서 제정한 국제 규격으로, 모든 산업에 적용이 가능하며 고객 만족과 품질 경쟁력을 확보해 프로세스를 지속적으로 개선해 나가는 품질경영시스템으로, 제조업, 서비스업, S/W업, 도소매업, 관공서 등 모든 산업 분야를 대상으로 한다.

GHSI 규격이란?

GHSI(Global Food Safety Initiative)는 국제식품안전협회로, 안전한 식품을 소비자에게 공급하기 위해 식품안전경영시스템의 개선 및 국제 통용 식품 규격 기준을 제공하기 위해 설립된 조직이다. GHSI의 승인 규격으로 FSSC 22000, IFS Food, BRC Food, SQF 2000, CANADA GAP, Global Aquaculture Alliance, Global G.A.P, Global Red Meat Standard, PrimusGFS, IFS Scope Extension IFS Secure, SQF 등이 있다.

2. 우리나라 식품품질인증제

우리나라에도 소비자들이 식품의 품질을 신뢰하여 사용할 수 있도록 식품품질을 인증하는 여러 가지 품질인증제가 마련되어 있다. 이 중 식품의 안전과 관련된 대표적인 인증제로 다음과 같은 것들이 있다.

1) 친환경농축수산물 인증제

친환경농축수산물이란 환경을 보전하고 소비자에게 보다 안전한 농축산물을 공급하기 위해 유기합성 농약과 화학 비료 및 사료 첨가제 등 화학 자재를 전혀 사용하지 않거나, 최소량만을 사용하여 생산한 농축산물과 항생제, 활성 처리제를 사용하지 않은 수산물을 말하며(국립농산물품질관리원 친환경인증관리정보시스템), 친환경농축수산물 인증제란 정부가 지정한 전문 인증기관이 기준에 따라 선별 · 검사하여 화학 자재를 사용하지 아니하거나 사용을 최소화한 건강한 환경에서 생산한 농축산물임을 인증해주는 제도를 말한다.

(1) 친환경농축수산물 인증 종류

① 친환경농산물 인증

친환경농산물 인증에는 유기농산물 인증 및 무농약농산물 인증이 있다. 유기농산물은 유기합성 농약과 화학 비료를 전혀 사용하지 않고 일정한 인증 기준을 지켜 재배한 농산물과 임산물로(전환 기간 : 다년생 작물은 최소 수확 전 3년, 그 외 작물은 파종 또는 재식 전 2년), 종자는 유전자 변형 농산물인 종자를 사용하지 않아야 하며, 유기농산물 인증 기준에 맞게 생산 · 관리된 유기 종자를 사용해야 한다. 또한 해충 방제 및 식품 보존 목적으로 방사선을 사용할 수 없으며 잔류 농약의 허용 기준은 농산물의 농약 잔류 허용 기준의 1/20 이하이어야 한다.

무농약농산물은 유기합성 농약을 사용하지 않고, 화학 비료는 권장 시비량의 1/3 이내 사용한 농산물로, 무농약농산물도 유전자 변형 농산물인 종자를 사용하지 않아야 하며 가축 분뇨를 원료로 하는 퇴비 · 액비는 완전히 부숙시켜서 사용해야 한다. 병해충 관리 및 방제를 위해서는 사용이 인가된 친환경 자재만을 사용할 수 있으며 방사선은 사용할 수 없다. 잔류 농약의 허용 기준은 농산물의 농약 잔류 허용 기준의 1/20 이하이어야 한다.

② 친환경축산물 인증

친환경축산물 인증에는 유기축산물 인증과 무항생제축산물 인증이 있다. 유기축산물은 유기 인증 기준에 맞게 재배 · 생산된 유기 사료를 급여하면서 인증 기준을 지켜 사육한 축산물이며, 무항생제축산물은 항생제, 합성 항균제, 호르몬제가 첨가되지 않은 무항생제 사료를 급여하면서 사육한 축산물을 말한다.

③ 친환경수산물 인증

친환경수산물 인증에는 유기수산물 인증과 무항생제수산물 인증, 활성처리제 비사용 수산물 인증이 있다. 유기수산물은 유기적인 방법으로 생산되거나 식용으로 어획된 수산물의 부산물 또는 식용이 가능한 수산물로 구성된 사료를 급여하고 일정한 인증 기준을 지켜 양식된 수산물을 말하며, 무항생제수산물은 항생제, 합성 항균제, 성장 촉진체, 호르몬제 등이 첨가되지 않은 사료를 급여하고 일정한 인증 기준을 지켜 양식한 수산물을 말한다. 활성처리제 비사용 수산물은 유기산 등의 화학 물질이나 활성처리제를 사용하지 않고 일정한 인증 기준을 지켜 생산된 양식 수산물(해조류)을 말한다. 유기수산물, 무항생제수산물 및 활성처리제 비사용 수산물의 구체적 인증 대상 품목은 표 8-2와 같다. 친환경수산물 인증의 유효 기간은 인증을 받은 날로부터 2년으로 하고 있다.

표 8-2 친환경수산물 인증 대상 품목

구분	인증 대상 품목
유기수산물	식용을 목적으로 생산하는 양식 수산물
무항생제수산물	해조류를 제외한 육상 해수 양식 어업 및 육상 양식 어업으로 생산한 수산물
활성처리제 비사용 수산물	김, 미역, 톳, 다시마, 마른김, 마른미역, 간미역

(2) 친환경농축수산물 인증 마크

친환경농축수산물의 산업 육성과 소비자 보호를 위해 농림축산식품부 장관은 유기농산물, 유기임산물, 무농약농산물, 유기축산물 및 무항생제축산물에 대한 인증을 할 수 있고, 해양수산부 장관은 유기수산물, 무항생제수산물 및 활성처리제 비사용 수산물에 대한 인증을 할 수 있다. 친환경농축수산물의 인증 마크는 **그림 8-2**와 같다.

친환경농축산물의 인증 마크	
유기농 (ORGANIC) 농림축산식품부 / 유기농산물 (ORGANIC) 농림축산식품부 / 유기축산물 (ORGANIC) 농림축산식품부 / ORGANIC MAFRA KOREA / 유 기 (ORGANIC) 농림축산식품부	**유기** – 유기농산물, 유기축산물, 유기재배농산물 또는 유기농 – 유기재배○○(○○은 농산물의 일반적인 명칭으로 한다), 유기축산○○, 유기○○
무농약 (NON PESTICIDE) 농림축산식품부 / NON PESTICIDE MAFRA KOREA	**무농약** – 무농약, 무농약농산물 또는 무농약○○ – 무농약재배농산물 또는 무농약재배○○
무항생제 (NON ANTIBIOTIC) 농림축산식품부 / NON ANTIBIOTIC MAFRA KOREA	**무항생제** – 무항생제, 무항생제축산물, 무항생제○○ 또는 무항생제사육○○
유기가공식품 (ORGANIC) 농림축산식품부 / ORGANIC MAFRA KOREA	**유기가공식품** – 유기가공식품, 유기농 또는 유기식품 – 유기농○○ 또는 유기○○
무농약원료 가공식품 (NON PESTICIDE FOODS) 농림축산식품부 / NON PESTICIDE FOODS MAFRA KOREA	**무농약원료가공식품** – 무농약원료가공식품 – 무농약원료○○ – 무농약○○(으)로 만든 가공식품 – 무농약○○(으)로 만든 ○○
– 무공해, 저공해 등 소비자에게 혼동을 초래할 수 있는 표시를 하지 아니할 것 – 토양이 아닌 시설 또는 배지[培地, 버섯류, 양액(배양액을 말한다. 이하 같다) 재배 농산물 등의 생육에 필요한 양분의 전부 또는 일부를 공급하거나 작물이 자랄 수 있도록 조성된 토양 외의 물질]에서 작물을 재배하되 생육에 필요한 양분을 외부에서 공급하거나 외부에서 공급하지 않고 자연 용수에 용존(溶存)한 물질에 의존하여 재배한 농산물은 양액재배농산물 또는 수경재배농산물로 별도 표시할 것	
친환경수산물 인증 마크	
유기식품 (ORGANIC) 해양수산부 / 유기가공식품 (ORGANIC) 해양수산부 / 무항생제 (NON ANTIBIOTIC) 해양수산부 / 활성처리제 비 사 용 (NON ACTIVATOR) 해양수산부	
'유기식품'의 글자는 품목에 따라 '유기수산물' 또는 '유기가공식품'으로 표기 가능	

그림 8–2 친환경농축수산물 인증 마크

(3) 친환경농축수산물 인증 정보 확인 방법

소비자들은 인터넷 홈페이지, 모바일 앱에 접속하여 인증 번호를 직접 입력하고 찾기 버튼을 클릭하면, 해당 인증 번호의 인증자 성명, 인증 종류, 인증 기간, 품목, 재배면적 등의 인증 정보를 확인할 수 있다그림 8-3.

친환경 인증관리정보시스템

농식품안심이 앱

국립농산물품질관리원 모바일 앱

그림 8-3 친환경 인증 정보 확인 방법

2) 식품안전관리인증 기준

(1) 식품안전관리인증 기준 개요 및 적용 대상

식품안전관리인증기준HACCP은 위해 요소 분석Hazard Analysis, HA과 중요 관리점Critical Control Point, CCP의 영문 약자로, HA는 원료와 공정에서 위해 가능성이 있는 요소를 찾아 분석·평가하는 것이고, CCP는 해당 위해 요소를 예방, 제거 또는 허용 수준으로 감소시킬 수 있는 공정이나 단계를 중점적으로 다루어야 할 관리점을 뜻한다. 따라서 HACCP은 위해 방지를 위한 사전 예방적 식품안전관리체계로, 식품의 원료 관리, 제조·가공·조리·소분·유통·판매의 모든 과정에서 생물학적, 화학적, 물리적 위해 요인들이 식품에 섞이거나 식품이 오염되는 것을 방지하기 위하여 각 과정의 위해 요소를 사전에 확인·평가하여 중점적으로 관리함으로써 소비자에게 안전하고 깨끗한 제품을 공급하기 위한 시스템적인 규정이다. 즉, HACCP은 식품의 원재료부터 제조, 가공, 보존, 유통, 조리 단계를 거쳐 최종 소비자가 섭취하기 전까지의 각 단계에서 발생할 수 있는 위해 요소를 규명하고, 이를 중점적으로 관리하기 위한 중요 관리점을 결정하여 자율적이며 체계적이고 효율적인 관리를 통해 식품의 안전성, 특히 미생물학적인 안전성을 확보하기 위한 과학적인 위생관리체계라고 할 수 있다.

HACCP은 식품의 제조, 가공, 유통, 외식, 급식의 모든 분야에 적용되며, 축산물의 생산, 사료, 가공, 유통의 모든 분야에 적용된다. 식품 및 축산물의 HACCP 의무 적용 분야는 표 8-3과 같다.

표 8-3 HACCP 의무 적용 분야

식품 분야 의무 적용 유형(업체)	축산물 분야 의무 적용 업종
• 어묵, 냉동 수산식품(어류, 연체류, 조미가공품) • 냉동식품(피자류, 만두류, 면류), 빙과류, 비가열 음료, 레토르트식품 • 배추김치, 즉석조리식품(순대) • 매출액 100억 이상 제조 업체 • 어육소시지, 음료류, 초콜릿류, 특수 용도 식품, 과자 · 캔디류, 빵류 · 떡류, 국수 · 유탕면류, 즉석섭취식품	• 도축업, 집유업(농식품부 위탁) • 축산물 가공업(식육 가공업, 유 가공업, 알 가공업) • 식용란 선별 포장업

HACCP 도입으로 인해 업체는 자율적으로 위생관리를 할 수 있는 체계를 구축할 수 있고 예상되는 위해 요소를 과학적으로 규명하고 효과적으로 제어함으로써 위생적이고 안전한 식품의 생산이 가능하며, 위해가 발생할 수 있는 단계를 사전에 집중적으로 관리함으로써 위생 관리의 효율성을 도모할 수 있다. 또한 HACCP 적용 업소는 HACCP 적용 품목에 대해 HACCP 마크를 부착하고 이를 홍보함으로써 회사에 대한 이미지를 제고하고 신뢰성을 높일 수 있다. 한편, 소비자는 HACCP 시스템을 통해 생산된 제품을 공급받음으로써 안전한 식생활을 영위할 수 있다.

(2) HACCP 인증 마크

HACCP 적용 사업장은 그림 8-4와 같이 식품에 HACCP 적용 식품표시를 하거나 HACCP 적용 업소 인증 사실에 대한 광고를 할 수 있다.

그림 8-4 HACCP 인증 마크

3) 농산물우수관리 인증

'농산물우수관리(GAP)'란 농산물(축산물은 제외)의 안전성을 확보하고 농업 환경을 보전하기 위하여 농산물의 생산, 수확 후 관리(농산물의 저장, 세척, 건조, 선별, 박피, 절단, 조제, 포장 등을 포함) 및 유통의 각 단계에서 작물이 재배되는 농경지 및 농업용수 등의 농업 환경과 농산물에 잔류할 수 있는 농약, 중금속, 잔류성 유기 오염 물질 또는 유해 생물 등의 위해 요소를 적절하게 관리하는 것을 말하며(농수산물품질관리법), 농림축산식품부가 이를 인증하는 제도가 농산물우수관리 인증이다. 농산물우수관리 인증은 농약과 비료의 남용으로 인해 농업 환경과 식품 안전에 대한 우려가 높아지고 있는 상황에서 농업 환경과 자원을 보호하고 농업인과 소비자의 건강을 지키며 농산물의 안전성 확보를 통한 소비자의 신뢰 제고 및 국제 시장에서 우리 농산물의 경쟁력을 강화하기 위해 도입되었다.

농산물우수관리 인증은 국외에서도 인정받을 수 있는 국제 기준 적용을 원칙으로 하고 있어 농작물 파종 전의 토양 · 수질 관리, 파종 종자의 기원 관리(유전자 변형 농산물 등), 농작업 과정의 식품안전관리(농약, 중금속, 미생물 등) 및 출하 전 단계까지의 위생관리 농산물의 재배, 수확, 수확 후 처리, 저장 과정 중에 농약, 중금속, 유해 생물 등의 위해 요소를 관리한다. 따라서 농산물의 재배 환경, 재배 과정, 수확 및 수확 후 처리, 저장 과정 중에 혼입될 수 있는 각종 위해 요소를 분석하여 사전에 제거하거나, 감소시켜 최종 농산물에는 위해 요소가 없거나 있더라도 국가가 정한 기준치 이하로 관리되어 안전성이 확보된 농식품을 공급하는 인증 제도이다. 농산물우수관리 인증 마크는 그림 8-5와 같다.

한글	영문
GAP (우수관리인증) 농림축산식품부 인증 기관명 또는 우수 관리 시설명 인증 번호 또는 우수 관리 시설 지정 번호	GAP MAFRA KOREA Name of Certitying Body Certificate Number

그림 8-5 농산물우수관리 인증 마크

4) 우수식품 인증 제도

(1) 가공식품 KS 인증

가공식품 KS 인증은 한국산업표준Korean Industrial Standards, KS에 의거하여 생산된 가공식품에 부여하는 것으로, 가공식품의 품질 고도화 및 관련 서비스의 향상, 생산 기술 혁신을 기하여 거래의 단순 · 공정화 및 소비의 합리화를 위하여 마련된 제도이다. 가공식품 KS 인증 대상 품목은 농 · 수 · 축산물 가공식품이며, 제품의 인증을 받은 자는 그 제품 · 포장 · 용기 · 납품서 또는 보증서에 그 제품이 한국산업표준에 적합한 것임을 나타내는 표시를 하거나 이를 홍보할 수 있는데, KS 인증 마크는 그림 8-6과 같다.

가공식품 KS 인증 제도를 통해 생산자 및 서비스 공급자는 효율적인 품질 관리 기술의 도입과 생산 표준화의 확립으로 제품 및 서비스의 품질 향상과 생산성 향상을 유도할 수 있고, 소비자는 KS 인증 마크가 부착된 가공식품이나 식품 관련 서비스를 확인하여 안심하고 제품 및 서비스를 구매할 수 있다.

그림 8-6 KS 인증 마크

(2) 전통식품품질 인증

전통식품품질 인증은 국내산 농수산물을 주원(재)료로 하여 제조·가공·조리되어 우리 고유의 맛, 향, 색을 내는 우수한 전통식품에 대하여 정부가 품질을 보증하는 제도이다. 전통식품의 품목은 농림축산식품부 장관이 전통식품 산업의 지원과 육성을 위해 국산 농산물을 주원료로 제조·가공되고 예로부터 전승되어 오는 우리 고유의 맛, 향 및 색깔을 내는 전통식품의 개발과 그 계승·발전을 위해 필요하다고 인정하는 품목을 직접 지정하거나 특별시장, 광역시장, 도지사의 추천을 받아 이를 지정하여 고시한다. 전통식품품질 인증 표시는 그림 8-7과 같다.

한글	영문
전통식품 (TRADITIONAL FOOD) 농림수산식품부 인증 기관명 인증 번호	TRADITIONAL FOOD MIFAFF KOREA Name of Certifying Body Certificate Number

그림 8-7 전통식품품질 인증 마크

3. 식품 관련 표시제

1) 식품표시제

(1) 영양성분 표시

영양성분 표시는 식품에 어떤 영양성분이 얼마나 들어 있는지를 일정한 기준과 방법에 따라 식품 포장에 표시하는 것을 말한다. 따라서 영양성분 표시는 제품이 가지고 있는 영양성분과 함량에 대한 정보를 소비자에게 정확히 알려주어 자신의 건강에 적합한 제품을 선택할 수 있도록 하는 제도이다.

영양성분 표시 대상 식품은 장기보존식품(레토르트식품만 해당), 과자류 중 과자, 캔디류 및 빙과류 중 빙과, 빵류 및 만두류, 초콜릿류 및 코코아 가공품류, 잼류, 식용유지류, 면류, 음료류, 특수용도식품, 어육가공품 중 어육소시지, 즉석섭취식품(김밥, 햄버거, 샌드위치, 도시락 등) 및 즉석조리식품(국, 탕, 수프 등), 장류(한식 메주, 한식 된장, 청국장 및 한식 메주를 이용한 한식 가장은 제외), 시리얼류로 지정되어 있다(〈식품등의표시・광고에관한법률〉 시행 규칙, 2019).

영양표시에는 제품의 일정량에 함유된 제품의 영양성분의 함량을 표시하는 '영양성분 표시'와 제품에 함유된 영양성분의 함유 사실 또는 함유 정도를 '무', '저', '고', '강화', '첨가', '감소' 등의 특정 용어를 이용하여 제품의 영양적 특성을 강조 표시하는 '영양강조 표시'가 있다. 이러한 영양강조 표시는 영양성분의 함유 사실 또는 함유 정도를 '무○○', '저○○', '고○○', '○○함유' 등과 같은 표현으로 그 영양성분의 함량을 강조하여 표시하는 '영양성분 함량강조 표시'와 영양성분의 함유 사실 또는 함유 정도를 '덜', '더', '강화', '첨가' 등과 같은 표현으로 같은 유형의 제품과 비교하여 표시하는 '영양성분 비교강조 표시'로 구분된다.

영양정보에는 그림 8-8과 같이 표시 단위(총 내용량, 100g당, 100ml당 또는 단위 내용량)당 열량, 나트륨, 탄수화물, 당류, 지방, 트랜스 지방, 포화 지방, 콜레스테롤, 단백

영양정보	총 내용량, 100g 000kcal
총내용량당	1일 영양성분 기준치에 대한 비율
나트륨 00mg	00%
탄수화물 00g	00%
당류 00g	00%
지방 00g	00%
트랜스 지방 00g	
포화 지방 00g	00%
콜레스테롤 00mg	00%
단백질 00g	00%
1일 영양성분 기준치에 대한 비율(%)은 2,000kcal 기준이므로 개인의 필요 열량에 따라 다를 수 있습니다.	

그림 8-8 영양정보 예시

질, 그 외 1일 영양성분 기준치에 대한 비율(%)이 표시되어 있다.

용어 이해하기

- 영양성분 표시 단위 : 영양정보의 제일 위에 표시되어 있으며, 영양성분 함량은 총 내용량(1포장)당 함유된 값으로 표시해야 한다. 이와 함께 제품에 따라 100g(ml)당, 단위 내용량당으로 표시할 수도 있다.
- 열량 : 영양성분표에서 여러 영양성분 중 가장 먼저 표시되는데, 식품에 함유된 에너지의 양을 의미하며, 제품의 총 내용량, 100g(ml)당, 단위 내용량을 섭취했을 때 얻을 수 있는 열량이 표시되어 있다.
- 1일 영양성분 기준치에 대한 비율(%) : 하루에 섭취해야 하는 영양성분의 기준량 대비 제품에 포함된 각 영양성분의 함량을 비율로 나타낸다. 따라서 제품에 표기된 1일 영양성분 기준치에 대한 비율을 확인함으로써 식품이 하루에 섭취해야 할 영양성분 양의 몇 %를 함유하는지 알 수 있으며 해당 식품의 영양성분 함량이 높은 수준인지 낮은 수준인지 파악할 수 있다.
- 영양성분 : 과잉 섭취 시 건강상 문제를 일으키는 나트륨, 당류, 지방, 포화 지방, 트랜스 지방, 콜레스테롤의 함량 및 질병 예방과 건강을 위해 섭취해야 하는 칼슘, 철, 비타민 C 등 기타 영양성분의 함량이 표시되어 있다.

(2) 외식 영양성분 표시

① 표시 대상 업소

제과·제빵류, 아이스크림류, 햄버거 및 피자를 주로 조리·판매하고, 동일한 명칭으로 전국에 100개 이상의 점포를 운영하는 휴게 음식점, 일반 음식점 및 제과점이 조리·판매하는 식품은 영양표시를 해야 한다. 이때 표시하는 영양성분은 열량, 당류, 단백질, 포화 지방, 나트륨, 그 밖의 강조 표시를 한 영양성분이다.

② 표시 기준 및 방법

식품을 주문하는 시점에서 이용할 수 있는 메뉴판menu board, 메뉴북, 메뉴 게시판, 제품 안내판name tag에 영양성분을 표시한다. 열량은 메뉴 등의 식품명이나 가격 표시 주변에 이들 활자 크기의 80% 이상으로 표시하여야 하며, 매장에 영양성분을 표시한 리플릿, 포스터 등 소비자가 정보를 쉽게 알 수 있는 별도의 자료를 비치하는 경우에는 메뉴 등에 열량만을 표시할 수 있다. 온라인, 전화 등을 통해 주문받아 배달하는 경우에는 열량, 당류, 단백질, 포화 지방, 나트륨, 그 밖의 강조 표시 등의 영양성분을 표시한 리플릿, 스티커 등을 함께 제공하여야 하며, 온라인상에 조리, 판매하는 식품의 정보를 제공하는 경우에는 식품명이나 가격 표시 주변에 위의 영양성분을 표시하여야 한다.

(3) 제조일자 및 유통기한

① 제조연월일

식품 등의 표시기준에 의하면 '제조연월일'이란 포장을 제외한 더 이상의 제조나 가공이 필요하지 아니한 시점(포장 후 멸균 및 살균 등과 같이 별도의 제조 공정을 거치는 제품은 최종 공정을 마친 시점)을 말한다. 다만, 캡슐 제품은 충전·성형 완료 시점으로, 소분 판매하는 제품은 소분용 원료 제품의 제조연월일로, 포장육은 원료 포장육의 제조연월일로, 식육 즉석 판매 가공업 영업자가 식육가공품을 다시 나누어 판매하는 경우는 원료 제품에 표시된 제조연월일로, 원료 제품의 저장성이 변하지 않는 단순 가공 처리만을 하는 제품은 원료 제품의 포장 시점으로 한다[제조연월일의 영문명 및 약자 예시 : Date of Manufacture, Manufacturing Date, MFG, M, PRO(P), PROD, PRD].

제조연월일은 '○○년 ○○월 ○○일', '○○.○○.○○', '○○○○년 ○○월 ○○일', '○○○○.○○.○○'의 방법으로 표시해야 한다. 다만, 축산물의 경우에는 '○○년 ○○월 ○○일', '○○.○○.○○', '○○○○년 ○○월 ○○일', '○○○○.○○.○○.' 또는 '○○년 ○○월', '○○.○○.', '○○○○년 ○○월', '○○○○.○○' 등의 방법으로 표시할 수 있으며, 제품의 유통기한이 3개월 이내인 경우에는 제조연월일자의 '년' 표시를 생략할 수 있다. 제조연월일을 주 표시면 또는 정보 표시면에 표시하기가 곤란한 경우에는 해당 위치에 제조연월일의 표시 위치를 명시해야 한다. 제조연월일이 서로 다른 각각의 제품을 함께 포장했을 경우에는 소비자가 함께 포장한 각 제품의 제조연월일을 명확히 확인할 수 있는 경우를 제외하고, 그중 가장 빠른 제조연월일을 표시해야 한다(식품 등의 표시 기준). 즉석섭취식품 중 도시락, 김밥, 햄버거, 샌드위치, 설탕, 식염, 빙과류, 주류(맥주, 탁주, 약주 제외) 등은 제조연월일 표시 대상 식품이다.

② 유통기간, 유통기한, 품질유지기한

유통기간은 소비자에게 판매 가능한 최대 기간으로서 설정 실험 등을 통해 산출된 기간을 뜻하며, 유통기한이란 제품의 제조연월일로부터 소비자에게 판매가 허용되는 기한으로, 이 기한을 넘긴 식품은 부패 또는 변질되지 않았더라도 판매를 할 수 없다(유통기한 영문명 및 약자 예시 : Expiration date, Sell by date, EXP, E).

유통기한은 식품 제조 · 가공업자, 식품첨가물 제조업자, 수입식품 등 수입 · 판매업자, 축산물 가공업자, 식육 포장 처리업자와 건강기능식품 제조업자가 '식품, 식품 첨가물, 축산물 및 건강기능식품의 유통기한 설정 기준'에 따라 포장 재질, 보존 조건, 제조 방법, 원료 배합 비율 등 제품의 특성과 냉장 또는 냉동 보존 등 기타 유통 실정을 고려해 유통기간 설정을 위한 실험, 유사 제품 비교, 권장 유통기한 활용 등의 방법을 통해 설정한다. 유통기한은 '○○년 ○○월 ○○일까지', '○○.○○.○○까지', '○○○○년 ○○월 ○○일까지', '○○○○.○○.○○까지', '유통기한 : ○○○○년 ○○월 ○○

일'로 표시해야 한다. 다만, 축산물의 경우 제품의 유통기한이 3개월 이내인 경우에는 제조연월일 표시와 마찬가지로 유통기한의 '년' 표시를 생략할 수 있다. 제조연월일을 사용하여 유통기한을 표시하는 경우에는 '제조연월일로부터 ○○일까지', '제조연월일로부터 ○○월까지', '제조연월일로부터 ○○년까지', '유통기한 : 제조연월일로부터 ○○일'로 표시할 수 있다. 또한 제품의 제조·가공과 포장 과정이 자동화 설비로 일괄 처리되어 제조 시간까지 자동 표시할 수 있는 경우에는 '○○월 ○○일 ○○시까지', '○○.○○.○○ 00:00까지'로 표시할 수 있다. 즉석섭취식품 중 도시락, 김밥, 햄버거, 샌드위치, 초밥은 위해 발생의 우려가 크기 때문에 유통기한과 제조연월일 둘 다 표시하도록 하고 있으며, 아이스크림, 빙과류, 설탕, 식용얼음, 껌류, 재제소금, 가공소금, 주류(탁주, 약주 제외)는 유통기한 표시를 생략할 수 있다.

품질유지기한이란 식품의 특성에 맞는 적절한 보존 방법이나 기준에 따라 보관할 경우 해당 식품 고유의 품질이 유지될 수 있는 기한을 말한다(품질유지기한 영문명 및 약자 예시 : Best before date, Date of Minimum Durability, Best before, BBE, BE). 품질유지기한은 '○○년 ○○월 ○○일', '○○.○○.○○', '○○○○년 ○○월 ○○일', '○○○○.○○.○○'로 표시해야 한다. 제조연월일을 사용하여 품질유지기한을 표시하는 경우에는 '제조연월일로부터 ○○일', '제조연월일로부터 ○○월', '제조연월일로부터 ○○년'으로 표시할 수 있다. 레토르트식품, 통조림식품, 잼류, 당류(포도당, 과당, 엿류, 당 시럽류, 덱스트린, 올리고당류에 한함), 다류 및 커피류(액상제품은 멸균에 한함), 음료류(멸균제품에 한함), 장류(메주를 제외), 조미식품(식초와 멸균한 카레제품에 한함), 김치류, 젓갈류 및 절임식품, 조리식품(멸균에 한함), 주류(맥주에 한함), 기타 식품류(전분, 벌꿀, 밀가루에 한함) 등은 품질유지기한 표시 대상 식품에 속한다.

한편 식품 안전을 유지하면서 식품 폐기물을 감소시키고 환경을 보호하기 위해 2023년부터 유통기한이 소비기한으로 변경되는데, 소비기한이란 식품을 섭취해도 인체에 무해할 것으로 인정되는 최종 소비기한을 의미하는 것으로, 소비기한을 사용하면 유통기한에 비해 섭취 가능 기간이 늘어나게 된다.

2) 원산지 표시제

(1) 원산지 표시제 개요

농산물 · 수산물 및 그 가공품 등의 공정한 거래를 통해 유통 질서를 확립하고 소비자의 알권리 및 선택권을 보장하기 위해 농수산 가공품의 원산지 표시제도가 시행되고 있는데, 원산지란 농산물이나 수산물이 생산 · 채취 · 포획된 국가 · 지역이나 해역을 뜻하는데, 국제적 거래에서는 일반적으로 그 물품이 생산된 정치적 실체를 지닌 국가를 가리키고, 국내적으로는 지역 또는 지방을 의미한다.

(2) 원산지 표시제 대상 품목

2020년 현재 원산지 표시 대상은 국산 농산물 222품목, 수입 농산물과 그 가공품 또는 반입 농산물과 그 가공품 161품목, 농산물 가공품 268품목, 국산 수산물 및 원양산 수산물 192품목, 수입 수산물과 그 가공품 또는 반입 수산물과 그 가공품 24품목, 수산물 가공품 66품목이다.

또한 일반 음식점(일반 음식점, 뷔페, 예식장, 장례식장 등), 휴게 음식점(패스트푸드점, 분식점 등), 위탁급식 영업, 집단급식소(학교, 기업체, 기숙사, 공공기관, 병원 등 상시 1회 50명 이상 급식)를 대상으로 24개 품목인 소고기, 돼지고기, 닭고기, 오리고기, 양고기, 염소고기(유산양 포함), 쌀(밥, 죽, 누룽지), 배추김치(배추와 고춧가루), 콩(두부류, 콩국수, 콩비지), 넙치, 조피볼락, 참돔, 미꾸라지, 뱀장어, 낙지, 명태, 고등어, 갈치, 오징어, 꽃게, 참조기, 다랑어, 아귀, 쭈꾸미에 대해 원산지를 표시하도록 되어 있다.

(3) 원산지 표시 방법

① 농수산물

국산 농산물은 '국산'이나 '국내산' 또는 그 농산물을 생산, 채취, 사육한 지역의 시 · 도명이나 시 · 군 · 구명을 표시해야 한다. 국산 수산물의 경우에는 '국산'이나 '국내산'

또는 '연근해산'으로 표시한다. 단, 양식 수산물이나 연안 정착성 수산물 또는 내수면 수산물의 경우에는 해당 수산물을 생산, 채취, 양식, 포획한 지역의 시·도명이나 시·군·구명을 표시할 수 있다.

원양산 수산물은 '원양산'으로 표시하거나 '원양산' 표시와 함께 '태평양', '대서양', '인도양', '남빙양', '북빙양'의 해역명을 표시한다.

원산지가 다른 동일 품목을 혼합한 농수산물의 경우 국산 농수산물의 생산지가 각각 다른 동일 품목의 농수산물을 혼합한 경우에는 혼합 비율이 높은 순서로 3개 지역까지의 시·도명 또는 시·군·구명과 그 혼합 비율을 표시하거나 '국산', '국내산' 또는 '연근해산'으로 표시해야 한다. 동일 품목의 국산 농수산물과 국산 외의 농수산물을 혼합한 경우에는 혼합 비율이 높은 순서로 3개 국가(지역, 해역 등)까지의 원산지와 그 혼합 비율을 표시한다.

② 수입 농수산물과 그 가공품 및 반입 농수산물과 그 가공품

수입 농수산물과 그 가공품은 〈대외무역법〉에 따른 통관 시의 원산지를 표시한다.

③ 농수산물 가공품(수입 농수산물 등 또는 반입 농수산물 등을 국내에서 가공한 것 포함)

사용된 원료의 원산지는 앞에서 제시한 농수산물, 수입 농수산물과 그 가공품 및 반입 농수산물과 그 가공품 기준에 따라 표시한다. 원산지가 다른 동일 원료를 혼합하여 사용한 경우에는 혼합 비율이 높은 순서로 2개 국가(지역, 해역 등)까지의 원료 원산지와 그 혼합 비율을 각각 표시해야 한다. 사용된 원료(물, 식품첨가물, 주정 및 당류는 제외)의 원산지가 모두 국산일 경우에는 원산지를 일괄하여 '국산'이나 '국내산' 또는 '연근해산'으로 표시할 수 있다.

④ 영업소 및 집단급식소의 원산지 표시 방법

휴게 음식점 영업 및 일반 음식점 영업을 하는 영업소와 위탁급식 영업을 하는 영업소 및 집단급식소의 경우 공통적으로 음식명 바로 옆이나 밑에 표시 대상 원료인 농수산물명과 그 원산지를 표시하며, 원산지의 글자 크기는 메뉴판이나 게시판 등에 적힌 음식명 글자 크기와 같거나 그보다 커야 한다. 농수산물과 그 가공품을 조리하여 판매 또는 제공할 목적으로 냉장고 등에 보관·진열하는 경우에는 제품 포장재에 표시하거나 냉장고 등 보관 장소 또는 보관 용기별 앞면에 일괄하여 표시해야 한다.

3) 지리적 표시제

지리적 표시는 농수산물 또는 농수산 가공품의 명성, 품질, 기타 특징이 본질적으로 특정 지역의 지리적 특성에 기인하는 경우 해당 농수산물 또는 농수산 가공품이 그 특정 지역에서 생산, 제조 및 가공되었음을 표시하는 것을 말한다(〈농수산물품질관리법〉 제2조 제8호). 우리나라에서는 1999년 1월 〈농산물품질관리법〉을 개정해 지리적 표시제geographical Indication를 도입하였고 2000년부터 시행하고 있다. 농축산물은 농림축산식품부가, 수산물은 해양수산부가, 임산물은 산림청이 담당하고 있는데, 2002년 보성 녹차가 지리적 표시 1호로 등록되었으며, 순창 전통고추장, 횡성 한우고기, 단양 마늘, 해남 고구마 등 현재 160여 개의 품목이 등록되어 있다.지리적 표시품의 표지 및 표시 사항은 그림 8–9와 같다.

그림 8–9 지리적 표시품의 표지 및 표시 사항

4) 식품이력추적관리제도

(1) 축산물 이력제

① 개요

축산물 이력제란 소, 돼지, 닭·오리·달걀을 도축부터 판매에 이르기까지 정보를 기록, 관리하여 위생, 안전의 문제를 사전에 방지하고, 문제가 발생할 경우에 그 이력을 추적하여 신속하게 대처하기 위한 제도이다. 이력관리 대상 축산물에는 국내산 축산물과 수입산 축산물이 포함되는데, 국내산 이력축산물에는 개체식별번호가 부여된 이력관리 대상 가축이나 농장식별번호가 부여된 가축 사육시설에서 사육한 돼지, 닭, 오리를 도축 처리하여 얻은 축산물[지육(枝肉)이나 지육을 이용하여 생산한 정육 또는 포장육]로서 식용으로 제공되는 것과, 농장식별번호가 부여된 가축 사육시설에서 사육한 닭에서 판매를 목적으로 생산된 달걀 중 식용으로 제공되는 것이 포함된다.

수입산 이력축산물에는 이력번호가 부여된 수입 소고기나 수입 돼지고기(지육이나 지육을 이용하여 생산한 정육 또는 포장육 및 그 밖에 농림축산식품부령으로 정하는 부산물 포함, 햄류, 소시지류, 양념육 등 식육가공품은 제외)로서 식용으로 제공되는 것이 해당된다. 수입 돼지고기는 2018년 12월 28일부터 이력관리제도가 시행되었다.

축산물 이력제를 통해 축산물 원산지의 허위 표시나 원산지를 둔갑하여 판매하는 것을 방지하여 유통의 투명성을 확보할 수 있으며, 문제 발생 시 신속하게 그 이력을 추적하여 회수, 폐기 등의 조치를 취할 수 있으며, 판매 시 원산지, 사육자, 축산물의 종류, 등급 등의 정보를 소비자에게 제공함으로써 소비자의 알권리를 보장할 수 있다.

② 이력추적관리 축산물의 표시 사항

㉠ **표지**

㉡ 등록 표시 방법

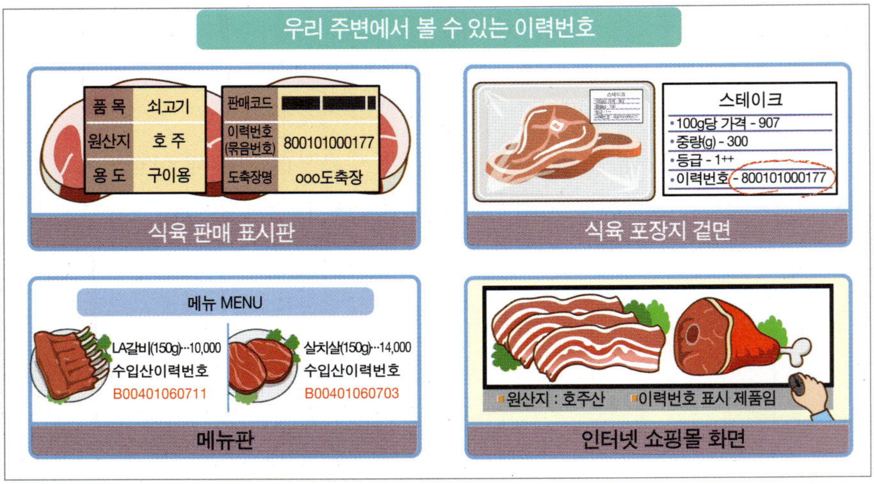

③ 이력정보 확인 방법

축산물 이력정보는 축산물 이력제 홈페이지나 축산물 이력제 앱에 접속하여 축산물 이력번호(12자리) 또는 묶음 번호로 조회하여 이력정보를 확인할 수 있다.

• 인터넷을 통한 이력정보 확인

• 모바일 앱을 통한 이력정보 확인 : 이력번호를 입력하거나 QR코드, 바코드, 또는 문자 인식을 통해 이력정보 확인 가능

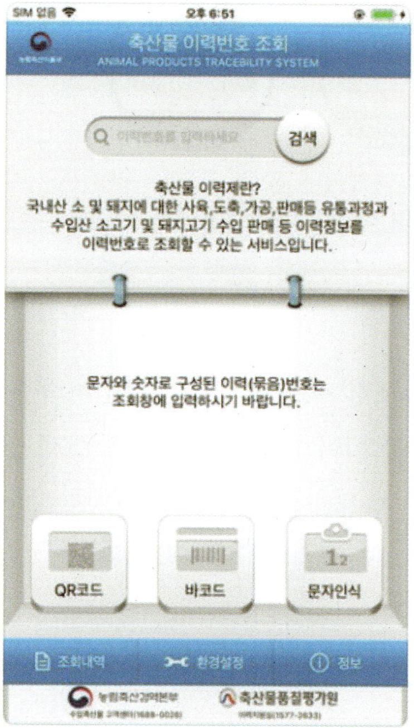

(2) 수산물 이력제

① 개요

수산물 이력제는 어장에서 식탁에 이르기까지 수산물의 이력정보를 기록, 관리하여 소비자에게 공개함으로써 수산물의 사고가 발생했을 경우 원인 및 사고 발생 단계를 파악하고 문제 상품에 대한 회수, 조치를 신속하게 하여 피해 범위를 최소화하도록 관리하는 제도이다. 생산자는 수산물에 대한 품질 및 위생정보를 효과적으로 관리할 수 있고 소비자는 상품의 유통 경로가 투명해져서, 문제가 발생하였을 때 신속한 원인 규명 및 상품 회수가 가능하므로 수산물을 믿고 살 수 있으며, 또한 국제적으로 위생 부분의 국제 기준을 준수하여 국내 수산물의 국제 경쟁력을 높일 수 있다.

② 이력추적관리 수산물의 표시 사항

㉠ **표지**

(포장재에 따라 표지의 색상 및 크기 조정)

㉡ **등록 표시 방법**

이력추적관리 수산물의 포장 · 용기의 표면 등에 이력추적 표지와 함께 이력추적관리번호 또는 QR코드(수산물 이력제 업무 시스템을 통해 생성한 QR코드)를 붙이거나 인쇄할 수 있다. QR코드를 부착할 때는 상품 포장 또는 라벨에 제조일자 또는 유통기한이 함께 표기되어야 한다.

③ 이력 정보 확인 방법

소비자는 수산물 상품 포장의 겉면에 부착된 이력번호를 수산물 이력제 홈페이지나 수산물 이력조회 모바일앱을 통해 조회할 수 있다.

• 인터넷을 통한 이력정보 확인

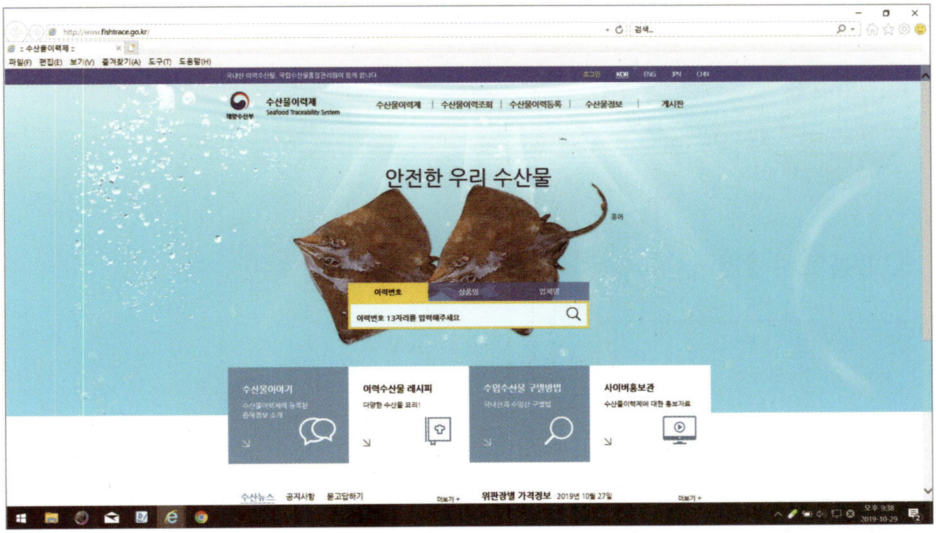

(3) 농산물 이력제

① 개요

농산물 이력추적관리란 농산물의 안전성 등에 문제가 발생할 경우 해당 농산물을 추적하여 원인을 규명하고 필요한 조치를 할 수 있도록 농산물을 생산 단계부터 판매 단계까지 각 단계별로 정보를 기록, 관리하는 것을 말한다. 우리나라에서는 2005년 8월에 〈농산물품질관리법〉을 개정 · 공포하여 농산물 이력추적관리제도가 도입되어 자율등록제 방식으로 운영되고 있다. 또한 우수농산물 관리제도의 우수농산물 인증품에는 농산물 이력추적관리를 의무화하도록 하고 있다.

② 이력추적관리 농산물의 표시 사항(<농수산물품질관리법> 시행규칙)

㉠ **표지**

㉡ **등록 표시 방법**

산지(시·도/시·군·구)		강원 철원		
품목(품종)		품질인증미	GMO 여부	별도표기
중량·개수		1kg / 60000kg	등급	특급
생산연도		쌀에 한함		
생산자	성명(단체명)	홍길동(대한친환경영농조합)	전화번호	033-2222-3333
	주소	강원도 철원군 동송읍		
이력추적관리번호		01593-7586775		

출처 : 국립농산물품질관리원 GAP 정보 서비스

③ 이력정보 확인 방법

소비자는 국립농산물품질관리원에서 농산물 이력정보 조회를 할 수 있다.

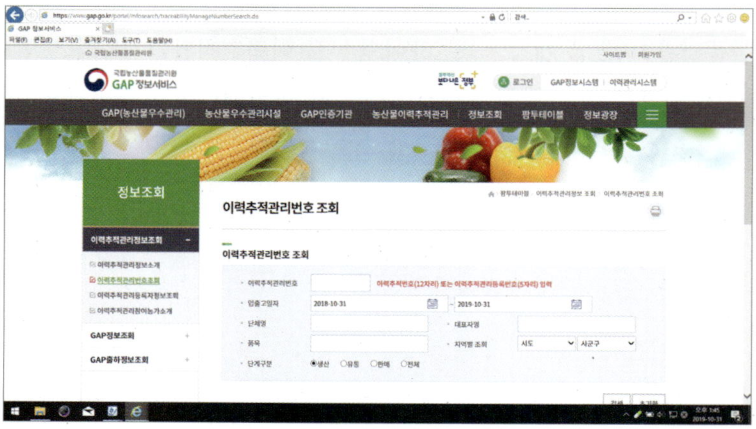

(4) 식품이력추적관리제

① 개요

식품이력추적관리제는 식품을 제조·가공 단계부터 판매 단계까지 각 단계별로 이력 추적 정보를 기록, 관리함으로써 해당 식품의 안전 등에 문제가 발생할 경우 신속하게 유통을 차단하고 회수 조치를 취하는 것과 같이 원인을 규명하고 필요한 조치를 하도록 관리하고 소비자에게 이력추적 정보를 제공함으로써 소비자의 알권리를 충족시키는 제도이다.

② 표시 사항

㉠ 표지

식품이력추적관리 표지는 표지 도표 바로 아래 또는 바로 옆에 'www.tfood.go.kr에서 식품이력추적관리 번호(또는 수입식품 등의 유통이력추적관리번호)를 입력하면 식품(또는 건강기능식품 또는 수입식품 등)의 정보를 확인하실 수 있습니다.'라는 문구를 병행하여 표시할 수 있다.

'www.tfood.go.kr에서 건강 기능식품 이력 추적 관리 번호를 입력하시면 건강기능식품의 정보를 확인하실 수 있습니다.'	'www.tfood.go.kr에서 수입식품 등의 유통 이력 추적 관리 번호를 입력하시면 수입식품 등의 정보를 확인하실 수 있습니다.'

㉡ 표시 항목

식품이력추적정보에는 작업 정보, 공정 정보 등 생산물을 설명하는 정보가 포함되며, 구체적인 정보 내용은 표 8-4와 같다.

표 8-4 식품이력추적정보 내용

국내식품의 경우	수입식품 등의 경우
• 식품이력추적관리번호 • 제조업소 명칭 및 소재지 • 제조일자 • 유통기한 또는 품질유지기한 • 제품 원재료 관련 정보 ※ 원재료명 또는 성분명, 원산지(국가명), 유전자 재조합식품 여부 • 기능성 내용(건강기능식품만 해당) • 출고일자 • 회수 대상 여부 및 회수 사유	• 수입식품 등의 유통이력추적관리번호 • 수입업소 명칭 및 소재지 • 제조국 • 제조회사 명칭 및 소재지 • 유전자재조합식품 표시 • 제조일자 • 유통기한 또는 품질유지기한 • 수입일자 • 원재료명 또는 성분명 • 기능성 내용(건강기능식품만 해당) • 회수 대상 여부 및 회수 사유

③ 이력정보 확인 방법

소비자는 식품이력관리시스템을 통해 이력추적관리정보를 확인할 수 있다.

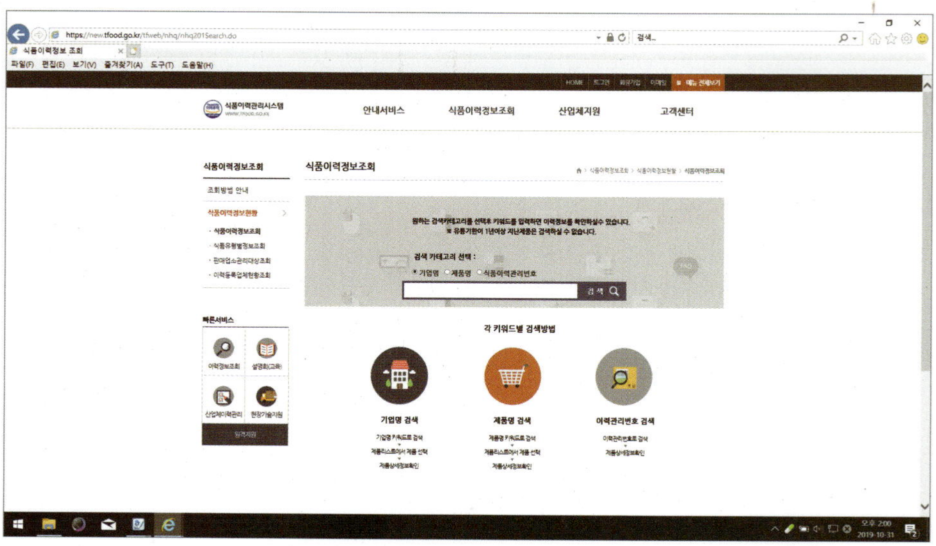

연습문제

1 친환경농산물 인증의 종류와 각 인증 기준에 대하여 설명하시오.

2 HACCP 시행을 통해 얻을 수 있는 효과를 사업자와 소비자의 측면에서 설명하시오.

3 대형 마트에서 소고기를 구입할 때 축산물 이력정보를 확인하기 위한 방법을 설명하시오.

4 유통기간, 유통기한, 품질유지기한이 각각 무엇을 의미하는지 설명하시오.

CHAPTER 09

식중독

식중독은 식품 섭취와 연관된 유해한 미생물이나 미생물이 생성한 독소 및 기타 유독 물질에 의해 발생하는 질환이다. 과거에 비해 보건 의식이 고취되고 위생 환경이 향상되었음에도 불구하고 식중독은 계속 발생하고 있어 국민 건강을 위협하고 있다. 최근에는 온도가 높은 여름뿐만 아니라 노로바이러스 등으로 인해 겨울에도 식중독이 발생하고 있으므로 식생활의 안전성 확보를 위해 식중독 관리는 매우 중요하다. 식중독은 원인 물질에 따라 발병 기작 및 증상, 예방법 등이 다르므로 식중독 종류 및 이와 관련된 특성에 대한 이해가 필요하다. 따라서 본 장에서는 식중독의 정의, 식중독 발생 현황, 식중독의 종류, 식중독 예방 관리에 대해 살펴보고자 한다.

1. 식중독의 정의 및 발생 현황

식중독은 식품 섭취로 인체에 유해한 미생물이나 유독 물질에 의하여 발생하거나 발생한 것으로 판단되는 감염형 또는 독소형 질환을 말한다. 우리나라에서는 식품의약품안전처에서 식중독 발생 현황을 집계하여 매년 이를 발표하고 있다. 식중독은 단일 증상보다 여러 복합적인 증상을 수반하는 경우가 많고 증상이 가벼운 경우에는 병원에 가지 않는 경우도 있어 발생한 모든 식중독이 보고되기는 어려우므로, 실제 발생하는 식중독은 공식적인 통계치보다 많을 것으로 보인다. 우리나라의 식중독 발생 현황을 보면 2015~2018년에는 매년 300건 이상의 식중독이 발생하였으나 2019년과 2020년에는 식중독 발생 건수가 감소하였다표 9-1. 기온이 상승하는 3월부터 식중독 발생이 증가하기 시작하여 여름철에 많이 발생하고 겨울철에는 발생 빈도가 낮으나, 노로바이러스 식중독이 증가하면서 겨울철에도 식중독이 지속적으로 발생하고 있다 그림 9-1.

표 9-1 우리나라 식중독 발생 현황

연도	2015년	2016년	2017년	2018년	2019년	2020년
발생 건수	330	399	336	363	286	178
환자수	5,981	7,162	5,649	11,504	4,075	2,747

출처 : 식품의약품안전처 식품안전나라

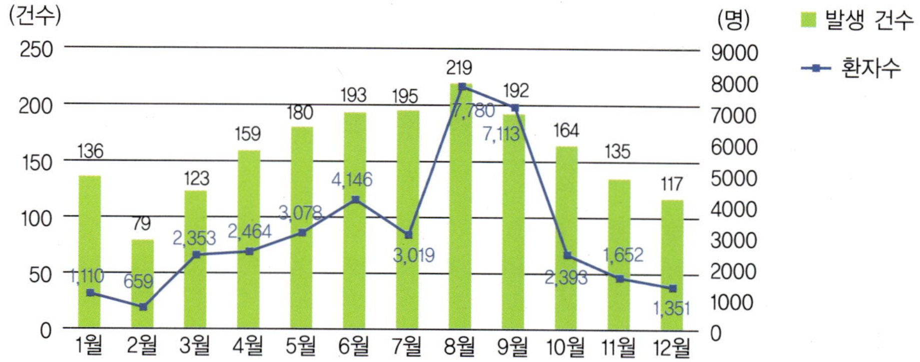

그림 9-1 우리나라 월별 식중독 발생 현황(2015~2020년 합계)

출처 : 식품의약품안전처 식품안전나라

원인 시설별 식중독 발생 건수는 음식점이 가장 높았으나, 학교와 학교 외 집단 급식에서도 식중독이 빈번히 발생하고 있다표 9-2.

표 9-2 원인 시설별 식중독 발생 현황

시설	구분	2015년	2016년	2017년	2018년	2019년	2020년
학교	발생 건수	38	36	27	44	24	16
	환자수	1,980	3,039	2,153	3,136	1,214	448
학교 외 집단 급식	발생 건수	26	32	23	38	29	33
	환자수	802	904	426	1,875	620	1,086
음식점	발생 건수	199	251	222	202	175	103
	환자수	1,506	2,120	1,994	2,323	1,409	827
가정집	발생 건수	9	3	2	3	3	2
	환자수	34	16	6	10	7	5
기타	발생 건수	54	73	52	67	48	24
	환자수	1,641	974	776	4,094	764	381
불명	발생 건수	4	4	10	9	7	
	환자수	18	109	294	66	61	

출처 : 식품의약품안전처 식품안전나라

원인 물질별 식중독 발생 건수를 살펴보면 병원성 대장균, 노로바이러스에 의한 식중독 발생 비율이 높았으며 식중독의 주요 원인은 이들에 의해 오염된 육류 및 어패류 및 주방 기구와의 교차 오염 등인 것으로 분석되었다표 9-3.

표 9-3 원인 물질별 식중독 발생 현황

원인 물질	구분	2015년	2016년	2017년	2018년	2019년	2020년
병원성 대장균	발생 건수	39	57	47	51	25	15
	환자수	2,138	2,754	2,383	2,715	497	532
살모넬라	발생 건수	13	21	20	19	18	17
	환자수	202	354	662	3,516	575	489
장염비브리오	발생 건수	5	22	9	11	5	2
	환자수	25	251	354	213	25	5
캠필로박터 제주니	발생 건수	22	15	6	14	12	13
	환자수	805	831	101	453	312	326
황색포도상구균	발생 건수	11	1	0	3	4	0
	환자수	191	4	0	52	56	0
클로스트리디움 퍼프린젠스	발생 건수	15	8	7	14	10	7
	환자수	394	449	69	679	251	136
바실루스 세레우스	발생 건수	6	3	10	15	5	1
	환자수	22	26	73	242	75	14
기타 세균	발생 건수	0	0	1	5	1	1
	환자수	0	0	26	801	17	5
노로바이러스	발생 건수	58	55	46	57	46	26
	환자수	996	1,187	968	1,319	1,104	239

원인 물질	구분	2015년	2016년	2017년	2018년	2019년	2020년
기타 바이러스	발생 건수	2	0	2	2	8	1
	환자수	9	0	52	128	230	6
원충	발생 건수	15	39	39	37	48	6
	환자수	114	212	177	229	308	24
자연독	발생 건수	0	1	2	1	2	0
	환자수	0	6	21	4	10	0
화학 물질	발생 건수	0	0	0	undefined	0	0
	환자수	0	0	0	undefined	0	0
불명	발생 건수	144	177	147	134	102	46
	환자수	1,085	1,088	763	1,153	615	397
진행 중	발생 건수						43
	환자수						574

출처 : 식품의약품안전처 식품안전나라

2. 식중독의 종류

식중독은 원인에 따라 크게 미생물 식중독, 자연독 식중독, 화학적 식중독으로 분류된다표 9-4. 미생물 식중독은 세균성, 바이러스성, 원충성 식중독으로 나눌 수 있고, 세균성 식중독은 발병 형태에 따라 감염형infection과 독소형intoxication으로 분류하는데, 중간형으로 생체내 독소형을 추가하여 분류하기도 한다. 자연독 식중독은 동물성 독소에 의한 것, 식물성 독소에 의한 것, 곰팡이 독소에 의한 것으로 나눌 수 있다. 화학적 식중독은 고의 또는 오용으로 첨가되는 유해물질에 의한 것, 본의 아니게 잔류, 혼입되는 유해물질에 의한 것, 제조 · 가공 · 저장 중에 생성되는 유해물질에 의한 것, 기타 물질에 의한 중독, 조리기구 · 포장에 의한 중독 등이 있다.

표 9-4 식중독의 분류

분류	종류	원인균 및 물질	
미생물 식중독(30종)	세균성(18종)	감염형	살모넬라, 장염비브리오, 콜레라, 비브리오 불니피쿠스, 리스테리아 모노사이토제네스, 병원성 대장균(EPEC, EHEC, EIEC, ETEC, EAEC), 바실루스 세레우스, 쉬겔라, 여시니아 엔테로콜리티카, 캠필로박터 제주니, 캠필로박터 콜리
		독소형	황색포도상구균, 클로스트리디움 퍼프린젠스, 클로스트리디움 보툴리눔
	바이러스성(7종)	–	노로, 로타, 아스트로, 장관아데노, A형 간염, E형 간염, 사포바이러스
	원충성(5종)	–	이질아메바, 람블편모충, 작은와포자충, 원포자충, 쿠도아
자연독 식중독		동물성	복어독, 시가테라독
		식물성	감자독, 원추리, 여로 등
		곰팡이	황변미독, 맥각독, 아플라톡신 등
화학적 식중독		고의 또는 오용으로 첨가되는 유해물질	식품첨가물
화학적 식중독		본의 아니게 잔류, 혼입되는 유해물질	잔류 농약, 유해성 금속화합물
		제조 · 가공 · 저장 중에 생성되는 유해물질	지질의 산화 생성물, 니트로아민
		기타 물질에 의한 중독	메탄올 등
		조리기구 · 포장에 의한 중독	녹청(구리), 납, 비소 등

출처 : 식품의약품안전처 식품안전나라

1) 미생물 식중독

(1) 세균성 식중독

세균성 식중독은 발병 형태에 따라 감염형과 독소형으로 구분된다표 9–5.

표 9–5 세균성 식중독의 분류

항목	감염형 식중독	독소형 식중독
발병 기작	섭취한 균이 장에서 정착, 증식하여 발생	세균이 생산하는 독소에 의해 발생
발병 원인	생균	독소
잠복기	길다	짧다
주요 원인 미생물	병원성 대장균, 살모넬라, 장염비브리오, 리스테리아 모노사이토제네스, 클로스트리디움 퍼프린젠스	황색포도상구균, 클로스트리디움 보툴리눔

① 감염형 식중독

감염형 식중독은 식품에 있는 다량의 세균을 경구 섭취하여 이들이 장내에 정착하고 증식하여 급성 위장염 등이 발병되는 식중독이다. 다수의 균을 경구 섭취해야 감염형 식중독이 발생하지만 일부 균은 소수의 균을 섭취하더라도 발병이 가능한 것으로 알려져 있다. 감염형 식중독의 잠복기는 12~48시간 정도이며, 식중독 증상으로는 일반적으로 설사, 발열, 복통, 구토 등이 나타난다. 감염형 식중독을 일으키는 주요 미생물로는 살모넬라*Salmonella*, 장염비브리오*Vibrio parahaemolyticus*, 병원성 대장균, 리스테리아 모노사이토제네스*Listeria monocytogenes*, 캠필로박터*Campylobacter* 등이 있다.

살모넬라로 인한 식중독은 우리나라, 미국, 유럽, 일본 등 세계적으로 발생 빈도가 매우 높은 식중독으로, 살모넬라균은 물, 토양, 생고기, 가금류, 해산물 등에 존재하며, 열에 약해 60℃에서 20분 동안 가열하면 사멸된다. 대표적인 식중독 원인균으로는 혈청형에 따라 쥐티프스균*Salmonella typhimurium*, 돼지 콜레라균*S. cholerasuis*, 장염균*S. enteritids*

이 있으며, 주요 원인 식품은 가열이 불완전한 육류, 육류 가공품, 달걀, 우유, 유제품, 어패류, 어육연제품 등이다. 복통, 설사, 구토, 발열 등이 중독 증상으로 대부분 3~5일이 경과하면 회복되나 중증인 경우 탈수 증상과 경련, 불안, 의식 장애 등을 일으킬 수 있다. 살모넬라로 인한 식중독을 예방하기 위해서는 75°C에서 1분 이상 식품을 가열하여 조리하고, 조리 후 남은 음식은 5°C 이하에서 저온 보관하며, 조리에 사용된 기구 등을 세척·소독하여 2차 오염을 방지해야 한다.

장염비브리오는 해양성 세균으로 2~4%의 소금 농도에서 잘 생육하는 저호염성 세균이며, 식중독 원인균은 장염비브리오균*Vibrio parahaemolyticus*이다. 장염비브리오의 주요 오염원은 생어패류와 수산식품이며, 복통, 설사(수양변 또는 점혈변), 발열, 구토 등의 중독 증상을 나타낸다. 장염비브리오 식중독을 예방하기 위해 어패류는 섭취 전 수돗물로 충분히 세척하고 가열 조리 시 60°C에서 15분 이상, 80°C에서 7~8분 이상 가열하여 섭취하도록 한다. 또한 칼, 도마 등의 조리 기구를 구분하여 사용하며, 조리 기구를 소독, 열탕 처리하여 2차 오염을 방지하도록 해야 한다.

병원성 대장균은 일반 대장균과 항원성에 있어서 차이가 있는데, 병원성 대장균은 장관 침입성 대장균, 장관 출혈성 대장균, 장관 병원성 대장균, 장관 독소원성 대장균 등으로 구분된다. O157:H7균은 장관 출혈성 대장균에 속하며, 베로독소verotoxin를 생성하여 식중독을 일으킨다. 원인 식품은 육류, 어패류, 유제품, 해산물, 샐러드, 도시락, 물 등 다양하며, 사람에서 사람으로 직접 감염도 가능하다. 일반적으로 설사, 복통, 발열, 구토 등의 증상을 보이는데, O157:H7균은 혈변과 복통을 일으키고, 대장 점막의 궤양과 조직의 파괴를 유발하며 심하면 출혈성 요독증후군Hemolytic Uremic Syndrome, HUS, 혈전성 혈소판 감소증Thrombotic Thrombocytopenic Purpura, TTP으로 진전될 수도 있다. 병원성 대장균 식중독을 예방하기 위해서는 칼, 도마 등 조리 기구를 구분하여 사용하고 생육과 조리된 음식을 구분하여 보관하며, 고기는 중심부의 온도가 75°C에서 1분 이상 가열해야 한다. 또한 사람에서 사람으로 전염될 수 있으므로 환자의 분변 오염을 조심해야 한다.

② 독소형 식중독

황색포도상구균은 포도상의 형태로 모여 있는데, 균이 생산한 장독소enterotoxin를 함유한 식품을 섭취함으로써 식중독이 발생한다. 균은 78℃에서 1분 혹은 64℃에서 10분의 가열로 거의 사멸되나 장독소는 내열성이 강해 100℃에서 60분간 가열해야 파괴되는 내열성을 가지고 있다. 주요 원인 식품은 육류 및 가공품, 유제품, 곡류, 어류 및 가공품, 복합조리식품 등이며, 사람과 동물의 피부, 모발, 구강, 비강, 분변 등에 존재하여 조리자를 통해 식품에 오염이 가능하다. 구토, 설사, 복통, 오심 등의 식중독 증상을 보이는데, 빠르면 수시간 내에 회복되고 길어도 1~2일 정도면 회복된다. 식중독 예방을 위해서는 식품 취급자의 청결 및 위생 관리를 철저히 하고 식품을 냉장 보관하며 손에 화농이 있는 경우 식품을 취급하지 않도록 주의해야 한다.

클로스트리디움 보툴리눔*Clostridium botulinum*은 편성혐기성 균으로, 포자를 형성한다. 포자는 적당한 환경 조건(37℃, pH 6.0~8.0)에서 발아・증식하여 매우 강한 독소를 생성하여 보툴리누스 식중독을 유발하는데, 이는 세균성 식중독 중에서 치사율이 가장 높다. 통조림, 병조림, 레토르트식품, 햄, 소시지 등 육류 제품, 생선 등이 원인 식품으로 구토, 복통, 오심, 두통, 신경 장애, 복시, 동공 확대, 운동 장애, 호흡 곤란 등의 증상을 보인다. 채소, 곡물 등 식품 원재료에는 포자가 존재할 가능성이 높으므로 조리 전에 식재료를 깨끗이 세척해야 한다. 통조림이나 병조림 제조 시에는 포자를 완전히 사멸시키기 위해 121℃에서 4분이나 100℃에서 30분 이상 가열처리하도록 한다.

(2) 바이러스성 식중독

바이러스성 식중독은 바이러스에 오염된 음식물을 섭취하여 일어나는 건강상의 장애를 뜻한다.

노로바이러스norovirus는 사람에게만 질병을 유발하는 바이러스로 식수와 식품을 잘 오염시킨다. 감염력이 크고 생존력이 높으며, 감염자의 분변이나 오염된 식품으로부터 전염될 수 있고, 노로바이러스에 의한 식중독은 연중 발생 가능하다. 식품 섭취 후

24~48시간 후에 오심, 구토, 설사, 복통 등의 증상이 나타나며 1~3일이 지나면 대부분 회복된다. 노로바이러스는 85°C에서 1분 이상 가열하면 사멸되므로 물과 식기, 기구 등의 열처리에 의해 예방이 가능하며, 개인 위생을 철저히 하고 과일, 채소는 깨끗이 세척하며 굴 등의 어패류는 가열해서 섭취하도록 한다.

로타바이러스rotavirus는 장염을 유발하는 바이러스이다. 오염된 물이나 음식을 통해 전염되는 경우는 드물고, 감염자의 위장관과 분변에 존재하며, 직접적인 접촉이나 오염된 비생체 접촉 매개물을 통한 분변-경구 경로로 전염된다. 로타바이러스는 영유아에게 발생하는 경우가 많고 설사, 구토, 발열, 탈수 등의 증상이 나타난다. 로타바이러스는 비누, 소독제에 대한 내성이 있어 손을 깨끗이 씻는 것만으로는 예방이 어렵기 때문에 백신을 접종하는 것이 예방에 효과적이다.

A형 간염바이러스viral hepatitis A는 식품이나 물을 매개로 하여 감염되는 바이러스로 급성 간염을 일으킨다. 잠복 기간은 15~50일 정도로 설사, 구토, 발열 등의 증상이 나타난다. 오염된 식수, 채소, 샐러드 등이 주요 원인 식품이며 감염자의 배설물도 감염 원인이 된다. A형 간염바이러스에 의한 식중독을 예방하기 위해서는 개인 위생을 철저히 하고 조리 시 가열을 충분히 하도록 한다.

2) 자연독 식중독

자연독 식중독은 원인 식품에 따라 동물성 자연독에 의한 식중독, 식물성 자연독에 의한 식중독, 곰팡이독에 의한 식중독으로 분류한다.

(1) 동물성 자연독에 의한 식중독

복어독은 복어의 간장, 난소, 알 등에 들어 있는데, 복어독의 원인 물질은 테트로도톡신tetrodotoxin으로 내열성이 강해 가열에 의해서도 잘 파괴되지 않는다. 복어독에 의한 중독 증상은 식후 30분에서 3시간 내에 발생하는데, 신경 전달의 차단에 의한 마비 증상이 나타난다. 입술, 혀끝, 손끝이 마비되고 두통 및 복통, 구토 증상이 나타난 후 안면 마비, 운동 장애, 혈압 강하, 호흡 곤란 등이 유발되고 의식을 잃어 심하면 사망하게 된다. 복어독에 의한 치사율은 50% 이상이므로 중독 시 위세척 등 초기의 신속한 조치가 필요하다. 복어는 일반인이 조리해서는 안 되고, 전문적인 복어 조리사가 조리해야 하며, 간장, 난소 등 복어독이 존재하는 부위를 잘 제거해야 한다.

패독은 조개류가 가지고 있는 독성물질로 마비성 패독, 설사성 패독 및 베네루핀, 테트라민 등이 있다. 마비성 패독 식중독은 알렉산드리움*Alexandrium*속이나 피로디늄*Pyrodinium*속의 플랑크톤이 생산하는 독에 의해 독화된 가리비, 자색홍합, 우렁쉥이, 모시조개 등을 섭취했을 때 나타나는데, 입술, 혀, 얼굴, 손발 등의 마비가 일어나고, 구토, 두통, 언어 장애 및 운동 신경이 마비되며, 심한 경우 호흡 곤란으로 인해 사망하게 된다. 설사성 패독 식중독은 *Dinophysis fortii*, *D. acuminata*, *D. caudata*, *D. acuminata*, *D. acuta* 플랑크톤 등이 생성하는 독에 의해 독화된 조개를 사람이 섭취했을 때 발생하는데, 주요 증상으로 설사, 구토, 복통 등의 소화기계 장애를 보인다. 베네루핀venerupin 중독은 모시조개에 의한 식중독으로 독은 조개의 중장선에 축적되어 있는데, 베네루핀의 독성은 1~4월이 가장 높고 6~11월에는 무독하다. 오심, 복통, 구토, 흉부, 견갑부 및 대퇴부의 피하출혈반, 간 기능 저하를 유발하며 심하면 호흡 곤란 등이 나타난다. 테트라민 중독은 깊은 한류에 서식하는 육식성 고둥의 타액선에서 발견되는 독성 물질에 의한 식중독으로, 두통, 구토, 오심, 눈 밑의 통증, 두드러기 등의 증상을 보이며 대부분 2~3시간 내에 회복된다.

(2) 식물성 자연독에 의한 식중독

버섯독에는 아마톡신류amatoxin, 무스카린muscarine, 실로사이빈psilocybin, 오렐라닌orellanine, 이보텐산ibotenic acid 등이 있는데, 광대버섯, 알광대버섯, 흰알광대버섯, 독우산, 땀버섯, 솔땀버섯, 독깔대기버섯, 파리버섯, 종환각버섯, 미치광이버섯, 목장말똥버섯, 풍선끈적버섯. 마귀광대버섯, 뿌리광대버섯 등의 버섯에 함유되어 있다. 주요 중독 증상으로 타액 분비, 발한, 구토, 설사, 복통, 두통, 경련, 환각 작용, 호흡 곤란 등을 보인다.

시안 배당체cyanogenic glycoside는 복숭아, 살구, 매실, 살구, 아몬드, 벚나무 등의 종자에 함유되어 있는데, 시안 배당체 자체는 독성이 없으나 효소나 산에 의해 가수 분해되면 유독한 시안화수소(HCN, 청산)가 생성되어 호흡 곤란을 유발한다. 중독 증상으로는 구토, 두통, 복통, 설사 등의 소화기 장애가 있으며, 심하면 호흡 곤란, 중추 신경 장애가 나타난다.

솔라닌solanin은 감자의 싹과 녹색 부위에 함유된 알칼로이드 배당체로, 독성을 가지고 있다. 가열에 의해 잘 파괴되지 않으며 285°C에서 분해된다. 구토, 두통, 현기증, 근육 마비, 정신 착란, 호흡 곤란 등의 중독 증상을 보인다.

시쿠독신cicuta virosa는 미나리과의 다년초 식물로 뿌리 부분에 시쿠톡신cicutoxin, 시쿠톡시닌cicutoxinin이라는 맹독성 알칼로이드를 함유하고 있다. 구토, 복통, 두통, 현기증, 경련 등의 중독 증상을 보이며, 심한 경우 호흡 곤란으로 사망할 수 있다.

아코니틴aconitine은 맹독성 알칼로이드 물질로 미나리아재비과에 속하는 바곳 *Aconitum japonicum* 등에 함유되어 있다. 중독 증상으로는 입술과 혀에 얼얼한 통증, 인위와 위에 작열감, 구토, 언어 장애, 사지 마비 등을 보이며 중증일 경우 호흡 곤란으로 사망한다.

고시폴gossypol은 목화의 종자, 뿌리, 줄기에 함유되어 있는 유독 물질로 면실유를 제조할 때는 고시폴을 정제해야 한다. 고시폴 중독은 출혈성 신염, 신장염, 심장 비대, 간장 장애 등의 증상을 나타낸다.

(3) 곰팡이독에 의한 식중독

곰팡이독mycotoxin은 곰팡이의 대사산물로, 사람이나 동물에게 질병이나 이상 생리 작용을 유발하는 물질을 말하며 곡류, 두류 등의 종산물이 주된 원인 식품이다. 아플라톡신aflatoxin은 *Aspergillus flavus*, *Aspergillus parasiticus*에 의해 생성되는 형광성 대사산물로, 독성이 매우 강하다. *Aspergillus flavus*는 고온 다습한 지역에서 땅콩, 쌀, 보리, 옥수수 등의 농산물에 잘 번식하여 아플라톡신을 생성한다. 아플라톡신은 강력한 발암성 물질로, 사람과 동물에게 급성 간장 장애를 일으킨다. 아플라톡신은 열에 강하고, 강산이나 강알칼리에서만 분해되므로 일반적인 조리나 가공 과정에서는 파괴되지 않는다. 아플라톡신은 사람과 동물에 위해성이 높으므로 세계 각국에서 식품 중의 허용기준치를 설정하고 있다. 우리나라에서는 곡류, 두류, 땅콩, 견과류 및 그 가공품에 대하여 아플라톡신 B_1 10 μg/kg을, 사료 원료에 대해서는 50 μg/kg을 허용기준치로 정하고 있다.

오크라톡신ochratoxin은 *Aspergillus ocharceus*가 쌀, 보리, 밀, 콩, 옥수수 등에 기생하여 생성하는 독소로 간장 장애, 신장 장애를 일으키고 간암 및 신장암을 유발한다.

3) 화학적 식중독

화학적 식중독은 식품의 제조, 가공, 조리, 저장 중에 의도적 · 비의도적으로 사용하여 혼입된 화학 물질에 의한 중독을 뜻한다.

(1) 식품첨가물에 의한 중독

우리나라 〈식품위생법〉 제2조에 의하면 식품첨가물이란 '식품을 제조 · 가공 또는 보존하는 과정에서 식품에 넣거나 섞는 물질 또는 식품을 적시는 등에 사용되는 물질'로 정의하고 있다. 즉, 식품첨가물은 식품을 제조, 가공, 조리하는 동안 첨가되는 물질로, 천연물도 있지만 인공적으로 합성된 화학적 합성물도 있다.

식품첨가물은 사용 목적에 따라 분류되는데, 식품 가공에서 자주 사용되는 식품첨가물로는 미생물에 의한 품질 저하를 방지하여 식품의 보존 기간을 연장시키는 보존료, 산화에 의한 식품의 품질 저하를 방지하는 산화방지제, 식품의 색을 안정화시키거나 유지 또는 강화시키는 발색제, 식품에 색을 부여하거나 복원시키는 착색료, 식품에 단맛을 부여하는 감미료, 식품의 맛 또는 향미를 증진시키는 향미증진제, 가스를 방출하여 반죽의 부피를 증가시키는 팽창제, 식품의 산도 또는 알칼리도를 조절하는 산도조절제, 두 가지 또는 그 이상의 성분을 일정한 분산 형태로 유지시키는 안정제, 물과 기름 등 섞이지 않는 두 가지 또는 그 이상의 상phases을 균질하게 섞어 주거나 유지시키는 유화제, 식품의 영양학적 품질을 유지하기 위해 제조 공정 중 손실된 영양소를 복원하거나 영양소를 강화시키는 영양강화제 등을 들 수 있다.

식품첨가물을 적절히 사용하는 경우 식품의 기호성, 영양가, 상품성을 향상시킬 수 있지만, 식품첨가물의 사용 방법이나 사용량이 부적당할 경우 인체에 위해를 일으킬 수 있으므로 사용 대상 식품, 사용량, 사용 방법, 사용 목적 등 식품첨가물에 대한 사용기준을 규정하여 일정량 이상 섭취하지 않도록 하고 있다.

(2) 잔류 농약 중독

농약은 농작물에 피해를 주는 해충, 병원균, 바이러스 방제를 위해 사용하는 것으로, 잔류 농약은 농약 살포 후에 일정한 기간 농작물의 표면에 부착하여 있거나 식물의 내부 조직에 흡수되어 분해되지 않고 남아 있는 경우를 말한다. 잔류 농약은 농약의 성분, 사용량, 사용 시기 등에 따라 남아 있는 정도가 다르다. 잔류 농약은 조리와 가공 과정을 거치면서 많이 감소하지만 농약의 유해성 때문에 잔류 농약의 안전성이 중요시된다. 대부분의 농약들은 유기화합물로 인체 조직에 더 용이하게 흡수·축적되지만, 분해 배설 속도가 느리기 때문에 체내에서 독성을 제거하기 쉽지 않다.

우리나라는 농약의 사용 기간, 사용량, 회수 등 농약의 안전사용기준을 설정하여 고시하고 있고, 독성 시험을 통한 1일허용섭취량을 기준으로 농산물의 잔류허용기준을 마련하여 시행하고 있다. 잔류 농약을 적게 섭취하기 위해서는 조리 전이나 섭취 전에 농산물의 세척을 철저히 하고, 물로 씻을 때 물을 받아 1~2분 담가 두었다가 흐르는 물로 2~3회 씻도록 한다. 채소는 바깥쪽 잎이나 껍질을 제거하고 섭취하며, 꼭지 부분은 농약 잔류 가능성이 있으므로 섭취를 피하도록 한다.

3. 식중독의 예방 관리

식중독의 원인은 다양하므로 원인 물질에 따라 식중독을 예방하기 위한 세부적인 방법은 차이가 있을 수 있다. 일반적으로 미생물에 의한 식중독을 예방하기 위해서는 원인균으로부터 식품 오염을 방지하고, 식품에 존재하는 원인균의 증식을 방지하거나 사멸시키는 것이 필요하다. 즉, 식품이 식중독 원인균에 의해 오염되는 것을 막기 위해서 식품을 위생적으로 취급하고, 교차 오염을 막도록 보관해야 한다. 또한 손 씻기, 작업복의 청결 등 조리자의 개인 위생을 철저히 하고, 소독과 살균 등으로 조리 기구 및 조리 환경을 위생적으로 관리하여야 한다. 가열 조리 음식은 음식의 내부도 설정 온도와 가열 시간에 도달할 수 있도록 충분히 가열해야 하는데, 음식물은 중심부 온도가 75℃(어패류는 85℃)에서 1분 이상 익히도록 한다. 조리식품을 실온에 보관 시 미생물의 증식이 빠르게 일어날 수 있으므로 조리된 음식은 가급적 단시간 내에 소모하도록 하고 남은 음식은 냉장 온도(5℃ 이하)에서 보관하도록 한다.

식중독 예방 요령

- 손 씻기 : 손은 30초 이상 세정제(비누 등)을 사용하여 손가락, 손등까지 깨끗이 씻고 흐르는 물로 헹군다.
- 익혀 먹기 : 음식물은 속까지 충분히 익혀 먹는다. [중심부 온도가 75℃(어패류는 85℃), 1분 이상 조리]
- 끓여 먹기 : 물은 끓여서 마신다.

출처 : 식품의약품안전처 식품안전나라

연습문제

1 감염형 식중독과 독소형 식중독 발병 기작의 차이점을 설명하고, 각각의 식중독을 유발하는 대표적인 균을 2개씩 들어 보시오.

2 아플라톡신 독성의 특성과 아플라톡신이 잘 생성되는 환경 조건을 설명하시오.

3 세균성 식중독을 예방하기 위한 방법을 설명하시오.

CHAPTER 10

식품알레르기

식품알레르기는 원인이 되는 식품의 섭취나 유전적 · 환경적 요인 등에 의해 발현하며, 두드러기, 가려움, 구토, 설사, 재채기, 기침, 콧물, 그리고 전신적 알레르기 반응인 아나필락시스 등 다양한 증상을 보인다. 식품알레르기는 개인마다 원인 식품이나 증상에서 차이가 있으므로 개인의 특성에 맞는 관리를 하는 것이 매우 중요하다. 또한 우리나라는 식품의약품안전처에서 알레르기 유발 표시 대상 식품을 지정하여 관리하고 있으므로 가공식품을 구입할 때에는 식품표시를 확인할 필요가 있다. 최근 식품알레르기 유병률이 계속 증가하는 추세를 보이고 있는 가운데, 본 장에서는 식품알레르기의 원인, 증상, 대처 방법 등에 대해 살펴보고자 한다.

1. 식품알레르기의 정의

식품 섭취를 통해 사람들은 신체의 구조와 기능을 유지하게 되는데, 대부분의 사람들은 다양한 식품을 섭취하고도 별 이상 반응을 보이지 않지만 어떤 사람들은 특정 식품에 대해 개인적인 이상 반응을 보이며, 특히 비정상인 면역 반응이 원인이 되어 나타나는 것이 식품알레르기이다. 즉, 식품알레르기란 원인이 되는 식품을 섭취한 후 식품에 있는 특정 항원과 몸의 면역 글로불린IgE이나 림프구 등이 반응하여 나타나는 과도한 면역 과민 반응을 말한다.

2. 식품알레르기의 원인 및 증상

1) 식품알레르기의 원인

식품알레르기는 원인이 되는 식품을 섭취하여 발생하지만 가족 중 알레르기가 있는 유전적 요인이나 환경적 요인에 의해서도 발생할 수 있으며, 섭취뿐만 아니라 피부에 노출되어 접촉하거나 호흡기를 통해 흡입함으로써도 나타날 수 있다. 식품알레르기는 없어지기도 하고 생기기도 하며 개인별로 반응을 일으키는 정도도 다르다. 식품의 조리에 따라 반응성이 약해질 수도 있고 심해질 수도 있는데, 일반적으로 높은 온도에서 조리하면 반응성이 약해지는 경향을 보이며, 땅콩은 볶으면 반응성이 심해지고, 달걀은 밀과 함께 조리하는 경우 반응성이 약해진다. 또한 식품알레르기는 나이에 따라 주요 원인 식품이 다르게 나타나는데, 영아기와 유아기에는 달걀, 우유, 밀, 대두, 땅콩 등이 주요 원인 식품이며, 아동기와 청소년기에는 이들 식품 외에도 생선, 갑각류 등도 주요 원인 식품으로 나타나고 있다표 10-1.

표 10-1 식품알레르기 주요 원인 식품 및 발생 · 소실 시기

식품	알레르기 발생 시기	알레르기 소실 시기
달걀흰자	6~24개월	7세(75% 정도가 자연 소실)
우유	6~12개월	5세(76% 정도가 자연 소실)
땅콩	6~24개월	계속 지속(20% 정도는 5세 정도에 자연 소실)
견과류	1~7세	계속 지속(9% 정도는 5세 정도에 자연 소실)
참깨	6~36개월	계속 지속(20% 정도는 7세 정도에 자연 소실)
생선	전 연령	계속 지속
조개류	60% 정도가 성인기에 시작	계속 지속
밀	6~24개월	5세(80% 정도가 자연 소실)
대두	6~24개월	2세(67% 정도가 자연 소실)
키위	전 연령	확실하지 않음
사과, 당근, 복숭아, 망고, 배 등	전 연령	확실하지 않음

출처: 대구광역시 어린이급식관리지원센터(2016)

2) 식품알레르기의 증상

식품알레르기에 의해 유발되는 증상은 매우 다양하다. 피부, 호흡기, 소화기, 심혈관 등의 신체 기관에서 증상이 유발될 수 있으며, 범위도 국소적으로 또는 전신에 나타날 수 있다. 가장 흔한 증상으로 피부에 두드러기, 가려움, 홍반 등이 나타날 수 있으며, 소화기 증상으로는 구토, 복통, 설사 등이 있고, 호흡기 증상으로는 재채기, 기침, 콧물, 코막힘, 흉부 압박감, 호흡 곤란, 청색증 등이 유발될 수 있다. 그 외 신경 증상으로 두통, 의식 저하 등이 있고, 심혈관 증상으로는 빈맥, 가슴 통증, 저혈압, 심장마비 등이 있다그림 10-1. 식품알레르기가 유발되면 항히스타민제를 사용하여 증상을

완화시킬 수 있다.

아나필락시스anaphylaxis는 식품알레르기 원인 식품을 섭취한 후 입, 피부, 소화기, 호흡기, 심혈관계 등 전신에 알레르기 증상이 한꺼번에 나타나는 것으로, 호흡 곤란, 어지러움, 혈압 저하, 실신 등의 아나필락시스 쇼크로 인해 갑자기 사망에 이를 수 있어 매우 위험하므로 이 경우 자가 주사용 에피네프린 투여 등 신속한 응급 처치가 필요하다. 에피네프린은 기도를 확장시켜 호흡을 잘할 수 있도록 해주고 혈압도 다시 오르게 하는 역할을 한다. 아나필락시스를 유발하는 주요 식품으로 땅콩, 호두, 잣과 같은 견과류, 우유, 달걀, 새우, 게 등의 해산물, 메밀, 깨, 복숭아, 키위 등이 있으며, 아나필락시스는 반응 역치가 낮아 소량의 원인 식품 섭취로도 일어나는 경우가 많다.

한편 식품만 섭취하였을 때는 알레르기 증상이 나타나지 않으나, 식품을 섭취하고 운동을 했을 때 알레르기 증상이 나타나는 식품 의존성 운동 유발성 아나필락시스도 있다. 이 경우 식품만 섭취했을 때는 알레르기가 유발되지 않기 때문에 식품알레르기로 인식하지 못하는 경우가 있는데, 특정 식품을 먹고 운동한 후 알레르기가 유발된 경험이 있다면 운동 6~8시간 전에는 이 식품을 섭취하지 않는 것이 좋다.

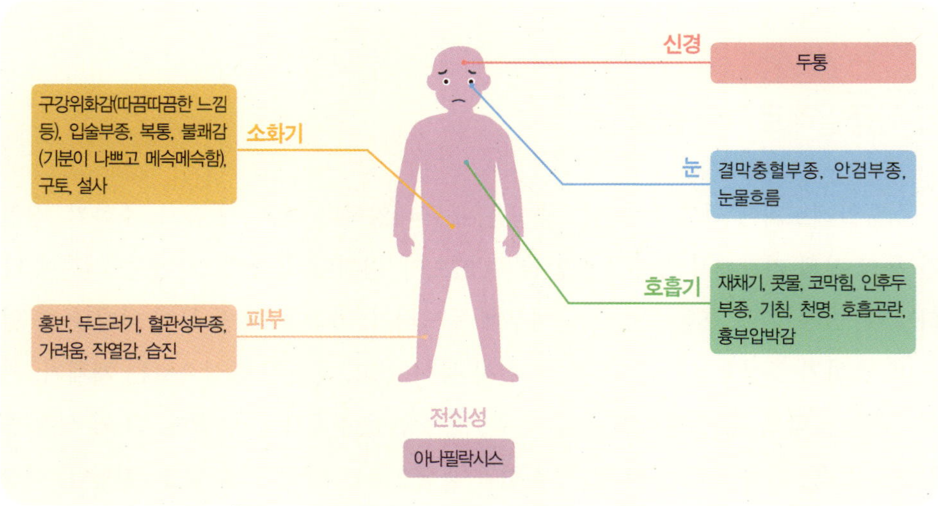

그림 10-1 식품알레르기 증상

3) 식품알레르기의 진단 방법

식품알레르기를 진단하는 방법 중 가장 간단한 방법은 과거에 특정 식품을 섭취한 후 명백한 증상이 있었던 경우를 근거로 삼는 것이다. 다른 방법은 혈액 내 특정 식품과 반응하는 항체를 측정하는 혈액 검사를 들 수 있는데, 이 검사만으로는 진단이 어렵다. 원인 식품 단백질로 피부를 자극한 후 나타나는 피부 팽진의 크기를 측정하여 양성을 확인하는 피부 반응 검사도 있는데, 검사에서 양성 반응이 나타났지만 실제 식품 섭취 후에 증상이 나타나지 않는 경우에는 식품알레르기로 진단하지 않는다. 가장 신뢰할 수 있는 검사 방법으로는 식품알레르기가 의심될 때 환자에게 그 음식물을 섭취하도록 한 후 임상 증상의 유발 여부를 관찰하는 식품 유발 검사 방법이 있다.

3. 식품알레르기 유발 식품표시

식품알레르기를 일으키는 식품 성분은 단백질로 우리나라의 식품의약품안전처에서는 식품알레르기 발생 빈도가 높은 원인 식품들을 〈식품 등의 표시 기준〉에 고시하고 있다. 2019년 기준 식품의약품안전처에서는 22개의 알레르기 유발 표시 대상 식품을 지정하여 관리하고 있는데, 여기에는 소고기, 돼지고기, 닭고기, 난류(가금류에 한함), 우유, 대두, 메밀, 밀, 고등어, 게, 새우, 조개류(굴, 전복, 홍합 포함), 오징어, 복숭아, 토마토, 땅콩, 호두, 아황산류(이를 첨가하여 최종 제품에 SO_2로 10 mg/kg 이상 함유), 잣 등이 포함된다그림 10-2.

그림 10-2 식품의약품안전처 고시 식품알레르기 유발 표시 대상 식품

식품알레르기가 있는 경우 가공식품을 구입할 때에는 식품표시의 일괄 표시면을 확인하여 원재료명에 알레르기 유발 식품 재료가 포함되어 있는지 확인하고, 제조 과정에서 알레르기 유발식품을 사용한 제품과 같은 제조 시설에서 제조되었는지 여부도 확인하여 식품알레르기 발생에 유의하여야 한다그림 10-3.

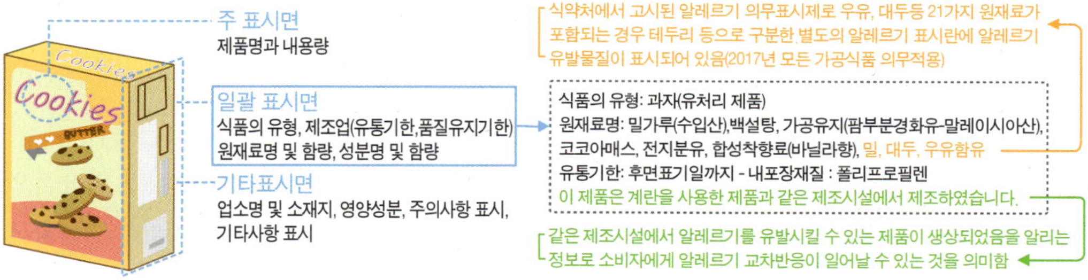

그림 10-3 식품알레르기 표시 확인 방법

또한 학교 급식 등의 식단에 알레르기 유발식품을 표시하여 음식을 섭취하기 전에 미리 확인할 수 있도록 하고 있다표 10-2. 알레르기 유발식품을 사용하거나 이들 식품의 성분을 함유한 식품 또는 식품 첨가물을 이용한 식품이 사용된 음식명에 해당 알레르기 유발식품을 번호로 표시한다.

표 10-2 알레르기 유발식품이 표시된 급식 식단표(예)

식단 1	식단 2	식단 3
완두콩밥	흑미밥	기장밥
맑은참치김치찌개⑨	어묵국①⑥⑨⑰	순두부백탕①⑤
스크램블에그①②	닭고기간장조림⑮	돼지고기양배추볶음⑩
참나물무침	열무나물	치커리사과무침
깍두기⑨	배추김치⑨	배추김치⑨

알레르기 유발식품 : ① 난류(가금류), ② 우유, ③ 메밀, ④ 땅콩, ⑤ 대두, ⑥ 밀, ⑦ 고등어, ⑧ 게, ⑨ 새우, ⑩ 돼지고기, ⑪ 복숭아, ⑫ 토마토, ⑬ 아황산염, ⑭ 호두, ⑮ 닭고기, ⑯ 소고기, ⑰ 오징어, ⑱ 조개류(굴, 전복, 홍합 포함), ⑲ 잣

4. 식품알레르기 대처 방법

식품알레르기에 대처하기 위해서는 평소 본인에게 알레르기 반응을 일으키는 식품이 있는지 살펴보고, 자신에게 알레르기를 유발하는 식품은 피하도록 한다. 또한 식품

을 구입할 때 자신에게 알레르기 유발하는 원재료가 포함되어 있는지 식품의 라벨을 확인하고, 외식을 할 때는 자신에게 알레르기 일으키는 식재료는 빼고 조리해 달라고 부탁하도록 한다.

식품알레르기가 있는 사람은 원인 식품에 대한 노출을 피하는 것이 좋지만 지속적으로 특정 식품을 섭취하지 못할 경우에는 영양 불량이 발생할 수 있다. 성장기 어린이의 경우 특정 식품을 계속 섭취하지 못하게 되면 영양 결핍으로 인해 성장 장애가 올 수 있는데, 예를 들어 우유 알레르기로 우유 섭취를 하지 못하는 경우 단백질, 칼슘 등이 부족해질 수 있다. 따라서 알레르기 반응을 나타내는 식품이 있다면 원인 식품의 섭취를 피하고 대체식품을 섭취하여 영양 불량에 대한 문제에 대처해야 한다. 밀 알레르기가 있는 경우에는 밀 대신에 쌀로 만든 식품을 섭취하고, 우유 알레르기가 있는 경우는 두유와 같은 대체식품을 섭취할 수 있다. 또한 음식을 조리할 때에도 알레르기 원인 식품을 제외하거나 이들 대체할 수 있는 재료를 사용하는 것이 필요하다표 10-3. 대체식품을 선택할 때는 단백질이 유사할 경우 교차 반응이 일어날 수도 있으므로 이를 확인하는 것이 좋다그림 10-4. 특히 어린이가 식품알레르기 증상이 있는 경우 보호자가 평소 식품알레르기 관리를 통해 위급한 상황이 발생하지 않도록 유의하고, 식품알레르기가 발생했을 때의 대처 방법을 미리 숙지하여 신속히 대응하는 것이 필요하다.

용어 이해하기

- 교차 반응: 식품알레르기 원인 식품과 전혀 다른 식품이라도 구조가 비슷할 경우 알레르기 반응이 생기는 것을 교차 반응이라고 한다.

표 10-3 알레르기 발생이 높은 식품의 대체식품 및 유의 사항

식품군	식품	대체식품 및 유의 사항
곡류	메밀, 밀	• 곡류에 속하는 식품으로 대체
대두	대두	• 어육류에 속하는 식품으로 대체
난류	달걀	• 어육류에 속하는 식품으로 대체
우유류	우유	• 칼슘 강화 두유로 대체
어류	고등어 등	• 생선의 경우 다른 생선과 교차 반응 가능성이 있으므로 확인 후 반응이 없는 생선으로 대체
갑각류	새우, 게	• 갑각류는 서로 교차 반응률이 높기 때문에 대체식품으로 선택 시 교차 반응을 확인 • 교차 반응으로 다른 갑각류로 대체하기 힘든 경우 갑각류가 아닌 어육류로 대체
견과류	땅콩, 호두	• 다른 견과류에 문제가 없는지 확인 후 다른 견과류로 대체
과일류	복숭아, 키위	• 과일류는 교차 반응률이 높기 때문에 확인 후 반응이 없는 과일로 대체

출처 : 한영신 · 이윤나(2016)

알레르기 반응을 일으키는 식품	교차 반응으로 문제가 될 수 있는 식품	교차 반응률	알레르기 반응을 일으키는 식품	교차 반응으로 문제가 될 수 있는 식품	교차 반응률
 콩류(땅콩)	그 외 콩류 (완두콩, 렌즈콩, 대두)	5%	 우유	육류(햄버거) 염소의 젖(염소) 암말의 젖(말)	10% 92% 4%
 견과류(호두)	그 외 견과류 (브라질, 캐슈너트, 헤이즐넛)	37%	 꽃가루 (자작나무, 돼지풀)	과일/채소 (사과, 배, 감로)	55%
 생선(연어)	그 외 생선 (황새치, 가자미)	50%	 복숭아	그 외 장미과 과일 (사과, 자두, 체리, 배)	55%
 갑각류(새우)	그 외 갑각류 (게, 바닷가재)	75%	 멜론(캔터루프)	그 외 과일 (수박, 아보카도, 바나나)	92%
 곡류(밀)	그 외 곡류 (보리, 호밀)	20%	 과일 (키위, 아보카도, 바나나)	라텍스 장갑	11%

그림 10-4 알레르기 유발식품의 교차 반응

출처 : 중앙급식관리지원센터(2018)

연습문제

1 아나필락시스란 무엇이며 어떤 증상이 나타나는지 설명하시오.

2 알레르기 유발 표시 대상 식품에는 어떤 식품들이 있는지 제시하시오.

3 식품알레르기를 가지고 있는 경우 식품 구입 및 섭취 시 어떻게 대처하는 것이 좋을지 설명하시오.

PART 5

지속가능한 식생활

CHAPTER 11

지속가능한 식생활

지속가능성의 개념은 유엔이 지속가능한 발전 목표를 설정하면서 세계적으로 널리 알려졌으며, 각국은 이를 실천하기 위해 정책적 목표와 지표를 정하고 있다. 이에 따라 식생활에서도 지속가능성의 개념이 도입되어 환경과 사회의 지속가능성에 기여하면서 건강을 증진할 수 있도록 식품을 선택, 조리, 섭취, 폐기하는 생활 양식이 전개되고 있다. 본 장에서는 유엔의 지속가능발전 개념을 토대로 국내 지속가능한 식생활의 이슈와 실천 방안을 알아보고자 한다.

1. 지속가능성의 개념

1) 지속가능성과 지속가능발전

지속가능성sustainability은 일반적으로 특정한 과정이나 상태를 유지할 수 있는 능력으로 정의된다. 생태학적으로는 생태계가 상태의 작용, 기능, 생물 다양성, 생산을 미래로 유지할 수 있는 능력으로 사용되고 있다.

지속가능성의 개념은 1968년 환경 문제에 관한 연구를 위해 로마 클럽Club of Rome이 결성되면서 시작되었다. 이 클럽은 지구가 환경 오염과 자원 고갈로 인해 100년 내 성장 한계에 부딪힐 수 있다는 결론에 도달했고, 1972년『성장의 한계the limits to growth』를 발간하여 제로 성장의 필요성을 주장하였다.

70, 80년대 유엔은 환경 파괴와 천연자원 고갈이 날로 악화되어 가고 있다고 인식하였다. 1987년 세계환경개발위원회World Commission on Environment and Development, WCED는 브룬틀란 보고서Brundtland Report 〈우리 공동의 미래our common future〉에서 '지속가능발전'이 인류가 지향해야 할 방향이라 하였다. 이때 지속가능발전이라는 용어가 공식적으로 명시되었으며, 미래 세대의 필요를 충족할 능력을 해치지 않는 한에서 현재 세대의 필요를 충족시키는 것으로 정의되었다. 1992년 브라질 리우Rio에서 지구 최대 환경 회담인 유엔환경개발회의United Nations Conference on Environment and Development, UNCHD)에서 지속가능발전이란 용어를 본격적으로 사용하게 되었다.

2) 지속가능발전의 확대

지속가능발전은 그동안 경제 성장에 목표를 두고 사회 제도와 기술을 최적화시키는 발전을 추구하던 것에서 사회적 및 환경적 차원까지 발전을 확장시킨 개념이다. 2005년 세계사회개발정상회의World Summit on Social Development는 지속가능발전을 서로 독립된 것이 아닌 연관된 세 범주의 틀로 설명하였다. 즉, 경제 · 사회 · 환경의 세 축이 지속가능성을 받치고, 각 축은 독립적이면서 서로 통합되는 모양을 지닌 것이다 그림 11-1.

먼저 사회 영역으로 확장됨으로써 소홀히 다뤄지던 정치, 인권, 빈곤, 고용, 기술 개발, 인구 문제 등 다양한 사회적 쟁점까지 포함된 유엔의 밀레니엄개발목표The Millennium Development, MDGs, 유엔개발기구United Nations Development Programme의 인간개발지수 등의 결과물이 제시되었다. 환경 영역은 환경을 파괴하지 않는 한도 내에서 도시 및 산업 개발 등이 이루어져야 한다는 의미로 생태 지속가능성이라고 한다. 환경 영역은 에너지, 토지, 물, 대기, 기후 변화, 해양, 생물 다양성, 생태계 등을 포함한다.

지속가능발전은 발전의 측면에서 경제 영역과도 밀접한 관련이 있다. 소비, 생산과 분배로 이루어진 경제 활동에서 자원이 소모되므로 지속가능발전은 현 세대의 필요를 충족하기 위해 현 세대의 빈곤을 수반한다는 것이다. 최근 많은 기업들이 지속가능경영 보고서를 발간하고 있으며, 사회적 경제 또는 공유 경제, 도시 재생에 관한 논의를 활발하게 진행하고 있다.

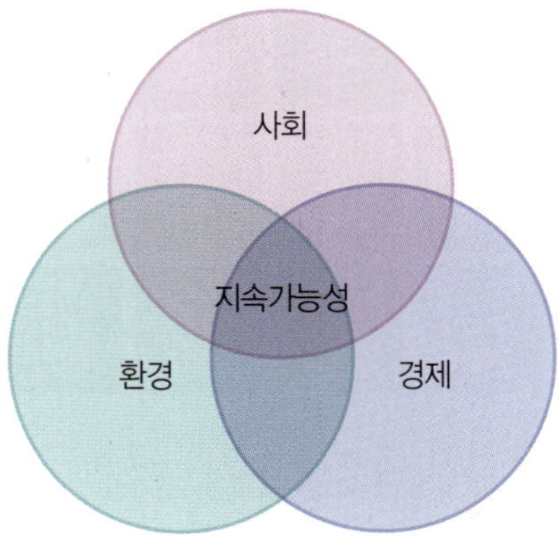

그림 11-1 지속가능발전의 세 가지 축

출처 : Purvis et al.(2019)

쉬어가기

지속가능발전의 목표, SDGs

지속가능발전이란 매우 다양한 분야를 아우르는 용어이다. 이에 유엔은 '지속가능발전목표(Sustainable Development Goals, SDGs)'를 제시하기에 이르렀다. 2000년 유엔 55차 총회에서 밀레니엄 선언이 채택되었고, 2015년 9월 유엔 총회에서 새로운 개발 목표인 SDGs가 채택되었다. '2030 지속가능발전 의제'로도 불리는 SDGs는 '단 한 사람도 소외되지 않는 것(leave no one behind)'이라는 슬로건과 함께 인간, 지구, 번영, 평화, 파트너십이라는 5개 영역에서 인류가 나아가야 할 방향성을 17개 목표(goals)와 169개 세부 목표(target)로 제시하였다.

SDGs는 더욱 포괄적인 목표를 담고 있으며, 사회 발전 측면뿐만 아니라 환경적인 지속가능성과 경제적인 번영까지 동시에 강조하여 지속가능한 발전 개념을 균형 있게 이행할 수 있다는 평가를 받고 있다. 또한 선진국을 포함한 모든 국가와 지역에서 발생하는 다양한 형태의 빈곤과 불평등을 모두 포함한다는 점에서 더 보편적인 목표가 제시된 것이다. 그러므로 성공적인 이행을 위해 모든 주체들이 참여하고 행동하는 것뿐만 아니라 다양한 국가적 상황에 따라 유연성이 발휘되므로, 각 국가들은 가장 적절하고 관련 있는 목표 내 세부 목표와 지표를 선택하여 척도로 삼을 수 있다. 세계 각국은 SDGs 이행을 위해 많은 노력을 하고 있으며, 우리나라는 〈지속가능발전법〉, 〈저탄소녹색성장기본법〉, 〈국제개발협력기본법〉 등 정부 정책 및 관련법을 통해 개별 목표를 이행하고 있다.

출처 : United Nations Department of Economic and Social Affairs, Sustainable Development

2. 지속가능한 식생활

1) 지속가능한 식생활의 개념

2015년 제70차 유엔 총회에서 지속가능발전 목표Sustainable Development Goals, SDGs가 채택되었다. 목표 17개 중 식생활과 '직접' 관련된 목표는 2가지로, 목표 2 : 기아의 종식, 식량 안보 확보, 영양 상태 개선 및 지속가능 농업 증진과, 목표 12 : 지속가능한 소비와 생산 양식의 보장이다.

이러한 목표가 발표되면서 국내외 국가 기관과 단체들이 지속가능한 식생활에 관심을 가지게 되었다. 유엔식량기구Food and Agriculture Organization of the United Nations는 지속가능한 식사란 현재 및 미래 세대의 건강한 삶에 기여하는 환경 영향이 적은 식단이라고 하였다. 미국영양학술원(Academy of Nutrition and Dietetics, 전 미국영양사협회)은 지속가능한 식생활을 우리 환경과 몸의 건강에 좋은 음식을 선택하는 것으로 정의하였다. 우리나라 농림축산식품부는 지속가능한 식생활을 바른 식생활로 명명하며, 건강, 환경, 사회의 가치를 함께 실현하는 식생활이라 하였다그림 11-2. 다시 말해 환경과 사회의 지속가능성에 기여하면서 건강을 증진할 수 있도록 식품을 선택, 조리, 섭취, 폐기하는 생활 양식으로 규정한 것이다.

근래 농림축산식품부는 지속가능한 식생활을 확산하고, 농업·농촌 가치의 인식을 확대하기 위해 식생활교육 종합정보 플랫폼인 '식생활교실(https://www.foodlife-edu.or.kr)'을 운영하고 있다. 대상별·주제별 맞춤형 교육 정보를 제공하고, 기반 확대를 통해 식생활 실천 역량을 높이며 지속가능한 식생활 교육 소통 및 확산의 장을 마련한 것이다. 여기에는 한국형 지속가능한 식생활의 모형과 건강, 환경, 사회에 맞춘 지속가능한 식생활 핵심 역량 및 성과 지표가 제시되어 있다.

한국형 지속가능한 식생활의 실천을 위해 마련된 핵심 역량과 성과 지표는 지속가능한 식생활 모형에서 제시된 건강, 환경, 사회의 가치로 구분하여 작성되었다표 11-1. 핵

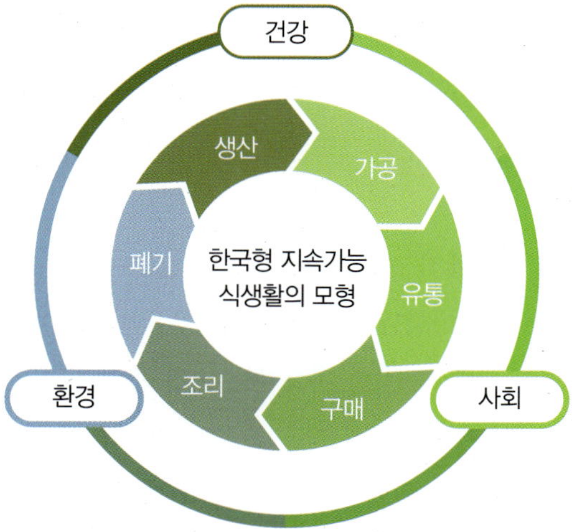

그림 11-2 한국형 지속가능한 식생활의 모형

출처 : 식생활교실 홈페이지

심 역량은 건강 측면에서 영양과 식품 안전, 환경 측면에서 환경친화적 농식품과 농식품 관련 쓰레기, 사회적 측면에서는 사회 공정성, 지역경제발전, 식문화와 지속가능한 식생활로 설정되었다. 성과 지표는 핵심 역량별로 인지, 의향 또는 태도, 행동으로 제시되었다.

표 11-1 지속가능한 식생활의 핵심 역량 및 성과 지표

구분	핵심 역량	성과 지표
건강	영양	균형 잡힌 식사, 과일 · 채소 섭취
	식품 안전	• 식품안전인증 식품 인지 • 안전한 식생활 실천 태도 • 식품안전인증 식품 구매 행동

구분	핵심 역량	성과 지표
환경	환경친화적 농식품	• 환경친화적 인증 농식품 인지 · 구매 의향 • 제철식품 인지 · 구매 의향 • 가공식품 인지
	농식품 관련 쓰레기	• 음식물 쓰레기 인지 • 음식물 쓰레기 배출 · 발생 원인 인지 • 음식물 쓰레기 저감화 실천 태도 • 일회용 배출 · 일회용기 저감화 실천 행동
사회	사회 공정성	• 신선농산물 구매 용이성 • 식품 안정성 • 동물복지 인지 · 동물복지식품 구매 의향 • 공정무역 인지 · 공정무역식품 구매 의향
	지역 경제 발전	• 국내산 식품 인지 • 국내산 식품 구매 의향 • 지역산 식품 인지 구매 의향 등
	식문화	• 전통식품인증식품 인지 · 인증 식품 구매 의향 • 식사 준비 방식 • 한국형 식사 조리 • 전통식문화에 대한 태도
	지속가능한 식생활	• 지속가능한 식생활 인지 • 지속가능한 식생활에 대한 태도 • 지속가능한 식생활 실천 행동

출처 : 식생활교실 홈페이지

2) 지속가능한 식생활 교육

(1) 지속가능한 식생활의 이해

전 세계적으로 개인과 단체가 지속가능한 미래를 만들기 위해 관심을 가지게 되면서 각 분야에서 미디어, 교육 및 시민 참여 프로그램을 설계하고 있다. 한 단체는 지속가능한 식생활의 영역에 대해 푸드 시스템, 생태 농업과 산업형 농업, 제철식품과 지역식품,

표 11-2 지속가능한 식생활의 영역과 개념

영역	개념
푸드 시스템	• 글로벌 · 로컬 · 지역 푸드 시스템의 개념 • 식품 수명 주기를 정의하는 식품의 생태, 인간, 과정이라는 용어
생태농업과 산업형 농업	• 다양한 형태의 농업이 자연환경(토양, 물, 공기), 농부, 농장 작업자, 농장 가축, 지역사회, 공중보건에 미치는 영향 • 자연 경관과 생물다양성을 보존 · 보호하며 재생할 수 있는 농업 방식 • 유기농 인증 • 지속가능한 수산업
제철식품과 지역식품	• 지역과 제철농업 간 연관성 • 지역 내 제철 농산물
자연식품과 가공식품	• 자연식품 • 가공식품 • 고도 가공식품
식품과 건강	• 건강식사의 구성 • 가공식품 내 과잉의 당, 지질, 소금의 영향 • 푸드 시스템의 불평등이 건강에 미치는 영향 • 식품 환경 설계 방법이 건강 식생활 증진에 미치는 영향
식품 정책	• 정부정책이 식품 생산 · 분배 및 식품 접근성에 미치는 영향 • 식품정책이 공중보건에 미치는 영향

출처 : Nourish 홈페이지 재구성

자연식품과 가공식품, 식품과 건강, 식품정책의 6개로 제시하였다표 11-2. 지속가능한 식생활의 각 영역에 대해 친숙 정도를 1단계(개념에 친숙하지 않음)부터 4단계(개념을 명확하게 설명하고, 사용할 수 있음)로 평가해 봄으로써 개인, 사회, 국가의 지속가능한 식생활 실천 정도를 파악할 수 있다고 하였다.

(2) 식생활 능력

지속가능한 식생활 교육은 개인의 건강은 물론 사회와 환경까지 범위를 넓혀 지속가능한 지역사회와 지구의 구성원으로 식생활 능력을 키우는 데 목적을 둔다. 식생활 교육은 그간 영양소에 대한 이해와 균형 식사, 그리고 개인의 식생활 관리를 주제로 하였으나 최근에는 개인의 식생활이 환경, 사회, 경제에 미치는 영향을 고려하는 지속가능한 식생활 교육으로 그 범위가 점차 확장되고 있다.

식생활 능력food literacy은 식생활 정책, 식생활 교육 및 식생활 연구 등에서 지속가능한 식생활 교육의 목표로 대두된 용어로 학자들에 의해 다양하게 정의되고 있다. 개인적 차원에서는 개인이 건강 증진을 위해 기본적 식품·영양정보와 서비스를 습득, 해석, 이해하는 능력과 정보 서비스를 활용하는 능력을 의미한다. 나아가 개인과 사회가 건강 상태, 환경, 사회·경제적 요인에 미치는 영향을 이해하는 능력으로, 영양 지식에 국한되지 않고 식품 시스템에 대한 포괄적 이해와 영양 기준에 적합한 식생활을 실천하는 것을 포함한다.

(3) 외국의 지속가능한 식생활 교육

주요 선진 국가의 식생활 교육은 농업·농촌의 중요성을 강조하고 있으며, 특히 지역 농산물 연계 교육을 강화하는 추세이다. 식생활 교육의 범위는 영양, 위생 등 부분적 개념에서 생산, 유통, 소비, 환경 등 식품의 순환 체계를 포괄하는 영역으로 확대되고 있다.

미국을 비롯한 북미에서는 식생활 능력을 폭넓게 정의내리고 학생 또는 지역 주민들을 대상으로 이러한 능력을 배양하기 위해 노력하고 있다. 하버드대학교는 식생활 능력을 소비자가 식품과 사회를 지속가능성, 영양, 식품 준비 등과 관련된 다양한 정보에 입각하여 음식을 선택할 수 있는 능력으로 정의하고, 지속가능한 식생활 실천을 위한 5가지 방안으로 식물성 식품 우선 선택, 육류 섭취 줄이기, 지속가능한 수산물 선택, 지역 식재료, 마음 챙기며 식사하기를 제안하였다. 또한 식생활 능력의 정의에 대해 미시간대학교는 식품, 에너지, 물, 그리고 기후 변화 등과 연관되는 지속가능한 푸드 시스템에 관한 역량과 인지 기술로, 캘리포니아 식생활능력센터는 식품 선택이 건강, 환경, 경제에 미치는 영향을 이해하는 것이라고 하였다. 미국 농무부의 '교실에서의 농업agriculture in the classroom' 프로그램은 학교에서 농업 교육을 확대하기 위해 도입된 것으로 유치원에서 고등학교까지 교사와 학생들의 농업과 농촌에 대한 이해력을 향상시키고 생애주기별 맞춤형 교육 콘텐츠를 개발·보급하고 있다.

캐나다 브리티시 콜롬비아 주에서 진행하는 '건강한 학교 프로그램healthy schools BC, Canada'은 식생활 능력을 핵심 영역으로 설정하고, 개인의 건강과 사회 및 환경의 건강을 고려하여 식품 재배, 선택, 전처리, 식사 차리기, 즐겁게 식사하기 등에 대한 지식, 기술과 태도를 갖는 것으로 정의하였다. 온타리오 주에서도 '지속가능한 온타리오sustain Ontario'라는 식생활 교육 프로그램을 운영하고 있으며, 식생활 능력을 자신과 가족에게 건강, 맛, 가격에서 적절한 식사를 준비하는 데 도움이 되는 일련의 기술과 특성인 식생활 기술, 문제해결 자신감, 정보 접근 및 공유 능력으로 보았다.

프랑스의 식생활 교육에서는 환경, 생태, 도시화 문제의 해결을 위해 농업과 농촌 체험, 조리 체험을 진행하여 환경에 대한 문제 의식을 스스로 형성할 수 있도록 유도하고 있다. 유아부터 11세까지 '미각 교육'을 통해 다양하고, 반복적인 감각 경험을 하게 함으로써 맛과 영양의 중요성뿐만 아니라 식재료 본연의 가치를 파악하고, 올바른 식습관이 형성되도록 하고 있다. 또한 국가 푸드 플랜의 핵심 과제에 청소년을 대상으로 한 식생활 교육과 지역 농산물, 전통 식문화의 가치 확산을 포함시켰다.

일본에서는 젊은 세대의 농산물 생산에 대한 이해 부족과 수급 불균형, 불규칙한 식사 증가, 농식품의 해외 의존도 증가에 따라 식생활 교육의 필요성이 제기되었다. 〈식육기본법〉을 근거로 5년 단위로 식생활 교육에 대한 종합 시책인 식육 추진 기본 계획을 수립하고 있으며, 식육의 기본활동으로 '지산지소 운동'이 제시되었다. 지산지소 운동은 지역에서 생산된 농림수산물을 그 지역에서 소비하고자 하는 활동으로, 국민이 식품의 순환 구조를 알고 감사의 마음을 갖는 것을 강조한다. 또한 전통 식문화인 와쇼쿠 문화에 대한 국민 관심의 제고와 계승을 위해 학교급식에서 메뉴 개발과 조리 강연을 진행하고, 식품 제조업, 가정 간편식, 외식업 등이 협력하여 신규 상품을 개발하고 있다.

(4) 우리나라의 지속가능한 식생활 교육

농림축산식품부는 2009년 제정된 〈식생활교육지원법〉에 근거하여 5년마다 식생활 교육 기본 계획을 수립하며 지자체와 민관 협력 사업 형태로 식생활 교육을 실시하고 있다. 3차에 걸친 기본 계획의 비전, 추진 방향 및 추진 체계는 다음 표와 같다표 11-3. 2020년부터 제3차 식생활 교육 기본계획이 추진되고 있으며, 그 기본방향은 지속가능한 식생활의 확산으로 우리 농업 환경의 가치에 대한 인식을 제고하고 국민의 건강과 사회 환경의 지속가능성을 달성하는 정책을 마련하는 것이다. 또한 추진 방향으로 취약 계층과 미래 세대를 고려한 사람 중심 교육, 농업·환경의 공익적 가치 확산을 위한 교육 확대, 지속가능한 식생활 확산으로 우리 농식품 소비 기반 확대가 설정되었다.

표 11-3 우리나라 지속가능한 식생활 추진 시스템

구분	비전	추진 방향(목표)	추진 체계
2010~2014 제1차 기본 계획	건강한 국민, 녹색 식문화	• 식생활교육 추진 체계 확립 • 식생활교육 콘텐츠 개발 보급 • 녹색 식생활 체험 기반 마련	• 국가식생활교육위원회 설치·운영
2015~2019 제2차 기본 계획	바른 식생활, 건강한 식문화로 국민 삶의 질 향상	• 교육·체험 기회 확대, 바른 먹거리 접근성 향상 • 관계 부처 및 민관 거버넌스 협력 강화 • 지역 단위 식생활교육 활성화를 통한 전국적 확산	• 국가식생활교육위원회 산하 실무위원회 및 식생활교육평가위원회(가칭) 설치·운영
2020~2024 제3차 기본 계획	지속가능한 식생활로 함께 하는 농업, 건강한 국민, 포용하는 사회 실현	• 취약 계층과 미래 세대를 고려한 사람 중심 교육 실시 • 농업·환경의 공익적 가치 확산을 위한 교육 확대 • 지속가능한 식생활 확산으로 우리 농식품 소비 기반 확대	• 국가식생활교육위원회 개편을 통한 부처 간 협업 및 평가 체계 구축 • 기초 지자체 단위 식생활교육 추진 기반 강화 및 확산

출처 : 식생활교실 홈페이지

3) 지속가능한 식생활의 실천

(1) 우리나라의 지속가능한 식생활 실천 필요성

최근 우리나라 식생활에서 육류 소비의 급격한 증가, 푸드 마일리지 증가, 급격한 쓰레기 발생량 증가 등이 주요 문제점으로 지적되고 있으며, 이를 개선하기 위해 지속가능한 식생활에 대한 교육과 실천이 필요하다.

① 육류 소비의 급격한 증가

한국인의 1인 연평균 육류 소비량은 1980년 11.3kg에서 2018년 53.9kg으로 약 5배 증가하였다. 육류 공급량은 1980년부터 연평균 5% 증가하였고, 소비 증가율은 닭이 5.1%로 가장 높고, 다음이 돼지 3.7%, 소 2.5% 순이었다. 수입 증가율은 돼지가 9.9%로 가장 높았다.

유엔의 발표에 따르면 가축이 내뿜는 메탄가스는 전 세계에서 발생하는 온실가스의 18%에 이르며, 이는 교통수단이 배출하는 비율인 13%보다 높다. 메탄가스는 이산화탄소 대비 21배의 온실 효과를 내는 것으로 알려져 있다. 또한 가축 사육에는 많은 양의 물과 곡식이 필요하다. 소고기 450g을 생산하는 데 약 9,000L의 물이 필요한데, 이 양은 토마토 생산에 필요한 물의 90배에 달한다. 육류 1kg 생산에 필요한 곡식은 7~8.5kg이며, 이는 한국 성인 45명이 하루에 섭취하는 쌀의 양과 같다.

② 푸드 마일리지 증가

수입식품은 푸드 마일리지food mileage가 높은 식품으로, 운송할 때 온실가스, 이산화탄소 등을 배출하여 환경에 크게 영향을 미친다. 푸드 마일리지는 식품의 생산, 운송, 소비 과정에서 발생하는 환경 부담의 정도를 나타내는 지표로서, 생산지에서 소비지까지 식품 수송량에 이동 거리를 곱한 값으로 산출된다. 푸드 마일리지가 높은 식품일수록 먼 지역에서 재배되어 이동한 식품이라는 의미이므로 지역식품은 수입식품에 비해 푸드 마일리지가 매우 낮다.

최근 수입산 채소와 과일의 소비가 증가하면서 마트나 식료품점 등에서 수입식품을 흔히 접할 수 있다. 더욱이 전체 푸드 마일리지의 절반 이상을 차지하는 곡물 식품 중 미국산 곡물 수입량이 증가하고 있다. 2010년 기준 우리나라 1인당 푸드 마일리지는 7,085t·km로, 일본, 영국, 프랑스 등 주요 선진국보다 높았다. 그러나 국민들은 푸드 마일리지의 환경에 미치는 영향에 대한 인식이 부족한 것으로 나타나 푸드 마일리지에 대한 이해와 푸드 마일리지를 줄이기 위한 실천 방안이 적극적으로 홍보되어야 할 것이다.

③ 음식물 쓰레기 발생량 증가

전 세계에서 음식물 쓰레기 발생량이 증가하면서 기후 변화에 큰 영향을 주고 있다. 세계에서 연간 생산되는 식품의 약 1/3인 약 13억 t이 손실되거나 쓰레기로 폐기되고 있다. 우리나라에서 발생하는 음식물 쓰레기의 양은 2015년 환경부 통계 기준 1일 15,340t으로 화폐액으로 환산하면 연간 20조 원이며, 이를 처리하는 비용은 연간 8천억 원에 달한다.

전 세계적으로 음식물 쓰레기가 증가하는 주된 이유는 덜어 먹지 않고 식사 후 남기는 것이다. 또한 모양 때문에 폐기되는 식품도 많은데, 미국에서 생산되는 농산물의 20%에 이르는 것으로 보고되었다. 이러한 식품의 25%를 활용할 경우, 세계 인구의 12%인 8억 7천 명에게 식량 제공이 가능한데, 전 세계 기아 인구인 8억 명을 능가한다고 한다. 음식물 쓰레기를 발생 유형별로 보면, 유통과 조리 과정에서 절반 이상이 발생되고 있으며, 섭취 후 남긴 음식, 보관 도중 폐기 식재료, 먹지 않은 음식물 순이다. 그 외에도 필요 이상 구매, 긴급 주문 취소나 마켓에서 유통기한 초과로 폐기되는 식재료가 포함된다. 이렇게 발생한 음식물 쓰레기는 매립되고 있으며, 매립된 농산물은 메탄을 발생시켜 지구 환경에 나쁜 영향을 미치고 있다.

음식물 쓰레기는 메탄뿐만 아니라 이산화탄소 등 온실가스의 원인이 되는 물질들을 지속적으로 배출하기도 한다. 또한 수거와 처리 과정에서 극심한 악취를 발생시키며, 고농도의 폐수는 수질을 오염시킨다.

(2) 지속가능한 식생활의 실천 방안

전 세계적으로 식습관을 현재보다 더욱 지속가능한 방식으로 개선하여 환경에 미치는 심각한 영향을 줄여야 한다. 늘어나는 식량 수요에 대비할 뿐만 아니라 기후 변화에 대응하고 지역사회 경제를 돕기 위해 다음과 같은 지속가능한 식생활을 실천하여야 할 것이다.

① 채소 섭취 늘리기

육류 섭취를 줄이는 채식 위주의 식사는 탄소 발자국carbon footprint을 줄일 뿐만 아니라 수자원을 아끼고 가축 사육에 사용되는 사료 작물의 재배를 감소시킨다. 탄소 발자국은 개인 또는 단체가 직·간접적으로 발생시키는 온실가스의 총량을 의미하며, 일상생활에서 사용하는 연료·전기용품 등에서 발생하는 양이 모두 포함된다. 그러므로 육류를 줄이고 채소를 더 늘리는 식생활을 실천한다.

② 제철 및 지역 식재료 구매

가까운 지역에서 생산되는 제철 식품을 구입한다. 제철 농산물은 계절별 기후에 적합한 면역력을 보유하고 있으며 품질과 영양이 우수하다. 특히, 농약과 화학 비료를 최소로 사용하므로 환경을 보호할 수 있고, 특별한 재배 시설을 이용하지 않아 저렴한 가격으로 구입할 수 있다.

지역 식재료(local food, 로컬 푸드)를 구입하면 푸드 마일리지를 줄일 수 있다. 지역 식재료란 장시간 운송을 거치지 않은 식품으로 일반적으로 반경 50 km 이내에서 생산된 것을 일컫는다. 우리나라에서는 국내산으로 범위를 넓혀 사용하고 있다. 지역 식재료를 이용하면 자연 환경을 보호할 수 있고, 유통 단계 감소와 안정적 판매를 통해 농민의 이익이 증가한다. 또한 종자 보존이 가능하고, 식량 자급률이 상승하는 등 지역 문화를 보존할 수 있다.

③ 음식 낭비 줄이기

음식물 쓰레기를 줄이기 위한 방법으로 장보기 전에 구입 리스트를 만들고 최소량을 구입하며, 과대 포장한 식품을 구입하지 않도록 한다. 보관할 때는 식재료별로 구분하며, 가급적 일회용 플라스틱 사용을 자제하고 투명 용기를 사용한다. 조리 시 먹을 만큼만 준비하고, 계량 도구를 사용한다. 남은 음식은 적정 온도에서 유통기한을 지켜 보관하고, 다른 요리에 활용하는 등의 방법을 사용한다.

④ 작은 텃밭 가꾸기

가정에서 충분한 햇빛, 물, 토양과 영양분을 이용하여 다양한 채소와 과일, 허브를 기를 수 있다. 화단이나 베란다에 식물을 심고 가꾸면서 자연과 더 가까워지고 수확의 기쁨도 맛보도록 한다.

⑤ 포장재 줄이기

대형 마트나 시장에 장을 보러 갈 때 다회 사용 용기나 장바구니를 이용한다. 재사용 용기를 이용하면 불필요한 일회용 플라스틱 사용을 줄일 수 있다. 또한 대형 마트와 판매자들도 소비자들의 인식 변화에 부응하려는 노력이 필요하다.

3. 지속가능한 식생활의 최근 이슈

1) 채식

채식은 건강, 종교, 신념 등의 이유로 그간 많은 사람이 참여하였으나 최근 기후 변화 극복과 관련된 지속가능성이 관심을 끌면서 급격하게 확산되고 있다. 채식으로 인한 환경 보호 효과는 탄소 배출량 40% 감소, 소고기 버거 1인분 생산에 필요한 30개 욕조물의 절약, 1년 채식으로 소형차 6개월분 배기가스 감소로 보고되고 있다.

채식 인구는 2020년 현재 전 세계적으로 1억 8000만 명에 이르며, 이 중 채식만 섭취하는 유형인 비건vegan은 5400만 명으로 보고되었다. 국내의 경우 2020년 채식주의자는 인구의 2~3%인 150만 명, 비건은 50만 명으로 추산된다. 채식 인구가 늘어나면서 채식 브랜드를 장착한 가공식품이나 대체육 시장의 규모도 크게 증가하고 있다. 또한 패스트푸드의 채식 옵션, 채식 전문 식당을 소개하는 온라인사이트나 가이드북도 개발되었다. 급식 분야에서도 인권 보장뿐만 아니라 환경 보호와 건강을 위해 채식 선택권을 보장하는 움직임이 가속화되고 있다. 최근 전 세계적으로 지구와 우리의 미래를 위해 최소 주 1회 식물성 식품을 먹는 날을 실천하자는 모토 아래 '고기 없는 월요일Meat Free Monday'운동이 전개되면서 급식 분야의 도입이 활발하게 진행되고 있다. 미국, 영국, 일본 등 40개 국 이상이 이미 학교급식에서 이 운동을 실천하고 있고, 국내에서도 2021년부터 서울시 학교급식 등 지자체를 중심으로 도입이 진행되고 있다.

2) 스마트팜과 로봇 농부

세계경제포럼은 2015년 스마트팜smart farm을 10대 '도시 혁신 기술'로 선정하였다. 유엔식량농업기구는 2050년 세계 인구의 증가로 현재에 비해 약 70% 이상 식품 생산량이 증가해야 한다고 예측하였다. 이에 농업의 효율을 높여 기존 생산량 대비 1.5~2배 식품 생산량을 증가시키는 스마트팜 기술이 대안으로 자리잡고 있다.

스마트팜은 4차 산업혁명의 기술로 인해 농업을 비롯한 모든 산업이 지능화되고 패러다임이 급격히 변화하는 환경에서 첨단 정보 통신 기술Information and Communications Technology, ICT과 바이오를 융합시킨 지능형 식물 농장이다. 생육 환경 유지를 위해 온실이나 축사 내 온도와 습도, 이산화탄소 등 생육 조건을 설정하고, 이 생육 환경을 작물의 특성에 맞게 자동 조절하거나 데이터를 수집한다. 최근에는 농업의 생산에서 소비 단계까지 전 과정의 데이터를 수집하고, 인공 지능과 딥러닝deep learning 기술을 활용하여 분석하며, 이 결과를 농업 로봇, 드론, 스마트폰 등과 연결하는 것으로까지 발전하고 있다.

해외에서 먼저 농업 효율의 향상을 위해 ICT 기술이 적용되었다. 네덜란드는 95%의 농가가 스마트팜 방식을 도입하여 이미 상용화 단계에 이르렀고, 미국의 경우 도시 농업 활성화를 위해 유휴 토지 활용에 주력하고 있다. IBM, 구글 등 글로벌 IT 기업들은 토양의 특성, 수분, 작물 건강 등의 데이터를 수집, 분석하여 비료, 농약, 종자 등을 제조하는 인공 지능 시스템에 적용하고 있다.

국내의 경우 2014년부터 스마트팜 활성화를 위한 시범 사업이 운영되고 있다. 잡초 제거용 로봇, 실내 햇볕이 들지 않는 곳에서 채소를 수확하고, 이 채소를 이용한 샐러드를 제조·판매하는 스마트팜 기업, 스마트팜과 블록체인block chain 기술을 활용한 농산물 직거래 사이트가 활성화되었다. 또한 농사 환경의 설정·조작에 필요한 데이터를 이해하고 분석하는 데 필요한 ICT 역량이 부족한 고령 농업인의 편의를 위한 2세대 스마트팜 기술도 개발되었다. 이는 각기 다른 재배 환경과 작물의 생육 모델을 생성하고, 실시간 수집되는 작물의 재배 환경과 생체 정보를 클라우드의 인공 지능 시스템이 분석·처방하는 기술이며, 곧 적용될 계획에 있다그림 11-3.

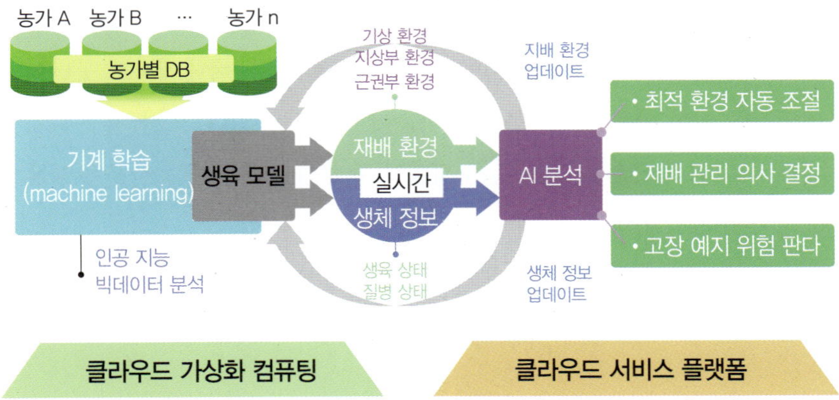

그림 11-3 2세대 한국형 스마트팜 기술 개요

출처 : 농촌진흥청(2019.1.10.)

3) 음식물 쓰레기 줄이기

음식물 쓰레기를 줄이는 현실적 대안으로 푸드 뱅크food bank 활용, 공유 냉장고를 활용한 푸드 쉐어링food sharing, 푸드 리퍼브food refurb 등이 제시되고 있다. 푸드 뱅크란 음식을 매개로 식품 기탁자와 수혜자를 연결시켜 주는 복지 제도이다. 이 제도를 활용하면 집단 급식, 식품 기탁업체, 개인 등으로부터 식품을 기탁 받아 결식아동, 독거노인, 재가 장애인, 무료 급식소 등 소외 계층에게 전달하여 식품 자원 절약 효과뿐만 아니라 저소득층을 지원하고 환경을 보호할 수 있다.

푸드 쉐어링은 2011년 독일에서 음식물 쓰레기의 심각성이 대두되면서 시작된 활동으로 자신에게 남는 식재료나 식품을 공유 냉장고에 기부하면 필요한 사람이 가져가 음식물 쓰레기 발생을 줄이는 데 동참하는 활동이다. 푸드 리퍼브는 먹을 수 있으나 모양이 이상하여 폐기되는 식품을 사용하기 위해 시작되었다. 프랑스의 한 슈퍼마켓 체인은 포스터와 재치 있는 문구로 모양이 이상한 농산물을 저렴한 가격으로 판매하였다. 이 전략은 성공을 거두었고 미국에 소개되어 대형 유통업체들의 참여는 물론 이러한 과일을 이용한 젤리 등의 가공식품도 만들어지고 있다. 국내에서도 못난이 농산물이 판매되거나 이를 이용한 다양한 가공식품이 출시되고 있다. 또한 지구 환경 보호를 위한 제로 푸드 웨이스트zero food waste 캠페인 중 하나로 못난이 농산물을 활용한 레시피로 만든 요리도 선보이고 있다.

연습문제

1 나의 식생활이 지속가능한 식생활이 되기 위해 필요한 방안을 제시해 보시오.

2 식생활 능력이 무엇인지 설명해 보시오.

3 채식이 건강에 미치는 영향을 긍정적인 면과 부정적인 면으로 구분하여 설명해 보시오.

4 푸드 마일리지를 줄이기 위한 식생활 실천 방안을 설명해 보시오.

CHAPTER 12

식생활 문화

전 세계적으로 식생활 문화는 자연적, 사회적, 경제적, 기술적 요인에 의해 다양하게 발전해 왔다. 국가 간 활발한 교류로 인해 외국의 식생활 문화가 빠르게 유입됨으로써 전통 식생활은 약화되고 있으며, 도시화, 정보 기술 등 환경의 변화는 식생활의 가치와 목적을 변화시키면서 식품 소비 트렌드를 이끌어가고 있다. 더욱이 푸드테크 등의 발전에 따른 식품 산업의 혁신적 성장과 건강 증진, 환경 보호 등 공공성에서도 효과를 거둘 수 있다. 본 장은 이러한 변화에서 나타날 수 있는 식생활 문제를 파악하고 건강한 식생활 환경을 구축하기 위해 식생활 문화의 개념, 식생활 트렌드와 식생활의 미래 전망에 대해 알아보고자 한다.

1. 식생활 문화

1) 식생활 문화의 개념

식생활 문화dietary culture는 식문화food culture 또는 음식 문화라고도 부르며, 식품의 생산, 유통 및 소비를 둘러싼 네트워크와 체계뿐만 아니라 관행practice, 태도attitude, 신념belief을 포함한다. 전 세계적으로 다양한 식생활 문화가 발전해 왔는데, 일부는 독특하고 세계적으로 유명하며, 일부는 지역 사회에 국한되지만 그 지역 사회에 여전히 중요한 의미를 주고 있다.

세계의 다양한 음식 문화는 여러 요인의 영향을 받지만 가장 두드러지는 것은 특정 식재료와 향신료 사용, 다양한 조리법의 활용을 통한 독특한 풍미를 추구하는 방식으로 알려져 있다. 그러므로 식생활 문화는 각 지역에서 경험한 풍경, 날씨 및 역사에 따라 한 국가 내에서도 지역적으로 다르게 발달하였다. 유럽 지역 내에서 동유럽, 서유럽, 남유럽 등 지역별로, 또 남유럽에서도 이탈리아와 스페인은 각기 다른 국가의 식생활 문화를 발전시켜 왔다. 국내의 경우 영호남권, 강원권은 각기 다른 식생활 문화를 가지고 있으며, 남부 지역에서도 대륙, 해안과 섬의 식생활 문화는 다르게 형성되었다.

세계의 서로 다른 식생활 문화는 식재료, 풍미 또는 전통의 존재에 관계없이 공동체와 즐거움이라는 두 요소가 연결된 특징이 있다. 즉, 음식은 가족이나 지인과 함께 즐긴다는 의미가 두드러진다. 또한 식생활 문화는 종교, 축제, 행사 및 가족 모임을 축하하기 위해 음식을 사용하는 방식에 기반을 두고 있다.

2) 식생활 문화의 형성 요인

식생활 문화 형성에 영향을 미치는 요인들은 일반적으로 자연적, 사회적, 경제적, 기술적 요인으로 구분된다표 12-1. 자연적 요인에는 수질, 토지, 기후 지형 등이 포함되며,

표 12-1 식생활 문화의 형성에 영향을 미치는 요인

요인	세부 요인
자연	수질, 토질, 기후, 지형
사회	종교, 관습, 세대, 가족 형태, 연령, 직업 및 도시화, 국제화, 정보화
경제	소득, 생활 수준, 취업 상태
기술	식품 생산 기술, 식품 가공 기술, 식품 저장 기술, 식품 유통

출처 : 구난숙 등(2017). 세계 속의 음식문화. 저자 재구성

전통적 농경 사회에서는 가장 영향을 강하게 미친 요인이었다. 사회적 요인으로는 종교, 관습, 세대, 가족 형태, 연령, 직업 및 도시화, 국제화, 정보화가 포함되며, 경제적 요인에는 소득, 생활 수준, 취업 상태, 기술적 요인에는 식품 생산 기술, 식품 가공 기술, 식품 저장 기술, 식품 유통 등이 있다.

모든 사람은 각자 자신과 가족을 위한 강한 식생활 문화를 창조할 필요가 있다. 우리가 어떠한 식생활 문화를 가진 환경에서 성장했더라도 식생활 문화의 가치를 느끼기만 한다면 현재의 식생활 문화를 개인과 지역 사회에 필요한 것으로 되돌릴 수 있다. 이를 위해 필수적인 작업은 개인이 속한 가정의 식생활 문화를 진단하고, 올바른 방향으로 설정해 나가며, 이러한 방향성을 지역사회, 국가로 확장시켜 나가는 것이다.

식품은 문화와 세대를 넘어 우리를 연결해 주는 역할을 한다. 우리 가족의 식생활 문화는 신체와 정신에 영향을 주게 되며, 조상과 대를 잇는 관계의 일부로 인식될 수 있다. 그러므로 현재의 건강한 가정의 식생활 문화가 곧 미래의 건강한 식생활을 형성한다고 볼 수 있다.

3) 식생활 문화와 건강

식생활 문화는 역사 속에서 진화하고 발전한 자연사와 깊이 연결되어 신체가 필요

로하는 영양을 공급함으로써 건강을 유지하는 데 필수적인 역할을 한다. 현대에 와서 식품 제조·가공 산업과 유통업의 발달로 인해 더 이상 전통 식생활 문화를 느낄 수 없을 정도로 고유의 식생활 문화로부터 단절되거나 스스로 식생활을 통제하기 어려워지고 있다. 그 결과 문화의 상실뿐만 아니라 건강에 나쁜 영향을 미치고 있다.

현대인이 중요하게 여기는 시간, 가격, 노동력 면에서 최근 매력적으로 자리잡은 식생활 문화가 개인 및 사회 복지 차원에서 진정한 문화의 가치를 지니는지 살펴보아야 한다. 우리가 존중하던 식생활 문화로서의 가치나 기능은 점차 소멸되고, 통제하기 어려운 형태로 변형되어 가는 것은 아닌지 살펴봐야 할 것이다.

2. 식생활 트렌드

1) 현대인의 식생활

최근 도시화, 정보 기술, 세계화 등으로 인해 식생활이 추구하는 가치와 목적도 크게 변모되고 있다. 국가 간 활발한 교류로 인해 외국의 식생활 문화가 빠르게 유입됨으로써 전통 식생활은 약화되고 있으며, 식품 산업 기술은 간편식의 발달, 가공식품의 이용 및 외식의 이용률을 증가시키는 등 급격한 변화를 초래하고 있다. 또한 미디어 기술의 발달로 식생활에 대한 정보가 확장되면서 무분별하게 되거나 왜곡되어 식생활에서 영양이나 안전성이 위협을 받고 있다. 따라서 식생활 관련 전문가나 단체, 국가는 이러한 식생활 문제의 심각성을 깨닫고 식생활 환경을 안전하게 구축해야 할 뿐만 아니라 올바른 정보를 제공하여 국민들이 건강한 식생활을 실천할 수 있도록 도움을 주어야 한다.

2) 식생활과 정보

식생활 정보는 개인이 식품과 영양의 지식을 습득하고, 이를 기초로 건강을 위해 어떠한 식품을 선택하고, 조리하는지 등 식생활 능력을 배양하는 데 매우 중요한 역할을 한다. 그러므로 국가는 식생활 관련 법령을 제정하고, 이에 따른 식생활 정책의 수립과 사업들을 추진하고 있다. 지역 단위에서도 식생활의 중요성을 인식하면서 전문성을 가진 다양한 조직을 설립하고, 유익한 정보를 제공하고 있다.

최근 온라인 네트워크로 공유되는 정보는 인간과 지식·정보의 상호 작용 방식을 변화시키고 있다. 정보 습득을 위해 서적이나 신문에 의존하던 아날로그 시대와 달리 광범위한 국제 정보마저도 각자의 모니터를 통해 얻고 있다. 정보는 온라인 네트워크를 통해 시공간의 장벽을 넘어 엄청난 속도로 확산되고 있다. 이제는 지식과 정보를 찾는 것을 넘어 넘치는 정보 중 유용성, 진실, 유해성 등을 구분하는 것이 더 중요한 과제가 되었다. 특히 식생활 분야의 정보는 건강을 원하는 이들에게 정보 이상의 의미를 부여하고 있어 그 가치가 과대하게 해석될 수 있다. 이러한 환경에서 식품 관련 정보는 개인의 이익이나 경제적 가치가 아닌 과학에 기반하여 객관적으로 제시되고, 전달되어야 한다.

우리나라는 건강과 관련한 책무를 다하기 위해 농림축산식품부 산하 기관인 식생활교육네트워크, 식품의약품안전처 식품나라, 서울특별시 식생활종합지원센터 등에서 지속가능성, 식생활 능력, 생애주기별 식생활 정보 등을 제공하고 있다. 국제적으로는 세계보건기구World Health Organization, WHO, 유엔식량농업기구Food and Agriculture Organization of the United Nations, FAO를 통해 정보를 이용할 수 있으며, 미국식품의약국Food and Drug Administration, FDA, 미국영양학술원Academy of Nutrition and Dietetics으로부터 관련 정보를 얻을 수 있다그림 12-1.

농림축산식품부
바른 식생활정보 114

서울특별시
식생활종합지원센터

미국영양학술원
연령별 식품 관련 정보

그림 12-1 식생활 정보 사이트

3) 식품 소비 트렌드

최근 코로나 시대에 접어들면서 식생활의 뚜렷한 특징이 나타나고 있다. 면역력 증진 식품에 대한 관심 증가, 외식 감소, 가정 내 식사의 증가 외에 요리 시간 감소, 배달 수요 증가, 밀키트 시장의 확대 등을 꼽을 수 있다.

전 세계적으로 매년 사회적 변화를 반영한 식품 소비 트렌드가 발표되고 있다. 미국학회, 미국 슈퍼 체인과 한국농수산식품유통공사 등에서 제시한 최근 식품 소비 트렌드를 다음과 같이 요약해 볼 수 있다.

(1) 코로나19 임팩트

급작스런 코로나19 팬데믹은 국내 식생활 문화에 큰 영향을 미치고 있다. 1인 가구 증가와 편의성을 추구하는 현대인의 욕구에 맞추어 증가하던 간편식의 소비가 더욱 가속화되고 있다. 거리 두기로 외식이 줄어들면서 가정에서 조리하는 수요도 크게 증가하여 가정 식사 관련 시장이 성장하고 있다. 또한 다양한 형태의 밀키트meal kit(간편조리세트) 브랜드가 개발되어 시간 부족이나 요리를 못하는 사람들에게 인기를 얻고 있다.

(2) 가정 배달 및 새벽 배송

코로나 확산으로 새벽 배송 시장이 자리잡아 가고 있다. 식재료 구매 시간 단축, 신선도에 대한 신뢰도에 힘입어 신선 정육과 채소류, 곡류나 서류를 활용한 가공식품의 구매가 증가하여 온라인 식품의 매출액이 크게 늘어나고 있다. 게다가 코로나로 인한 비대면 소비 방식으로 새벽 배송에 대한 수요를 더욱 증가시킬 것으로 전망된다.

(3) 건강을 위한 식품 소비

식품 소비에 있어 건강이 더욱 화두가 될 것이다. 코로나로 인해 경제적으로 피해를 입지 않은 소비자들은 친환경 제품을, 재정적 타격을 입은 소비자들은 가성비 높은 가치 지향적 브랜드를 소비할 것이다. 또한 코로나에 대한 면역력을 높이기 위해 기능성을 강조한 새로운 건강 증진 성분과 수퍼 푸드에 대한 관심이 증가할 것이다.

(4) 육류 간편식과 조미 · 향신 · 소스 · 유지류 소비 증가

육류를 주 품목으로 하는 외식업을 대신하여 육류 간편식 매출이 증가할 것이다. 특히, 육류 간편식은 매출액에서 계절에 따라 차이를 보인다. 국내에서는 코로나로 인한 가정식 소비가 늘면서 조미 · 향신 · 소스 · 유지류의 사용이 증가하고 있다. 구매 빈도나 구매액에서 요리술, 후추, 와사비 또는 겨자, 허브류, 샐러드 드레싱과 굴소스 등 소스류, 올리브유 등이 증가하고 있으며, 신제품도 다양하게 출시될 것으로 예상되고 있다. 또 1회 구매액은 소금, 식초, 감칠맛 조미료 등의 조미료, 시나몬 등의 향신료, 케첩, 마요네즈, 머스타드, 스테이크 소스 등의 소스류, 들기름 등의 유지류에서 크게 증가할 것이다.

(5) 알코올 소비 감소 및 키즈 메뉴 관심 증가

건강과 품질을 고려한 키즈 메뉴에 대한 관심도 증가하고 있다. 알레르기를 유발하는 물질을 제거한 식재료와 비타민과 무기질이 풍부한 설탕 대체류로 만든 석류, 코코

넛, 대추 등의 시럽이 관심을 끌고 있다. 또한 알코올 소비가 감소하고, 홉을 함유한 스파클링 워터와 식물 포함 가짜진 등 무알콜 음료의 인기도 증가하는 추세이다. 특히 미국 뉴욕에는 무알콜 전문점의 확산도 기대되고 있다.

(6) 유명 셰프의 개인 상표 부착 식품 출시

코로나로 인해 피해를 입은 레스토랑 셰프들이 개인 상표 부착 소스, 마리네이드, 밀키트 등을 출시할 것으로 보고되고 있다. 향신료, 소금, 쿠키와 밀키트 등 다양한 제품들이 소개될 것이다.

쉬어가기

코로나 장기화에…불 붙은 '밀키트' 전쟁

양념 · 재료 · 요리법까지…간편함 내세워 승부
장바구니 물가 급등해 밀키트 구매가 경제적

코로나바이러스 감염증(코로나19) 사태가 장기화되고 집밥 수요가 늘면서 밀키트(meal kit, 손질된 식재료와 양념이 요리법과 함께 들어 있는 간편식) 시장이 성장하고 있다.

4일 한국농촌경제연구원에 따르면 국내 밀키트 시장은 작년 400억 원 규모에서 2024년 7000억 원까지 성장할 것으로 전망된다. 이 때문에 업계 1위인 프레시지부터 후발 주자인 CJ제일제당, SSG 닷컴, SPC삼립, 현대그린푸드까지 사활을 걸고 뛰어들며 경쟁이 치열해지고 있다.

가정 간편식(HMR) 중에도 밀키트가 주목받는 이유는 요리를 못하는 사람들도 요리법만 따라하면 제대로 된 한 끼를 차릴 수 있고, 미리 만들어진 음식을 데워 먹는 것보다 신선하기 때문이다. 식품업계 관계자는 "역대급 긴 장마로 채소 등 장바구니 물가가 급등한 상황에서 일일이 식재료를 구매하는 것보다 경제적"이라며 "요리하는 즐거움도 느낄 수 있어 1인 가구와 맞벌이 부부에게 인기"라고 했다.

밀키트 시장 점유율 70%를 차지하는 프레시지는 올해 상반기 판매량이 전년 동기 대비 127% 늘었다. 수도권을 중심으로 코로나 확진자가 급증한 지난달은 제품 판매량이 전월보다 28% 증가했다. (중략) 프레시지는 현재 300여 종의 밀키트를 판매하고 있으며, 신제품 확대로 지난해 매출 711억 원에서 올해 1700억 원대 매출을 달성할 것으로 내다보고 있다.

후발 주자들도 무섭게 추격하고 있다. CJ제일제당의 밀키트 브랜드 '쿡킷'은 올해 1월부터 8월까지 판매량이 월평균 20%씩 늘었다. '닭 한마리와 칼국수', '부추 가득 오리 불고기' 등 보양식 메뉴에 주력하고 있는데, 보양식을 찾는 사람이 많은 8월에는 역대 최고 판매량을 기록했다.

출처 : 조선비즈(2020.9.4.)

3. 식생활의 미래

1) 푸드테크의 출현

푸드테크food tech라는 용어는 2014년경 푸드테크 스타트업startup에 대한 투자가 급격히 증가할 무렵 출현하여 2015년 이후부터 큰 관심을 끌게 되었다. 4차 산업혁명 시대에 들어서 사물 인터넷, 빅데이터, 인공 지능, 로봇, 3D 프린터, 나노, 바이오 기술 등을 활용하여 새롭고 다양한 형태의 제품과 서비스가 전 세계 각 산업 분야에서 시작되었다. 푸드테크는 인구 증가 및 환경 오염 문제들을 해결하기 위해 탄생한 신산업으로, 식물성 고기, 세포 배양육, 곤충 등 새로운 단백질 공급원을 찾는 것부터 친환경 음식물 처리까지 매우 다양한 방법이 적용되고 있다.

푸드테크의 정의를 보면, 광의로는 '식품food'과 '기술technology'의 합성어로, '식품 및 관련 산업에 관련 기술을 적용하여 더욱 발전된 형태의 산업을 창출하는 기술'이다. 협의로는 '광의의 푸드테크에서 규정한 기술을 4차 산업 관련 기술에 접목한 것'을 말한다. 그러므로 식품 산업은 푸드테크를 이용하여 기술 기반 산업화를 이루어 혁신적 성장을 도모하고, 국민의 건강 증진, 자원 에너지 사용, 환경 오염 저감, 동물 복지 · 윤리적 소비 등의 공공성을 확보할 것으로 기대된다.

푸드테크의 적용 분야는 유통, 제조, 농업, 신식품 영역으로 구분된다표 12-2. 소비자의 니즈를 빅데이터 등 고도화된 ICT 기술로 충족시킬 수 있으므로 향후 발전 가능성이 매우 높다. 대체식품 분야인 식물성 고기와 달걀, 곤충 식품, 배양육과 3D 식품 프린팅 분야는 해외 시장에서 관심을 모으고 있으나 국내에서는 아직 기술 수준이 낮고, 배달앱에 지나치게 집중되어 있어 향후 다양화 추구뿐만 아니라 국가의 정책적 지원이 과제로 남아 있다.

표 12-2 푸드테크 영역

영역		미국	한국
유통	O2O 서비스	식품 배달 및 주문, 밀키트	식품 배달 및 주문, 밀키트
제조	키친 로봇, 3D 프린터	키친 로봇, 커피 로봇	키친 로봇, 커피 로봇
농업	스마트팜	자동화 농장, 농장 운영 소프트웨어	스마트 그린하우스
신식품	미래 대체식품	식물성 대체육, 배양육, 인조 달걀, 세포 배양 생선(finless foods)	식물성 마요네즈

출처 : 장우정(2020)

2) 주요 푸드테크

(1) 푸드 프린터

2020년 KFC는 러시아의 기술 스타트업인 '3D 바이오 프린팅 솔루션'과 협업하여 KFC의 치킨 너겟을 3D 프린팅 기술로 제작해 판매할 계획인 '레스토랑의 미래'를 발표하였다. 3D 푸드 프린터는 소비자가 원하는 재료, 모양, 식감 등에 따라 음식을 만드는 기술로, 대량 수공업 생산에 머물던 식품 산업을 맞춤형 자동화 서비스로 변화시킨 것이다. 처음 스타트업 위주로 기술이 개발되었으나 최근에는 대기업이 기술력을 차용하고 있는 상황이다.

3D 푸드 프린터 기술은 2006년 처음으로 출현하였다. 미국 코넬대학교에서 최초로 초콜릿, 쿠키, 치즈를 원료로 선보인 이래 생명공학부터 식품에 이르는 다양한 산업군이 기술을 개발하고 있다. 프린팅 이용기관 유형별로는 상업용이 40%로 가장 크고, 다음이 정부, 병원, 가정 순이며, 식품 산업에서는 과자류와 반죽류가 39%로 가장 높고, 반죽류, 유제품, 과일 및 채소류 순이다. 일본의 스타트업인 오픈밀스Openmeals는 2018년 사우스 바이 사우스웨스트South by Southwest에서 '8비트 초밥'을 제작하는 픽셀 푸드 프린터pixel food printer를 선보였고, 음식을 디지털 데이터로 해석한 디지털 오뎅Digital

쉬어가기

초콜릿부터 고기까지 음식을 출력한다.

– 식품 산업의 판도 바꾸는 '3D 푸드 프린터'

나사의 화성 탐사 프로젝트 일환으로 탄생한 스타트업 비헥스가 과자류와 반죽류를 만드는 가장 대표적인 기업이다. 나사는 2013년 우주 비행사가 먹을 식량을 위해 시스템앤드매트리얼리서치코퍼레이션(SMRC) 연구소에 3D 푸드 프린터를 이용한 음식을 개발할 것을 요청했다. 처음 피자 개발이 성공했고, 곧 스핀오프 기업으로 비헥스가 출범했다. (중략) 비헥스는 2016년 12인치 피자를 6분 안에 만드는 기술을 선보여 화제를 모았다. 이후 비헥스는 케이크 장식 작업을 하는 기기도 선보였다. 디자인 난이도에 따라 차이는 있지만 3D 프린터는 한 시간에 15~21개의 케이크를 장식한다.

(중략)

초콜릿을 제조하는 3D 푸드 프린터 스타트업도 다수 나왔다. 3D 시스템의 '셰프제트'는 얇은 설탕 겹을 이용해 어떤 모양이든 만들 수 있고, 내추럴푸즈의 '초크에지'는 주사기의 초콜릿을 흐르는 패턴으로 구현한다. 국내에선 3D 프린터 전문 기업 엘에스비(LSB)에서 초콜릿 제조 3D 프린터 '초코지니'를 선보였다.

식당에서 널리 쓰이도록 여러 음식을 만드는 3D 푸드 프린터도 있다. 푸디니는 반죽을 이용해 피자, 파스타, 파이, 브라우니를 만드는 '내추럴머신'을 개발했다. 네덜란드 스타트업 바이플로는 셰프, 레스토랑, 케이터링 업체에 식품 인쇄 기술을 제공한다. 소비자는 웹 기반 플랫폼에서 재료와 디자인을 고른다. 이는 2016년 전 세계 최초 3D 푸드 프린터 레스토랑 '푸드 잉크'에 이용되기도 했다. 이 레스토랑은 영국 런던을 기점으로 여러 도시에서 한시적으로 운영됐다.

출처 : 조선비즈(2020.10.29.)

Oden 프로젝트를 통해 음식의 풍미, 모양과 색상, 질감, 영양소를 분석하여 블록이나 특정 모양으로 만드는 기술을 개발하였다.

(2) 식품 배달 앱

코로나 시대를 맞으면서 식품업계에서 온디맨드on demand라는 용어가 널리 사용되고 있다. 이용자의 요구에 따라 필요한 정보를 네트워크를 통해 제공하는 방식이다. 국내에서는 배달 앱이 가장 성공한 푸드테크로 평가받으며, 배달 앱뿐만 아니라 배달 대행 앱 시장의 규모도 매우 크다.

최근 마켓컬리라는 업체의 시장 점유율이 크게 확대되고 있다. 이 업체는 쿠팡 등 유통 채널들과 경쟁하기 위해 온라인 플랫폼online platform을 구축하여 프리미엄 식재료와 생활용품의 품목을 더욱 다양화하고 있다. 특히, 프리미엄 상품인 유기농, 동물 복지, 프리미엄 이유식 식재료뿐만 아니라 시장의 수요를 반영한 밀키트 등을 공급하고, 새벽 배송으로 고객의 욕구 충족과 물류유통의 혁신 바람을 일으키고 있다.

(3) 푸드 로봇

코로나19 장기화로 비대면 문화가 확산되면서 외식업계에서 종업원을 대신하는 서비스 로봇에 대한 관심이 점차 증가하고 있다. 단순 요리, 커피 전문점 등에 활용되는 푸드 로봇은 고용 유지, 임금 등 인력 문제를 해결하고, 요리의 맛을 일정하게 유지하는 데 크게 도움이 될 것으로 보고 있다. 특히, 피자, 패스트푸드, 치킨 등 전문성이 낮고 업무 강도는 높으며, 이직율이 높은 분야에서 로봇 도입이 가장 활발히 논의되고 있다. 또한 식품 포장에도 로봇의 도입이 활발한데, 노동 생산성이 크게 증가하는 것으로 보기 때문이다.

국내에서는 2019년 배달의 민족에서 서빙 로봇이 개발되었고, 제주에는 로봇 카페가 운영되고 있다. 또한 외식업에서 국수를 만들거나 치킨을 튀기는 로봇이 이미 활용되고 있다. 미국은 푸드 로봇의 도입이 가장 활발한 국가로, 실리콘밸리를 중심으로 푸드 로봇 관련 기업들의 성장과 기술 개발이 급속하게 이루어질 뿐만 아니라 스타트업이 계속되고 있다. 미국은 임대료와 인건비 인상, 팁 문화 등이 고용주에게 부담이 되어 효율성 향상과 인건비 감소에 크게 관심을 끌기 때문이다. 햄버거 로봇을 도입할 경우 월 대여료가 종업원 최저 시급보다 훨씬 낮게 평가되고 있다.

(4) 콘텐츠 데이터

콘텐츠 데이터는 활발하게 공유되던 레시피 콘텐츠 사이트에서 탄생되었다. 특히, 맛집 소개 사이트에서 빅데이터를 분석함으로써 차별화된 서비스 능력을 갖추면서 크게 인기를 얻고 있다. 국내에서는 오픈 서베이open survey를 통해 의미 있는 정보를 도출하는 정책 기반 연구를 수행하고, 이를 기초로 매년 외식업계의 트렌드를 예측한다. 최근 빅데이터 분석과 관련된 여러 가지 프로그램이 소개되어 관심을 받고 있는데, 개인의 지식과 정보의 한계를 뛰어넘는 기술로 식품 분야에 새로운 인사이트를 줄 수 있다는 기대감이 있기 때문이다.

쉬어가기

"혼자라도 행복하게 식사할 권리 있어" (혼밥인의 만찬)

1인 가구 600만 시대. 갈수록 '혼밥족'과 '혼술족'이 늘어나고 있는 가운데, 누구나 혼자서도 1인분의 행복을 누릴 수 있도록 혼밥 · 혼술 가능 맛집을 추천해 주는 서비스가 있다. 1인 가구 다이닝 앱 '혼밥인의 만찬'은 어디서나 편하게 혼자 먹을 수 있는 맛집을 추천하고 상황별 · 지역별 · 연령별 테마 혼밥 콘텐츠를 제공하며 혼밥인들의 필수 앱으로 주목받고 있다. 해마다 역대 최고치를 경신하고 있는 1인 가구 수가 올해 600만에 이를 것으로 전망된다. 통계청에 따르면 지난해 1인 가구 수는 약 585만 가구로 전체 가구 수의 약 30%를 차지했으며, 특히 이 중 2030 세대는 약 201만 명으로 전체의 약 34%에 이르는 것으로 나타났다. 갈수록 증가하는 1인 가구와 함께 새로운 트렌드로 자리잡은 것이 바로 '혼족'이다.

'혼밥인의 만찬'은 혼자서도 여유롭게 라이프스타일을 즐기려는 1인 가구 및 혼족들에게 내 주변 또는 지역 설정, 검색을 통해 혼밥 · 혼술하기 좋은 맛집을 추천해 주고, 다양한 혼밥 토픽과 쿠폰 혜택 등을 제공하는 다이닝 앱이다. 2017년 10월 론칭해 지난해 6월 앱 리뉴얼 이후 약 1년 4개월만에 누적 다운로드 17만을 돌파하며 빠르게 성장하고 있다.

(중략)

혼밥인의 만찬은 혼밥 · 혼술 가능 맛집의 위치뿐만 아니라 바 테이블, 칸막이, 셀프 주문기 등 매장 내 1인 서비스 상세 정보를 제공해 혼밥인들의 편의성을 높이고 있다. 앱 유저들은 거리순, 팔로워순, 후기순, 평점순 등의 필터를 적용해 원하는 형태의 매장을 손쉽게 찾을 수 있으며, 제휴된 매장에서 혼밥을 하고 스탬프를 적립해 할인 혜택을 받거나 커피 상품권, 편의점 상품권 등으로 교환하는 서비스도 이용할 수 있다.

출처 : 식품외식경제(2019.11.19.)

3) 미래의 식생활 전망

과거 지역에만 한정된 전통 식생활은 도시 인구의 과집중화, 식품 제조 및 가공 기술의 발달, 유통업의 발전 등으로 인해 현대의 식생활 문화로 빠르게 자리잡았다. 여기에 환경 보호를 위한 지속 가능성과 4차 산업 기술의 발달로 인한 푸드테크로 인해 다양한 식생활 문화가 나타날 것이다그림 12-4.

전통 식생활 문화에서 자연 환경 자체가 건강을 선사한 것과 달리 미래 식생활 문화는 영양, 식품, 조리까지 더욱 계량화됨으로써 인위적 혹은 기술적으로 건강을 만들어 낼 것으로 전망되고 있다. 또한 편의성과 비대면 문화를 지원하는 밀키트 소비와 이를 지원하기 위해 영양을 고려한 식품 구성과 조리법이 온라인 네트워크를 통해 확산될 것이다. 그렇다고 하더라도 식생활 문화에서 즐거움은 식품 관련 산업과 소비자 등 여러 주체들의 기술, 니즈, 창의성이 가미되지만 양보될 수 없는 가치로 남아 있을 것이다. 그러므로 건강과 즐거움을 동시에 만족시킬 수 있도록 관련 산업, 식품 영양 전문가, 국가의 정책에 대한 심도 있는 고민이 이루어져야 한다.

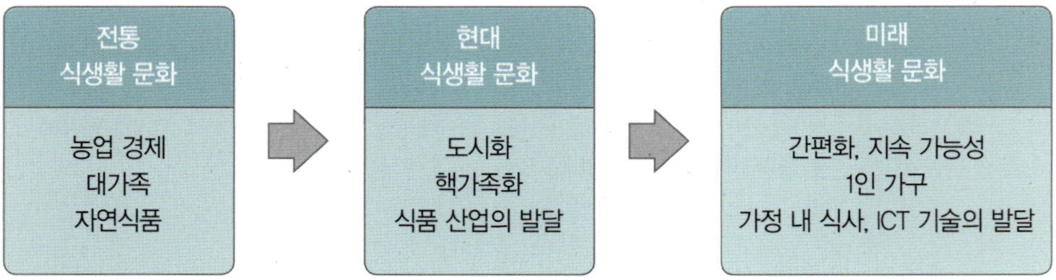

그림 12-4 식생활 문화의 발달

연습문제

1 자신의 가정 식생활 문화에 대해 설명해 보시오.

2 우리 지역의 식생활 문화의 특징에 대해 설명하고, 최근 어떻게 변화되어 가는지 설명해 보시오.

3 인터넷을 통해 얻은 식생활 정보 중 유용했던 것과 틀린 것을 각각 선택하여 제시해 보시오.

4 최근 가장 관심을 갖고 있는 푸드테크를 하나 선택하여 분석해 보시오.

APPENDIX

부록

부록 4-1

표 1-1 식사구성안 영양 목표와 일반적 개념의 목표

<table>
<tr><th colspan="2">섭취 허용</th><th colspan="2">섭취 주의</th></tr>
<tr><td>에너지</td><td>100% 에너지 필요 추정량</td><td rowspan="2">지방</td><td>1~2세
총 에너지의 20~35%</td></tr>
<tr><td>단백질</td><td>총 에너지의 약 7~20%</td><td>3세 이상
총 에너지의 15~30%</td></tr>
<tr><td>비타민
무기질</td><td>100% 권장 섭취량 또는 충분 섭취량
상한 섭취량 미만</td><td rowspan="2">당류</td><td rowspan="2">설탕, 물엿 등의 첨가당
최소한으로 섭취</td></tr>
<tr><td>식이섬유</td><td>100% 충분 섭취량</td></tr>
<tr><th colspan="4">일반적 개념의 목표</th></tr>
<tr><td colspan="4">1. 건강인의 건강 증진을 위한 것이다.
2. 과학적인 근거를 기반으로 식사구성안을 개발해야 하며, 그러기 위해서는 최신 연구의 결과와 국민건강영양조사의 최신 조사 결과를 반영해야 한다.
3. 식사구성안은 한국인의 식생활지침에도 부합되도록 전반적인 식생활을 포함하는 내용으로 권장한다.
4. 식사구성안은 일반인들이 사용하기 쉽고 간편해야 한다.
5. 식사구성안은 영양소 섭취기준의 목표가 실제 식생활에 적용이 가능해야 한다.
6. 식사구성안은 사용자의 개인 선호 식품에 따라 동일한 식품군 내에서는 식품의 변화를 주고자 할 때 식품의 대체가 용이하며, 변경한 식품은 식품 간의 영양소가 충족되어야 한다.</td></tr>
</table>

표 1-2 곡류의 주요 식품, 1인 1회 분량 및 1회 분량에 해당하는 횟수(2015년 한국인 영양소 섭취기준)

	품목	식품명	1회 분량(g)[1]	횟수[2]
곡류 (300kcal)	곡류	백미, 보리, 찹쌀, 현미, 조, 수수, 기장, 팥	90	1회
		옥수수	70	0.3회
		쌀밥	210	1회
	면류	국수(말린 것)	90	1회
		국수(생면)	210	1회
		당면	30	0.3회
		라면 사리	120	1회
	떡류	가래떡 · 백설기	150	1회
		떡(팥소, 시루떡 등)	150	1회
	빵류	식빵	35	0.3회
		빵(잼빵, 팥빵 등)	80	1회
		빵(기타)	80	1회
	시리얼류	시리얼	30	0.3회
	감자류	감자	140	0.3회
		고구마	70	0.3회
	기타	묵	200	0.3회
		밤	60	0.3회
		밀가루, 전분, 빵가루, 부침가루, 튀김가루, 믹스	30	0.3회
	과자류	과자(비스킷, 쿠키)	30	0.3회
		과자(스낵)	30	0.3회

삭제한 식품 : 혼합 잡곡, 삶은 면, 냉면국수, 메밀국수

1) 1회 섭취하는 가식부 분량임

2) 곡류 300kcal에 해당하는 분량을 1회라고 간주하였을 때 해당 1회 분량의 횟수

표 1-3 고기 · 생선 · 달걀 · 콩류의 주요 식품, 1인 1회 분량 및 1회에 해당하는 횟수

	품목	식품명	1회 분량(g)[1]	횟수[2]
고기 · 생선 · 달걀 · 콩류 (100kcal)	육류	소고기(한우, 수입우)	60	1회
		돼지고기, 돼지고기(삼겹살)	60	1회
		닭고기	60	1회
		오리고기	60	1회
		햄, 소시지, 베이컨, 통조림 햄	30	1회
	어패류	고등어, 명태/동태, 조기, 꽁치, 갈치, 다랑어(참치)	60	1회
		바지락, 게, 굴	80	1회
		오징어, 새우, 낙지	80	1회
		멸치 자건품, 오징어(말린 것), 새우 자건품, 뱅어포(말린 것), 명태(말린 것)	15	1회
		다랑어(참치 통조림)	60	1회
		어묵, 게맛살	30	1회
		어류 젓	40	1회
	난류	달걀, 메추라기알	60	1회
	콩류	대두, 완두콩, 강낭콩	20	1회
		두부	80	1회
		순두부	200	1회
		두유	200	1회
	견과류	땅콩, 아몬드, 호두, 잣, 해바라기씨, 호박씨	10	0.3회

삭제한 식품 : 미꾸라지, 민물장어, 넙치, 삼치, 깨(유지류로)

1) 1회 섭취하는 가식부 분량임

2) 고기 · 생선 · 달걀 · 콩류 100kcal에 해당하는 분량을 1회라고 간주하였을 때 해당 1회 분량의 횟수

표 1-4 채소류의 주요 식품, 1인 1회 분량 및 1회에 해당하는 횟수

	품목	식품명	1회 분량(g)[1)]	횟수[2)]
채소류 (15kcal)	채소류	파, 양파, 당근, 풋고추, 무, 애호박, 오이, 콩나물, 시금치, 상추, 배추, 양배추, 깻잎, 피망, 부추, 토마토, 쑥갓, 무청, 붉은 고추, 숙주나물, 고사리, 미나리	70	1회
		배추김치, 깍두기, 단무지, 열무김치, 총각김치	40	1회
		우엉	40	1회
		마늘, 생강	10	1회
	해조류	미역, 다시마	30	1회
		김	2	1회
	버섯류	느타리버섯, 표고버섯, 양송이버섯, 팽이버섯	30	1회

삭제한 식품 : 고구마줄기, 근대, 쑥, 아욱, 취나물, 두릅, 머위, 가지, 늙은 호박, 나박김치, 오이소박이, 동치미, 갓김치, 파김치, 도라지, 토마토주스, 파래

1) 1회 섭취하는 가식부 분량임

2) 채소류 15kcal에 해당하는 분량을 1회라고 간주하였을 때, 해당 1회 분량의 횟수

파프리카

표 1-5 과일류의 주요 식품, 1인 1회 분량 및 1회에 해당하는 횟수

	품목	식품명	1회 분량(g)[1)]	횟수[2)]
과일류 (50kcal)	과일류	수박, 참외, 딸기	150	1회
		사과, 귤, 배, 바나나, 감, 포도, 복숭아, 오렌지, 키위, 파인애플	100	1회
		건포도, 대추(말린 것)	15	1회
	주스류	과일 음료	100	1회

삭제한 식품 : 망고

1) 1회 섭취하는 가식부 분량임

2) 과일류 50kcal에 해당하는 분량을 1회라고 간주하였을 때, 해당 1회 분량의 횟수

표 1-6 우유 · 유제품류의 주요 식품, 1인 1회 분량 및 1회에 해당하는 횟수

	품목	식품명	1회 분량(g)[1)]	횟수[2)]
우유 · 유제품류 (125kcal)	우유	우유	200	1회
	유제품	치즈 요구르트(호상) 요구르트(액상) 아이스크림	20 100 150 100	0.3회 1회 1회 1회

1) 1회 섭취하는 가식부 분량임

2) 우유 · 유제품류 125kcal에 해당하는 분량을 1회라고 간주하였을 때, 해당 1회 분량의 횟수

표 1-7 유지 · 당류의 주요 식품, 1인 1회 분량 및 1회에 해당하는 횟수

	품목	식품명	1회 분량(g)[1)]	횟수[2)]
유지 · 당류 (45kcal)	유지류	참기름, 콩기름, 커피 프림, 들기름, 유채씨기름 · 채종유, 흰깨, 들깨, 버터, 포도씨유, 마요네즈 키피믹스	5 12	1회 1회
	당류	설탕, 물엿/조청, 꿀	10	1회

삭제한 식품 : 옥수수기름, 당밀 · 시럽, 사탕

1) 1회 섭취하는 가식부 분량임

2) 유지 · 당류 45kcal에 해당하는 분량을 1회라고 간주하였을 때, 해당 1회 분량의 횟수

부록 7-1

식약처장이 고시한 원료 또는 성분(95종) (2016.12.)

구분	기능성을 가진 원료 또는 성분
영양소 (28종)	• 비타민 및 무기질(또는 미네랄) 25종 : 비타민 A, 베타카로틴, 비타민 D, 비타민 E, 비타민 K, 비타민 B_1, 비타민 B_2, 나이아신, 판토텐산, 비타민 B_6, 엽산, 비타민 B_{12}, 비오틴, 비타민 C, 칼슘, 마그네슘, 철, 아연, 구리, 셀레늄(또는 셀렌), 요오드, 망간, 몰리브덴, 칼륨, 크롬 • 필수 지방산 • 단백질 • 식이 섬유
기능성 원료 (67종)	• 인삼, 홍삼, 엽록소 함유 식물, 클로렐라, 스피루리나, 녹차 추출물, 알로에 전잎, 프로폴리스 추출물, 코엔자임Q10, 대두이소플라본, 구아바잎 추출물, 바나바잎 추출물, 은행잎 추출물, 밀크씨슬(카르두스 마리아누스) 추출물, 달맞이 꽃종자 추출물, 오메가-3 지방산 함유 유지, 감마리놀렌산 함유 유지, 레시틴, 스쿠알렌, 식물스테롤 · 식물스테롤에스테르, 알콕시글리세롤 함유 상어 간유, 옥타코사놀 함유 유지, 매실 추출물, 공액 리놀레산, 가르시니아캄보지아 추출물, 루테인, 헤마토코쿠스 추출물, 쏘팔메토 열매 추출물, 포스파티딜세린, 글루코사민, N-아세틸글루코사민, 뮤코다당 · 단백, 알로에겔, 영지버섯 자실체 추출물, 키토산 · 키토올리고당, 프락토올리고당, 프로바이오틱스, 홍국, 대두단백, 테아닌, 엠에스엠(Methyl sulfonylmethane, MSM), 폴리감마글루탐산, 마늘, 히알루론산, 홍경천 추출물, 빌베리 추출물, 라피노스, 크레아틴, 유단백 가수 분해물, 상황버섯 추출물, 토마토 추출물, 곤약감자 추출물 • 식이 섬유(15종) : 구아검/구아검 가수 분해물, 글루코만난(곤약, 곤약만난), 귀리 식이 섬유, 난소화성 말토덱스트린, 대두 식이 섬유, 목이버섯 식이 섬유, 밀 식이 섬유, 보리 식이 섬유, 아라비아검(아카시아검), 옥수수겨 식이 섬유, 이눌린 · 치커리 추출물, 차전자피 식이 섬유, 폴리덱스트로스, 호로파 종자 식이 섬유, 분말 한천

※ 라피노스, 분말 한천, 레아틴, 유단백 가수 분해물, 상황버섯 추출물, 토마토 추출물, 곤약감자 추출물 : 2017.7.1. 시행

부록 7-2

식약처장이 별도로 인정한 원료 또는 성분(263종) (2016)

번호	기능성		기능성 원료	건수
1	간 건강	간 건강에 도움	도라지 추출물, 밀크씨슬 추출물, 발효울금, 복분자 추출물(분말), 브로콜리스프라우트 분말, 표고버섯 균사체 추출물(분말), 표고버섯 균사체, 유산균 발효 마늘추출물	8
		알콜성 손상으로부터 간 보호에 도움	유산균 발효 다시마 추출물, 헛개나무과병 추출물	2
2	갱년기 남성 건강	갱년기 남성의 건강에 도움	MR-10 민들레등 복합 추출물, 마카 젤라틴화 분말, 옻나무 추출 분말	3
3	갱년기 여성 건강	갱년기 여성의 건강에 도움	프랑스 해안송 껍질 추출물, 백수오 등 복합 추출물, 석류 추출물, 홍삼(홍삼 농축액), 석류 농축액, 회화나무열매 추출물, 오미자 추출물	7
4	과민 피부 상태 개선	면역 과민 반응에 의한 피부 상태 개선에 도움	L. sakei Probio 65, 감마리놀렌산 함유 유지, 과채유래 유산균(L. plantarum CJLP133), 프로바이오틱스 ATP	4
5	관절/뼈 건강	관절 건강에 도움	CMO 함유 FAC(Fatty acid Complex), N-아세틸글루코사민, Dimethylsulfonylmethane(MSM), 가시오갈피 등 복합 추출물, 강황 추출물, 글루코사민, 까마귀쪽나무 열매 주정 추출물, 닭가슴연골 분말, 로즈힙 분말, 보스웰리아 추출물, 비즈왁스 알코올, 전칠삼 추출물 등 복합물, 지방산 복합물, 차조기등 복합 추출물, 초록입홍합 추출 오일, 호프 추출물, 황금 추출물 등 복합물, 참당귀 추출 분말	18
		뼈 건강에 도움	가시오가피숙지황 복합 추출물, 대두이소플라본, 흑효모배양액 분말, 유단백 추출물	4

번호	기능성		기능성 원료	건수
6	기억력 개선	기억력 개선에 도움	구기자 추출물, 녹차 추출물/테아닌 복합물, 당귀등 추출 복합물, 비파엽 추출물, EPA 및 DHA 함유 유지, 원지 추출 분말, 은행잎 추출물, 인삼 가시오갈피 등 혼합 추출물, 테아닌 등 복합 추출물, 피브로인 효소 가수 분해물, 홍삼(홍삼 농축액), 천마 등 복합 추출물(HX106)	12
7	긴장 완화	스트레스로 인한 긴장 완화에 도움	L-테아닌, 아쉬아간다 추출물, 유단백 가수 분해물, 돌외잎 추출물	4
8	눈 건강	눈의 피로도 개선에 도움	빌베리 추출물, 헤마토코쿠스 추출물	2
		눈 건강에 도움	들쭉열매 추출물, 루테인 · 지아잔틴 복합 추출물, 루테인 복합물, 루테인지아잔틴 복합 추출물(20%), 마리골드 추출물(루테인에스테르), 지아잔틴 추출물, EPA 및 DHA 함유 유지	7
9	면역 기능 개선	면역력 증진에 도움	L-글루타민, 게르마늄 효모, 금사상황버섯, Enterococcus faecalis 가열 처리 건조 분말, 당귀 혼합 추출물, 동충하초 주정 추출물, 스피루리나, 클로렐라, 청국장균 배양 정제물(폴리감마글루탐산칼륨), 표고버섯 균사체, 효모베타글루칸, 인삼 다당체 추출	12
		과민 면역 반응 완화에 도움	Enterococcus faecalis 가열 처리 건조 분말, 구아바잎 추출물 등 복합물, 다래 추출물, 소엽 추출물, 피카오프레토 분말 등 복합물, 합성 PLAG	6
10	배뇨 기능 개선	방광에 의한 배뇨 기능 개선에 도움	호박씨 추출물 등 복합물	1
11	수면질 개선	수면의 질 개선에 도움	감태 추출물	1
12	어린이 성장 발육	어린이 키 성장에 도움	황기 추출물 등 복합물(HT042)	1
13	여성 질 건강	유산균 증식을 통한 여성 질 건강에 도움	UREX 프로바이오틱스	1
14	월경 전 상태 개선	월경 전 변화에 의한 불편한 상태 개선	감마리놀렌산 함유 유지	1

번호	기능성		기능성 원료	건수
15	위 건강 · 소화 기능	헬리코박터균 증식 억제 및 위 건강에 도움	감초 추출물	1
		위 불편감 개선에 도움	매스틱검	1
		위점막을 보호하여 위 건강에 도움	비즈왁스알코올	1
		담즙 분비를촉진하여 지방 소화에 도움	아티초크추출물	1
16	요로 건강	요로 건강에 도움	크랜베리 추출물, 파크랜 크랜베리 추출 분말	2
17	운동 수행 능력	운동 능력 향상에 도움	마카 젤라틴화 분말, 크레아틴, 헛개나무과병 추출 분말	3
		지구력 증진에 도움	동충하초 발효 추출물	1
18	인지 능력 향상	인지 능력 개선에 도움	Lactobacillus Helveticus 발효물, 도라지 추출물(DRJ-AD), 참당귀뿌리 추출물, 참당귀 추출 분말, 포스파티딜세린	5
19	장 건강	장내 유익균 증식 및 유해균 억제에 도움	갈락토올리고당, 구아검 가수 분해물, 대두올리고당, 라피노스, 락추로스파우더, 밀전분유래 난소화성 말토덱스트린, 이소말토 올리고당, 자일로 올리고당, 커피만노 올리고당분말, 프락토 올리고당	10
		면역을 조절하여 장 건강에 도움	프로바이오틱스(VSL#3)	1
		배변 활동 원활에 도움	대두 올리고당, 라피노스, 목이버섯, 무화과페이스트, 분말 한천, 이소말토 올리고당, 자일로 올리고당, 커피만노 올리고당, 프락토 올리고당	9
20	전립선 건강	전립선 건강 유지에 도움	쏘팔메토 열매 추출물, 쏘팔메토 열매 추출물 등 복합물	2
21	정자 운동성	정자 운동성 개선에 도움	마카젤라틴화 분말	1

번호	기능성		기능성 원료	건수
22	체지방 감소	체지방 감소에 도움	Lactobacillus gasseri BNR17, L-카르니틴타르트레이트, 가르시니아캄보지아 껍질 추출물, 공액 리놀렌산(유리 지방산), 공액 리놀렌산(트리글리세라이드), 그린마떼 추출물, 그린커피빈 추출물, 깻잎 추출물, 녹차 추출물, 대두 배아 추출물 등 복합물, 돌외잎 주정 추출 분말, 락토페린(우유 정제 단백질), 레몬 밤 추출물 혼합 분말, 마테열수 추출물, 미역 등 복합 추출물(잔티젠), 발효 식초 석류 복합물, 보이차 추출물, 서목태(쥐눈이콩) 펩타이드 복합물, 식물성 유지 디글리세라이드, 와일드망고 종자 추출물, 중쇄지방산(MCFA) 함유 유지, 콜레우스포스콜리 추출물, 키토산, 키토 올리고당, 풋사과 추출 폴리페놀, 핑거루트 추출 분말, 히비스커스 등 복합 추출물	27
23	치아 건강	충치 발생 위험 감소에 도움	자일리톨	1
24	칼슘 흡수 촉진	칼슘 흡수에 도움	폴리감마글루탐산, 프락토올리고당	2
25	피로 개선	피로 개선에 도움	발효 생성 아미노산 복합물, 헛개나무과병 추출물, 홍경천 추출물	3
26	피부 건강	자외선에 의한 피부 손상 피부 건강을 유지하는 데 도움	소나무 껍질 추출물 등 복합물, 메론 추출물, 포스파티딜세린, 프로바이오틱스HY7714, 핑거루트 추출 분말, 홍삼 · 사상자 · 산수유 복합 추출물	6
		피부 보습에 도움	AP콜라겐 효소 분해 펩타이드, Collactive 콜라겐 펩타이드, N-아세틸글루코사민, 곤약 감자 추출물, 민들레 등 복합 추출물, 쌀겨 추출물, 옥수수 배아 추출물, 저분자 콜라겐펩타이드, 지초 추출 분말, 포스파티딜세린, 히알루론산, 프로바이오틱스HY7714, 콩 보리 발효 복합물, 밀배유 추출물, 핑거루트 추출 분말	15
27	항산화	항산화에 도움	녹차 추출물, 대나무잎 추출물, 메론 추출물, 복분자 추출물(분말), 비즈왁스 알코올, 유비퀴놀, 코엔자임Q10, 토마토 추출물, 포도 종자 추출물, 프랑스 해안송 껍질 추출물, 홍삼(홍삼 농축액)	11

번호	기능성		기능성 원료	건수
28	혈당 조절	식후 혈당 상승 억제에 도움	L-arabinose, nopal 추출물, 계피 추출 분말, 구아바잎 추출물, 난소화성 말토덱스트린, 동결 건조 누에 분말, 마주정 추출물, 바나바잎 추출물, 상엽 추출물, 서목태(쥐눈이콩) 펩타이드 복합물, 솔잎 증류 농축액, 실크 단백질 효소 가수 분해물, 알부민, 인삼 가수 분해 농축액, 잔나비걸상버섯 균사체(인정 취소), 지각상엽 추출 혼합물, 콩발효 추출물, 타가토스, 탈지달맞이 꽃종자 추출물, 피니톨, 홍경천 등 복합 추출물, 히드록시프로필메틸셀룰로오스	22
29	혈압 조절	높은 혈압 감소에 도움	L-글루타민산 유래 GABA 함유 분말, 가쯔오부시 올리고펩타이드, 나토균 배양 분말, 서목태(쥐눈이콩) 펩타이드 복합물, 연어 펩타이드, 올리브잎 추출물, 정어리 펩타이드, 카제인 가수 분해물, 코엔자임Q10, 포도씨 효소 분해 추출 분말, 해태 올리고펩티드	11
30	혈중 중성 지방 개선	혈중 중성 지방 개선에 도움	DHA 농축 유지, 글로빈 가수 분해물, 난소화성 말토덱스트린, 대나무잎 추출물, 식물성 유지 디글리세라이드, 정어리 정제어유, 정제 오징어유	7
31	혈중 콜레스테롤 개선	혈중 콜레스테롤 개선에 도움	녹차 추출물, 대나무잎 추출물, 보리베타글루칸 추출물, 보이차 추출물, 사탕수수 왁스 알코올, 스피루리나, 식물 스타놀에스테르, 씨폴리놀 감태 주정 추출물, 아마인, 알로에 복합 추출물, 알로에 추출물, 적포도 발효 농축액, 클로렐라, 홍국쌀, 창녕 양파 추출액	15
32	혈행 개선	혈행 개선에 도움	DHA 농축 유지, L-아르기닌, 나토균 배양 분말, 나토 배양물, 메론 추출물, 은행잎 추출물, 정어리 정제어유, 정제 오징어유, 카카오 분말, 프랑스 해안송 껍질 추출물, 홍삼(홍삼 농축액)	11
총계			263	

1) ———— : 고시된 원료로 전환된 원료

2) 인정된 기능성 원료는 총 263개이나, 동일한 원료에서 2개 이상 기능성이 인정된 경우가 포함되어 합산되었음

부록 12-1

식생활 자가 진단

사용자 설정 ······ 자가 진단 ······ 결과

환경

Q. 농업은 홍수 조절, 대기 정화 등 자연 환경을 보전하는 역할을 하고 있음을 알고 있다.

○ 전혀 아니다 ○ 아니다 ○ 보통 ○ 그렇다 ○ 매우 그렇다

Q. 지구 온난화로 인한 기후 변화는 식품 생산량을 감소시킨다는 것을 알고 있다.

○ 전혀 아니다 ○ 아니다 ○ 보통 ○ 그렇다 ○ 매우 그렇다

Q. 환경 오염, 기후 변화 등으로 많은 식물과 동물이 멸종됨을 알고 있다.

○ 전혀 아니다 ○ 아니다 ○ 보통 ○ 그렇다 ○ 매우 그렇다

Q. 식품의 생산, 가공, 유통, 폐기까지의 푸드 시스템을 알고 있다.

○ 전혀 아니다 ○ 아니다 ○ 보통 ○ 그렇다 ○ 매우 그렇다

Q. 푸드 마일리지를 고려하여 수입 농산물보다 우리 농산물을 이용한다.

○ 전혀 아니다 ○ 아니다 ○ 보통 ○ 그렇다 ○ 매우 그렇다

Q. 음식물 쓰레기가 발생하지 않도록 항상 노력한다.

○ 전혀 아니다 ○ 아니다 ○ 보통 ○ 그렇다 ○ 매우 그렇다

출처 : 식생활교실 홈페이지

참고문헌 REFERENCE

구재옥 등(2016). 생애주기영양학. 파워북.

관계부처합동(2018). 국가비만관리종합대책.

국립농업과학원(2019). 인공지능이 농사짓는 시대.

국립수산물품질관리원(2017). [고시 제2017-13호] 유기수산물 등의 인증에 관한 세부실시 요령(2017.10.17).

김미경, 왕수경, 신동순, 권오란(2010). 생활 속의 영양학. 라이프사이언스.

김선효, 이현숙, 이경영, 이옥희(2013). 다이어트와 건강체중. 파워북.

김숙희, 김선희, 이상선, 정진은, 강명희, 김혜영, 김우경, 이다희(2011). 건강한 삶을 위한 영양학. 신광출판사.

김혜영(2011). 식이요법. 지구문화사.

대구광역시 달서구 어린이급식관리지원센터(2016). 식품 알레르기 지침서.

류혜숙, 김옥선, 최해연(2019). 4차 산업시대의 식생활가이드. 파워북.

문수재, 김혜경, 홍순명, 이경혜, 이명희, 이영미, 이경자, 안경미, 이만준, 김정연, 김정현(2012). [개정판] 알기 쉬운 영양학. 수학사.

민혜선, 장경자, 권오란, 이선영, 이홍미, 김현아(2011). 인체생리학. 양서원.

박태선, 김은경(2011). 현대인의 생활영양. 교문사.

백희영, 이심열, 안윤진 등(2016). 건강을 위한 식생활과 영양. 파워북.

보건복지부, 질병관리관리청(2020). 2019 국민건강통계-국민건강영양조사 제8기 1차 연도(2019). 보건복지부.

보건복지부, 한국영양학회(2020). 한국인영양섭취기준(KDRI).

서광희, 서저숙, 이승교, 정현숙(2012). 영양학. 지구문화사.

서정숙 외(2017). 영양판정 및 실습. 파워북.

식품의약품안전처(2016). 건강기능식품 기능성 원료 인정 현황. 식품의약품안전처.

식품의약품안전처(2020). 영양정보 확인, 나트륨 섭취 줄이기의 지름길(2020.12.22).

식품의약품안전처(2021). [보도 자료] 유아 · 청소년 하루 당류 섭취 많아 관심 필요. 식품의약품안전처.

이명천, 이명기, 김영수, 윤병곤, 이건재, 이대택, 차광성 역(2012). 스포츠영양학. 라이프사이언스.

이은주, 김정원. 초등학생 식생활 능력 배양을 위한 지속가능한 식생활 교육 목표 및 내용체계 개발. 서울교육대학교 한국초등교육 30(1):145-160.

이형주, 장해동, 이기원, 이홍진, 강남주(2011). 기능성식품학. 수학사.

조연우. 스마트팜 : 생산부터 판매까지 모두 자동화. Sap Story Hub,(2018.7.24.) https://sapstoryhub.co.kr.

중앙급식관리지원센터(2018). 식품 알레르기 올바르게 알아보고 관리해요!

통계청(2012). 2011년 사망원인통계. 통계청.

통계청(2019). 한국의 사회동향. 통계청.

한국소비자원(2018). 카페인 함유식품 표시제도 개선방안 연구.

한영신, 이윤나(2016). 식품 알레르기의 올바른 이해. 어린이급식관리지원센터.

Anderson H, Falkenberg T.(2016). The role and status of food and nutrition literacy in Canadian school curricula. Alberta Journal of Educational Research 62(1):87–109.

Cullen T, Hatch J, Martin W, Higgins JW, Sheppard R(2015). Food literacy: definition and framework for action. Canadian Journal of Dietetic Practice and Research 76(3):140–145.

Dyg PM(2014). Fostering food literacy and food citizenship through farm–school cooperation and beyond. Doctoral dissertation. Retrieved from Aalborg University Environmental Science. What is sustainability and why is it important? (https://www.environmentalscience.org/sustainability)

Institute of Medicine of the National Academies(2005). Dietary reference intakes for energy, carbohydrate, fiber, fat, fatty acids, cholesterol, protein, and amino acids. The National Academies Press Washington D.C., USA, p.107–264.

Institute of Medicine(2008). The Development of DRIs 1994–2004: Lessons Learned and New Challenges: Workshop Summary. Washington D.C., National Academies Press.

Kimura AH(2011). Food education as food literacy: Privatized and gendered food knowledge in contemporary Japan. Agriculture and Human Values 28(4):465–482.

Kolasa KM, Peery A, Harris NG, Shovelin K(2001). Food literacy partners program: a strategy to increase community food literacy. Topics in Clinical Nutrition 16(4):1–10.

Nourish. Food literacy rebric. What's the story of your food? (https://www.nourishlife.org/pdf/Nourish_Food_Literacy_Rubric.pdf)

Purvis B, Mao Y, Riobinson D(2019). Three pillars of sustainability: in search of conceptual origins.

Sustainability Science 14:681–695.

Vaitkeviciute R, Ball LE, Harris N(2015). The relationship between food literacy and dietary intake in adolescents: a systematic review. Public Health Nutrition 18(4):649–658.

국립농산물품질관리원 https://www.naqs.go.kr

국립농산물품질관리원 GAP정보서비스 https://www.gap.go.kr

국립농산물품질관리원 모바일 앱 https://www.naqs.go.kr/mobile

국립부곡병원 http://www.bgnmh.go.kr

국무조정실 대한민국 ODA 통합 홈페이지 http://www.odakorea.go.kr

농림축산식품부 농림수산식품교육문화정보원 https://www.foodlife-edu.or.kr

수산물이력제 https://www.fishtrace.go.kr

수입축산물이력관리 시스템 https://www.meatwatch.go.kr

식품의약품안전처 식품안전나라 https://www.foodsafetykorea.go.kr

식품이력관리시스템 https://new.tfood.go.kr

찾기쉬운 생활법령정보 https://www.easylaw.go.kr

축산물이력제 https://www.mtrace.go.kr

친환경인증관리정보시스템 http://www.enviagro.go.kr

한국건강기능식품협회 https://www.khsa.or.kr

한국식품안전관리인증원 https://www.haccp.or.kr

환경부 지속가능발전포털 http://ncsd.go.kr/unsdgs

Sugar stacks http://sugarstacks.com

찾아보기 REFERENCE

ㅎ

저자 소개

김미라

서울대학교 식품영양학과 졸업
Iowa State University 대학원 식품과학전공 Ph.D
현재 경북대학교 식품영양학과 교수

최미자

계명대학교 가정학과 졸업
Texas Woman's University 대학원 영양학전공 Ph.D
현재 계명대학교 식품보건학부 식품영양학전공 교수

류경

연세대학교 식품영양학과 졸업
연세대학교 대학원 급식경영학전공 이학박사
현재 영남대학교 식품영양학과 교수

김은정

경북대학교 식품영양학과 졸업
University of Texas at Austin 대학원 영양학전공 Ph. D
현재 대구가톨릭대학교 식품영양학과 교수

생활 속 식품과 영양

2022년 2월 9일 초판 인쇄
2022년 2월 15일 초판 발행

지은이 | 김미라 최미자 류경 김은정
발행인 | 유제구
발행처 | 파워북
주 소 | 경기도 고양시 일산동구 호수로 358-25
동문타워2차 529호
전 화 | (02) 730-1412
F A X | (031) 908-1410
등 록 | 1997. 1. 31 제 2014-000067호
편 집 | 북스북스

정가 22,000원
ISBN 978-89-8160-479-0 (93590)